信息安全技术与实施

主　编　徐振华

参　编　潘协灿　王　鹏　党　策
　　　　陈　双　张　鹏　李耀显

北京理工大学出版社
BEIJING INSTITUTE OF TECHNOLOGY PRESS

内 容 简 介

本书作为信息安全知识普及与技术推广教材，涵盖信息安全概念、信息安全防御模型、信息安全法律法规、计算机病毒防御技术、网络攻防技术、设备安全技术、移动应用安全技术、数据安全技术、操作系统安全技术和无线网安全技术等多方面的内容，不仅能够为初学信息安全技术的学生提供全面、实用的技术和理论基础，而且能有效培养学生信息安全的防御能力。

图书在版编目（CIP）数据

信息安全技术与实施 / 徐振华主编 . －－北京：北京理工大学出版社，2024.2
ISBN 978 - 7 - 5763 - 3599 - 6

Ⅰ . ①信… Ⅱ . ①徐… Ⅲ . ①信息系统-安全技术
Ⅳ . ①TP309

中国国家版本馆 CIP 数据核字（2024）第 045953 号

责任编辑：王玲玲　　　文案编辑：王玲玲
责任校对：刘亚男　　　责任印制：施胜娟

出版发行 / 北京理工大学出版社有限责任公司
社　　址 / 北京市丰台区四合庄路 6 号
邮　　编 / 100070
电　　话 / （010）68914026（教材售后服务热线）
　　　　　　（010）63726648（课件资源服务热线）
网　　址 / http://www.bitpress.com.cn

版 印 次 / 2024 年 2 月第 1 版第 1 次印刷
印　　刷 / 北京广达印刷有限公司
开　　本 / 787 mm×1092 mm　1/16
印　　张 / 17
字　　数 / 408 千字
定　　价 / 87.00 元

前言

本书根据教育部最新发布的"信息安全技术应用"专业标准的课题体系进行编写。信息安全技术与实施作为一门专业基础课程，是计算机类专业信息安全素养和专业技术导入课程，课程内容设计依据以下原则：

1. 以工作任务为线索——确定课程设置

课程设置必须与工作任务相匹配。要按照工作岗位的不同需要划分专门化方向，按照工作任务的逻辑关系设计课程。本课程根据相关职业岗位调研，对职业能力进行了分析，确定了本课程的知识与能力要求，从而确定教学内容，并且以真实的项目实践背景构建学习情景。

2. 以职业能力为依据——组织课程内容

本课程围绕职业能力的形成来组织内容，以工作任务为中心来整合相应的知识、技能，养成安全操作的良好习惯和工作态度，实现理论与实践的统一。课程内容反映专业领域的新知识、新技术、新工艺和新方法。

3. 以核心职业能力为载体——设计教学活动

按照工作过程设计学习过程。本书以专业核心职业能力为载体来设计活动、组织教学，建立工作任务与知识、技能的联系，增强学生的直观体验，激发学生的学习兴趣。本课程根据教学目标要求设计项目，以专业核心职业能力为载体设计教学活动。

4. 以职业技能鉴定为参照——强化技能训练

以职业技能鉴定和1＋X证书为参照强化技能训练。本课程综合国际组织、国家、部委和省市职业标准的信息安全职业资格证书要求，综合分析其技能考核的内容与要求，优化训练条件，创新训练手段，提高训练效果，使学生在获得学历证书的同时，能顺利获得相应职业资格证书。

本书的编写融入了作者丰富的教学和企业实践经验，内容安排合理，每章都从"引导案例"开始，首先让学生知道通过本章学习能解决什么实际问题，做到有的放矢，激发学生的学习热情，使学生更有目标地学习相关理念和技术操作，最后针对"引导案例"中提到的问题给出解决方案，使学生真正体会到学有所用。整章围绕一个主题——案例，从问题提出（引导案例）到问题解决（案例实现），步步为营、由浅入深，结构严谨、浑然天成。

编　者

目 录

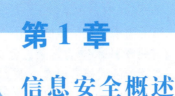

第 1 章
信息安全概述

信息安全学科是研究信息获取、信息存储、信息传输和信息处理领域信息安全保障问题的一门新兴学科。从数学、信息论、系统论、控制论、计算理论等方面论述了信息安全学科的理论基础。

传统的信息安全强调信息（数据）本身的安全属性，认为信息安全主要包含：

（1）信息的秘密性：使信息不泄露给未授权者的特性。

（2）信息的完整性：保护信息正确、完整和未被修改的特征。

（3）信息的可用性：已授权实体一旦需要，就可访问和使用信息的特征。

从信息系统角度来全面考虑信息安全的内涵，信息安全主要包括以下 4 个层面：设备安全、数据安全、内容安全、行为安全。其中，数据安全即是传统的信息安全。

（1）设备安全：信息系统设备的安全是信息系统安全的首要问题。这里包括 3 个层面：

- 设备的稳定性。
- 设备的可靠性。
- 设备的可用性。

（2）数据安全：采取措施确保数据免受未授权的泄露、篡改和毁坏。

- 数据的秘密性。
- 数据的完整性。
- 数据的可用性。

（3）内容安全：内容安全是信息安全在政治、法律、道德层次上的要求。

- 信息内容在政治上是健康的。
- 信息内容符合国家法律法规。
- 信息内容符合中华民族优良的道德规范。

（4）行为安全。

- 行为的秘密性：行为的过程和结果不能危害数据的秘密性。必要时，行为的过程和结果也应是秘密的。
- 行为的完整性：行为的过程和结果不能危害数据的完整性，行为的过程和结果是预期的。
- 行为的可控性：当行为的过程出现偏离预期时，能够发现、控制或纠正。

信息系统的硬件系统安全和操作系统安全是信息系统安全的基础，密码和网络安全等技术是信息系统安全的关键技术。

可以说，信息安全是信息时代永恒的需求。在信息交换中，"安全"是相对的，而"不安全"是绝对的。当前，一方面是信息科学技术空前繁荣，可是另一方面危害信息安全的事件不断发生，敌对势力的破坏、恶意软件的入侵、黑客攻击、利用计算机犯罪等，对信息安全构成了极大威胁，信息安全的形势是严峻的。对于我国来说，信息安全形势的严峻性，不仅在于这些威胁的严重性，更在于我国在诸如 CPU 芯片、计算机操作系统等核心芯片和基础软件方面主要依赖国外产品。这就使我国的信息安全失去了自主可靠的基础。

信息的获取、处理和安全保障能力成为综合国力与经济竞争力的重要组成部分，信息安全已成为影响国家安全、社会稳定和经济发展的决定性因素之一。信息安全已成为世人关注的社会问题和世界信息科学与技术领域的研究热点。

1.1　信息与信息安全

1.1.1　什么是信息

1.1.1.1　信息的定义

信息是通过施加于数据上的某些约定而赋予这些数据的特定含义。信息本身是无形的，借助信息媒体以多种形式存在或传播，可以存储在计算机、磁带、纸张等介质中，也可以记忆在人的大脑里，还可以通过网络、打印机、传真机等方式传播。通常情况下，可以把信息理解为消息、信号、数据、情报、知识等。表 1-1 所列为某企业信息资源，主要包括数据、软件、信息系统。

表 1-1　某企业信息资源

分类	示例
数据	源代码 数据库数据 系统文档 运行管理规程 计划 报告 用户手册 各类纸质文档 ……
软件	系统软件：操作系统、数据库管理系统、语句包、开发系统等 应用软件：办公软件、数据库软件、各类工具软件等 程序：各种共享源代码、自行或合作开发的各种代码等
信息系统	物业管理系统 财务系统 办公系统

1.1.1.2　信息的安全属性

1. 保密性

信息的保密性是指确保只有被授予特定权限的人才能访问到信息。

信息的保密性依据信息被允许访问对象的多少而不同，所有人员都可以访问的信息为公开信息，需要限制访问的信息为敏感信息或秘密信息。根据信息的重要程度和保密要求，可以将信息分为不同密级。已授权用户根据所授予的操作权限可以对保密信息进行操作，有的用户只可以读取信息，有的用户既可以进行读操作，又可以进行写操作。

2. 完整性

信息的完整性是指保证信息和处理方法的正确和一致性。

信息的完整性一方面是指在使用、传输、存储信息的过程中不发生篡改信息、丢失信息、错误信息等；另一方面是指信息处理的方法的正确性，执行不正当的操作，有可能造成重要文件的丢失，甚至整个系统的瘫痪。

3. 可用性

信息的可用性是指确保授权用户或实体对信息及资源的正常使用不会被异常拒绝，允许授权用户或实体可靠而及时地访问信息及资源。

4. 可控性

信息的可控性是指可以控制实用信息资源的人或实体的使用方式。

对于信息系统中的敏感信息资源，如果任何人都能访问、篡改、窃取以及恶意散播，安全系统显然失去了效用。对访问信息资源的人或实体的使用方式进行有效的控制，是信息安全的必然要求。

从国家层面上看，信息安全的可控性不但涉及信息的可控性，还与安全产品、安全市场、安全厂商、安全研发人员的可控性密切相关。

5. 不可否认性

信息的不可否认性也称抗抵赖性、不可抵赖性，是防止实体否认其已经发生的行为。

信息的不可否认性分为原发不可否认和接收不可否认，原发不可否认用于防止发送者否认自己已发送的数据和数据内容，接收不可否认防止接收者否认已接收的数据和数据内容。实现不可否认的技术手段一般有数字证书和数字签名。

1.1.2　什么是信息安全

1.1.2.1　信息安全的定义

信息安全从广义上讲，是指对信息的保密性、可用性和完整性的保持。由于当今人类社会活动更多地依赖于网络，因此，狭义地讲，信息安全是指信息网络的硬件、软件及其系统中的数据受到保护，不受偶然的或者恶意的原因而遭到破坏、更改、泄露，系统连续、可靠、正常地运行，信息服务不中断。信息安全是一门涉及计算机科学、网络技术、通信技术、密码技术、信息安全技术、应用数学、数论、信息论等多种学科的综合性学科。

1.1.2.2　信息安全研究的基本内容

1. 研究领域

关注从理论上采用数学方法精确描述安全属性。

2. 工程技术领域

成熟的信息安全解决方案和新型信息安全产品。

3. 评估与测评领域

关注信息安全测评标准、安全等级划分、安全产品测评方法与工具、网络信息采集以及网络渗透技术。

4. 网络或信息安全管理领域

关心信息安全管理策略、身份认证、访问控制、入侵检测、网络与系统安全审计、信息安全应急响应、计算机病毒防治等安全技术。

5. 公共安全领域

熟悉国家和行业部门颁布的常用信息安全监察法律法规、信息安全取证、信息安全审计、知识产权保护、社会文化安全等技术。

6. 军事领域

关心信息对抗、信息加密、安全通信协议、无线网络安全、入侵攻击、网络病毒传播等信息安全综合技术。

根据中国信息安全测评中心信息安全测评的主要内容，信息安全所涉及的内容包括产品安全和信息系统安全，具体包括以下 10 个方面：

（1）网络安全产品：如防火墙、路由器、代理服务器、网关、IDS、扫描器等。

（2）应用安全产品：如安全电子邮件、安全办公系统等。

（3）安全支持类产品：如 PKI/CA、密钥管理系统等。

（4）操作系统安全产品：如操作系统强制访问控制软件、操作系统安全审计系统等。

（5）数据库安全产品：如数据库多级访问控制产品等。

（6）内容安全产品：如内容分级系统、内容监控系统等。

（7）安全管理产品：如系统管理软件、数据备份系统等。

（8）通信安全产品：如链路加密机、保密电话/传真、电信智能卡等。

（9）物理安全产品：如 TEMPEST 计算机等。

（10）信息系统安全性：如物业管理系统、财务系统、办公系统等。

1.2　信息安全面临的威胁类型

飞速发展的互联网业在给社会和公众创造效益、带来方便的同时，其系统的漏洞和网络的开放性也给国家的经济建设和企业发展以及人们的社会生活带来了负面影响，病毒侵袭、网络欺诈、信息污染、黑客攻击等问题更是给我们带来困扰和危害。

1.2.1　计算机网络所面临的主要威胁

计算机网络所面临的威胁主要有对网络中信息的威胁和对网络中设备的威胁两种。影响计算机网络的因素有很多，其所面临的威胁也就来自多个方面，主要威胁包括人为的失误、信息截取、内部窃密和破坏、黑客攻击、技术缺陷、病毒等。

1. 人为的失误

如操作员安全配置不当造成的安全漏洞，用户安全意识不强，用户口令选择不慎，用户将自己的账号随意转借给他人或与他人共享等，都会给网络安全带来威胁。

2. 信息截取

通过信道进行信息的截取，获取机密信息，或通过信息的流量分析，通信频度、长度分析，推出有用信息，这种方式不破坏信息的内容，不易被发现。这种方式是在过去军事对抗、政治对抗和当今经济对抗中最常用的，也是最有效的方式。

3. 内部窃密和破坏

内部或本系统的人员通过网络窃取机密、泄露或更改信息以及破坏信息系统。据美国联邦调查局的一项调查显示，70％的攻击是从内部发动的，只有30％是从外部攻进来的。

4. 黑客攻击

黑客已经成为网络安全的最大隐患。近年来，特别是2000年2月7—9日，美国著名的雅虎、亚马逊等八大顶级网站接连遭受来历不明的电子攻击，导致服务系统中断，这次攻击给这些网站造成的直接经济损失达12亿美元，间接经济损失高达10亿美元。

5. 技术缺陷

由于认识能力和技术发展的局限性，在硬件和软件设计过程中，难免留下技术缺陷，由此可造成网络的安全隐患。此外，网络硬件、软件产品多数依靠进口，如全球90％的微机都安装了微软的Windows操作系统，许多网络黑客就是通过微软操作系统的漏洞和后门而进入网络的，这方面的报道经常见诸报端。

6. 病毒

1988年报道了第一例病毒（蠕虫病毒）侵入美国军方互联网，导致8 500台计算机染毒和6 500台停机，造成直接经济损失近1亿美元，此后这类事情此起彼伏。从2001年红色代码到2012年的冲击波和震荡波等病毒发作的情况看，计算机病毒感染方式已从单机的被动传播变成了利用网络的主动传播，不仅带来网络的破坏，而且造成网上信息的泄露，特别是在专用网络上，病毒感染已成为网络安全的严重威胁。

7. 其他

对网络安全的威胁还包括自然灾害等不可抗力因素。

对以上计算机网络的安全威胁归纳起来常表现为以下特征：

（1）窃听：攻击者通过监视网络数据获得敏感信息。

（2）重传：攻击者先获得部分或全部信息，之后将此信息发送给接收者。

（3）伪造：攻击者将伪造的信息发送给接收者。

（4）篡改：攻击者对合法用户之间的通信信息进行修改、删除、插入，再发送给接收者。

（5）拒绝服务攻击：供给者通过某种方法使系统响应减慢甚至瘫痪，阻碍合法用户获得服务。

（6）行为否认：通信实体否认已经发生的行为。

（7）非授权访问：没有预先经过同意，就使用网络或计算机资源。

（8）传播病毒：通过网络传播计算机病毒，其破坏性非常高，而且用户很难防范。

1.2.2　从五个层次看信息安全威胁

信息系统的安全威胁是永远存在的，下面从信息安全的五个层次，来介绍信息安全中的信息的安全威胁。

1. 物理层安全风险分析

（1）地震、水灾、火灾等环境事故造成设备损坏。

（2）电源故障造成设备断电，以致操作系统引导失败或数据库信息丢失。

（3）设备被盗、被毁造成数据丢失或信息泄露。

（4）电磁辐射可能造成数据信息被窃取或偷阅。

（5）监控和报警系统的缺乏或者管理不善可能造成原本可以避免的事故。

2. 网络层安全风险分析

（1）数据传输风险分析。

数据在传输过程中，线路搭载，链路窃听可能造成数据被截获、窃听、篡改和破坏，数据的机密性、完整性无法保证。

（2）网络边界风险分析。

如果在网络边界上没有强有力的控制，则其外部黑客就可以随意出入企业总部及各个分支机构的网络系统，从而获取各种数据和信息，那么，泄露问题就无法避免。

（3）网络服务风险分析。

一些信息平台运行 Web 服务、数据库服务等，如不加防范，各种网络攻击可能对业务系统服务造成干扰、破坏，如最常见的拒绝服务攻击 DoS、DDoS。

3. 操作系统层安全风险分析

（1）系统安全通常指操作系统的安全，操作系统的安装以正常工作为目标，在通常的参数、服务配置中，默认开放的端口中，存在很大安全隐患和风险。

（2）操作系统在设计和实现方面本身存在一定的安全隐患，无论是 Windows 还是 UNIX 操作系统，都不能排除开发商留有后门（Back – Door）。

（3）系统层的安全同时还包括数据库系统以及相关商用产品的安全漏洞。

（4）病毒也是系统安全的主要威胁，病毒大多利用了操作系统本身的漏洞，通过网络迅速传播。

4. 应用层安全风险分析

（1）业务服务安全风险。

（2）数据库服务器的安全风险。

（3）信息系统访问控制风险。

5. 管理层安全风险分析

（1）管理层安全是网络中安全得到保证的重要组成部分，是防止来自内部网络入侵必需的部分。责权不明、管理混乱、安全管理制度不健全及缺乏可操作性等，都可能引起管理安全的风险。

（2）信息系统无论是从数据的安全性、业务的服务的保障性还是从系统维护的规范性等角度来看，都需要严格的安全管理制度，从业务服务的运营维护和更新升级等层面加强安全管理能力。

1.3　信息安全的现状与目标

1.3.1　信息安全的现状

1. 近年我国信息安全现状

自 2004 年起，国家互联网应急中心根据工作中受理、监测和处置的网络攻击事件与安全威胁信息，每年撰写和发布《CNCERT 网络安全工作报告》(2008 年正式更名为《中国互联网网络安全报告》)，为相关部门和社会公众了解国家网络安全状况和发展趋势提供参考。

在《2012 年中国互联网网络安全报告》中显示：2012 年，我国互联网快速融合发展，宽带普及提速工程稳步推进，移动互联网、云计算、电子商务、网络媒体、微博客等新技术新业务相互促进，快速发展。在政府相关部门、互联网服务机构、网络安全企业和广大网民的共同努力下，我国相关单位和网民的网络安全防范意识进一步提高，互联网网络安全状况继续保持平稳状态，未发生造成大范围影响的重大网络安全事件。

总体上看，黑客活动仍然日趋频繁，网站后门、网络钓鱼、移动互联网恶意程序、拒绝服务攻击事件呈大幅增长态势，直接影响网民和企业权益，阻碍行业健康发展；针对特定目标的有组织高级可持续攻击（APT 攻击）日渐增多，国家、企业的网络信息系统安全面临严峻挑战。

2012 年抽样监测获得的主要数据分析结果显示：

（1）木马和僵尸程序监测。

- 2012 年，木马或僵尸程序控制服务器 IP 总数为 360 263 个。
- 2012 年，木马或僵尸程序受控主机 IP 总数为 52 724 097 个。

（2）移动互联网安全监测。

- 2012 年，CNCERT/CC 捕获及通过厂商交换获得的移动互联网恶意程序样本数量为 162 981 个。按行为属性统计，恶意扣费类的恶意程序数量仍居首位，占 39.8%，流氓行为类（占 27.7%）、资费消耗类（占 11.0%）分列第二、第三位。
- 按操作系统统计，针对 Android 平台的移动互联网恶意程序占 82.52%，跃居首位；其次是 Symbian 平台，占 17.46%。

（3）网站安全监测情况。

- 2012 年，我国境内被篡改网站数量为 16 388 个。
- 2012 年，监测到仿冒我国境内网站的钓鱼页面 22 308 个，其 IP 地址大部分位于境外。钓鱼站点使用域名的顶级域以 .COM 居多。
- 2012 年，监测到境内 52 324 个网站被植入后门，其中不乏政府网站，其比例约占 5.76%。

（4）安全漏洞预警与处置。

- 2012 年，CNVD 收集新增漏洞 6 824 个，包括高危漏洞 2 440 个（占 35.8%）、中危漏洞 3 981 个（占 58.3%）、低危漏洞 403 个（占 5.9%）。

- 按漏洞影响对象类型统计，排名前三位的分别是应用程序漏洞（占 61.3%）、Web 应用漏洞（占 27.4%）和操作系统漏洞（占 4.7%）。

- 2012 年，CNVD 共收录漏洞补丁 4 462 个。

（5）网络安全事件接收与处理。

- 2012 年，CNCERT/CC 共接收境内外报告的网络安全事件 19 124 起，在接收的网络安全事件中，排名前三位的分别是网页仿冒（占 49.5%）、漏洞（39.4%）和恶意程序（5.4%）。

- 2012 年，CNCERT/CC 共成功处理各类网络安全事件 18 805 件，其中，漏洞事件（占 40.7%）、网页仿冒事件（占 35.0%）、网页篡改类事件（占 11.7%）等处理较多。

2. 网络信息安全的发展趋势

在"宽带中国 2013 专项行动"稳步实施、移动互联网快速发展、应用终端不断丰富、信息系统云端化、资源大数据化以及国际政治经济新形势等环境因素的综合作用下，网络攻击将越来越呈现入侵渠道多、威力强度大、实施门槛低等特点。我国互联网面临的情况将更为复杂，网络安全形势将更加严峻。

（1）恶意代码和漏洞技术不断演进，针对"高价值"目标的 APT 攻击风险持续加深，严重威胁我国网络空间安全。一是恶意代码将越来越多地具备零日漏洞攻击能力，黑客发现漏洞和利用漏洞进行攻击的时间间隔将越来越短。二是恶意代码的针对性、隐蔽性和复杂性将进一步提升，针对目标环境中特定配置的计算机可进行精准定位攻击。三是我国金融、能源、商贸、工控、国防等拥有高价值信息或对国家经济社会运行意义重大的信息系统将面临更多有组织或有国家支持背景的复杂 APT 攻击风险，轻则影响涉事企业的生存和发展，重则影响国家经济在全球的核心竞争力，甚至可能危及国家安全。

（2）信息窃取和网络欺诈将继续成为黑客攻击的重点。2012 年 12 月 28 日，全国人大常委会通过《关于加强网络信息保护的决定》，网络信息保护立法已翻开新篇章，然而，在法律法规细化、管理措施落实、技术手段建设等诸多方面还有大量细致工作亟待完善。由于用户的网上活动所留下的大量私密信息已成为互联网的"新金矿"，唾手可得的经济利益将吸引黑客甘于冒险追逐。黑客将继续大肆通过钓鱼网站、社交网站、论坛等，结合社会工程学对用户自身或其生活圈实施攻击。网络平台的安全漏洞和安全管理的缺位，以及用户的不安全上网习惯将继续导致用户个人信息"裸奔"事件呈现频发态势，用户信息的窃取、贩卖和网络欺诈地下产业将逐步形成规模。

（3）移动互联网恶意程序数量将持续增加并更加复杂。随着移动互联网的发展和应用的不断丰富，用户通过移动终端进行社交和经济活动的时间越来越长，而移动终端具备的实时在线、与用户互动紧密、能够对用户精确定位的特点，使不法分子将更倾向于通过移动终端和移动互联网收集与售卖用户信息、强行推送广告、攻击移动在线支付等来获取经济利益，催生移动互联网黑色产业链发展。通过基于位置的服务（LBS）收集用户地理位置信息，还可能会成为犯罪活动的重要信息来源。二维码技术的应用，从视觉上改变了原有信息传递的方式，得到用户的追捧，同时也为恶意程序提供了隐身之机。还有一些应用软件开发方和软件平台管理方为一己私利，给软件功能滥用和恶意软件传播留下方便之门。

（4）大数据和云平台技术的发展引入新的安全风险，面临数据安全和运行安全双重考验。一是数据安全威胁。首先，大数据意味着大风险，存储大量高价值数据的信息系统将吸引更多的潜在攻击者；其次，越来越多的组织和个人将信息移入云中，一旦云平台在传输和存储信息时遭到窃取、篡改、破坏等攻击，则其影响范围将呈几何级增长；最后，大数据时代的数据处理技术日益提升，黑客利用数据挖掘和关联分析技术也将获得更多有价值的信息。二是云服务运行安全威胁。一方面，分布式拒绝服务攻击如造成云服务中断，则将影响众多组织和大量的用户；另一方面，云服务汇集了大量计算机和网络资源，一旦被控制用于实施网络攻击等违法犯罪行为，将给网络信息安全和用户合法权益带来不可估量的威胁，同时，攻击隐藏在云中，给安全事件的追踪分析增加了困难。此外，随着多元化智能终端的发展，用户使用各类智能终端通过移动互联网接入云端，也为网络攻击带来了更多的攻击渠道。

1.3.2　信息安全的目标

由于早期的计算机网络的作用是共享数据并促进大学、政府研究和开发机构、军事部门的科学研究工作。那时制定的网络协议，几乎没有注意到安全性问题。在人们眼里，网络是十分安全可靠的，没有人会受到任何伤害，因为许可进入网络的单位都被认为是可靠的和可以信赖的，并且已经参与研究和共享数据，大家在网络中都得到各种服务。然而，当1991年美国国家科学基金会（National Science Foundation，NSF）取消了互联网上不允许商业活动的限制后，越来越多的公司、企业、商业机构、银行和个人进入互连网络，利用其资源和服务进行商业活动，网络安全问题越发凸显出来。

在因特网大规模普及之后，特别是在电子商务活动逐渐进入实用阶段之后，网络信息安全更是引起人们的高度重视。网络交易需要大量的信息，包括商品生产和供应信息（商品的产地、产量、质量、品种、规格、价格等）、商品需求信息（消费者的个人情况、购买倾向、购买力的增减、消费水平和结构的变化等）、商品竞争信息（同行业竞购和竞销能力、新产品开发、价格策略、促销策略、销售渠道等）、财务信息（价格撮合、收支款项、支付方式等）、市场环境信息（政治状况、经济状况、自然条件特别是自然灾害的变化等）。这些信息通过合同、货单、文件、财务核算、凭证、标准、条例等形式在买卖双方以及有关各方之间不断传递。为保证整个交易过程的顺利完成，必须保证上述信息的完整性、准确性和不可修改性。由于网络交易信息是在因特网上传递的，因此，相对于传统交易来说，网络交易对信息安全提出了更高、更苛刻的要求。

危及网络信息安全的因素主要来自两个方面：一是网络设计和网络管理方面存在纰漏，无意间造成机密数据暴露；二是攻击者采用不正当的手段通过网络（包括截取用户正在传输的数据和远程进入用户的系统）获得数据。对于前者，应当结合整个网络系统的设计，进一步提高系统的可靠性；对于后者，则应从数据安全的角度着手，采取相应的安全措施，达到保护数据安全的目的。

一个良好的网络安全系统目标如图1-1所示，不仅应当能够防范恶意的无关人员，而且应当能够防止专有数据和服务程序的偶然泄露，同时不需要内部用户都成为安全专家，设置这样一个系统，用户才能在其内部资源得到保护的安全环境下，享受访问公用网络的好处。

总而言之，所有的信息安全技术都是为了达到一定的安全目标，即通过各种技术与管理手段实现网络信息系统的可靠性、保密性、完整性、有效性、可控性和拒绝否认性。

图 1-1　信息安全的目标

1.4　信息安全模型与信息系统安全体系结构

1.4.1　信息安全模型概述

本节介绍比较流行的信息安全模型，包括 OSI 安全体系结构、基于时间的 PDR 模型、IATF 信息保障技术框架、WPDRRC 信息安全模型。

1. OSI 安全体系结构

国际标准化组织（ISO）在对开放系统互连环境的安全性进行了深入研究后，提出了 OSI 安全体系结构（Open System Interconnection Reference Model），即《信息处理系统　开放系统互连　基本参考模型　第二部分：安全体系结构》（ISO 7498—2:1989），该标准被我国等同采用，即 GB/T 9387.2—1995。该标准是基于 OSI 参考模型针对通信网络提出的安全体系架构模型。图 1-2 所示的三维安全空间解释了这一体系结构。

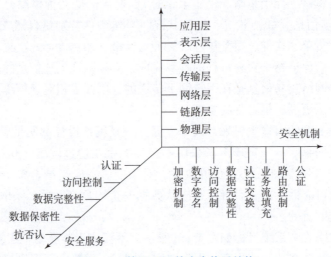

图 1-2　基于 OSI 的安全体系结构

该模型提出了安全服务、安全机制、安全管理和安全层次的概念。需要实现的 5 类安全服务，包括鉴别服务（认证）、访问控制、数据保密性、数据完整性和抗抵赖性（抗否认），用来支持安全服务的 8 种安全机制，包括加密机制、数字签名、访问控制、数据完整性、认证交换、业务流填充、路由控制和公证，实施的安全管理分为系统安全管理、安全服务管理和安全机制管理。实现安全服务和安全机制的层面包括物理层、链路层、网络层、传输层、会话层、表示层和应用层。

鉴别服务：鉴别服务提供对通信中对等实体和数据来源的鉴别。包括对等实体鉴别和数据原发鉴别。

访问控制服务：访问控制服务主要是以资源使用的等级划分资源使用者的授权范围，来对抗开放系统互连可访问资源的非授权使用。

数据机密性服务：数据机密性服务对数据提供保护，使之不被非授权地泄露，包括连接机密性、无连接机密性、选择字段机密性和通信业务流机密性。

数据完整性服务：数据完整性服务用于对付主动威胁方面。

抗抵赖：包括有数据原发证明的抗抵赖和有交付证明的抗抵赖。

表1-2给出了对付典型威胁所采用的安全服务。

表1-2 对付典型威胁所采用的安全服务

攻击类型	安全服务
假冒	认证服务
非授权侵犯	访问控制服务
非授权泄露	数据保密性服务
篡改	数据完整性服务
否认	抗否认服务
拒绝	认证服务、访问控制服务、数据完整性服务等

表1-3给出了OSI协议层与相关的安全服务。

表1-3 OSI协议层与相关的安全服务

安全服务	OSI 协议层						
	1	2	3	4	5	6	7
对等实体认证	—	—	Y	Y	—	—	Y
数据源认证	—	—	Y	Y	—	—	Y
访问控制服务	—	—	Y	Y	—	—	Y
连接保密性	Y	Y	Y	Y	—	Y	Y
无连接保密性	—	Y	Y	Y	—	Y	Y
选择字段保密性	—	—	—	—	—	—	Y
通信业务流保密性	—	—	—	—	—	Y	Y
带恢复的连接完整性	Y	—	Y	—	—	—	Y
不带恢复的连接完整性	—	—	—	Y	—	—	Y
选择字段的连接完整性	—	—	Y	Y	—	—	Y
无连接完整性	—	—	—	—	—	—	Y

续表

安全服务	OSI 协议层						
	1	2	3	4	5	6	7
选择字段的无连接完整性	—	—	Y	Y	—	—	Y
有数据原发证明的抗否认	—	—	—	—	—	—	Y
交付证明的抗否认	—	—	—	—	—	—	Y

表 1-4 给出了 OSI 安全服务与安全机制之间的关系。

表 1-4　OSI 安全服务与安全机制之间的关系

安全服务	安全机制							
	加密	数字签名	访问控制	数据完整性	认证交换	通信业务填充	路由控制	公证
对等实体认证	Y	Y	—	—	Y	—	—	—
数据源认证	Y	Y	—	—	—	—	—	—
访问控制服务	—	—	Y	—	—	—	—	—
连接保密性	Y	—	—	—	—	—	Y	—
无连接保密性	Y	—	—	—	—	—	Y	—
选择字段保密性	Y	—	—	—	—	—	—	—
通信业务流保密性	Y	—	—	—	—	Y	Y	—
带恢复的连接完整性	Y	—	—	Y	—	—	—	—
不带恢复的连接完整性	Y	—	—	Y	—	—	—	—
选择字段的连接完整性	Y	—	—	Y	—	—	—	—
无连接完整性	Y	Y	—	Y	—	—	—	—
选择字段的无连接完整性	Y	Y	—	Y	—	—	—	—
有数据原发证明的抗否认	—	Y	—	Y	—	—	—	Y
交付证明的抗否认	—	Y	—	Y	—	—	—	Y

2. 基于时间的 PDR 模型

早期，为了解决信息安全问题，技术上主要以防护手段为主，比如采用数据加密防止数据被窃取，采用防火墙技术防止系统被入侵。随着信息安全技术的发展，又提出了新的安全防护思想，具有代表性的是 ISS 公司提出的基于时间的 PDR（Time Based Security Protection Detection Reaction）安全模型，如图 1-3 所示。该模型认为安全应从防护（protection）、检测（detection）、响应（response）三个方面考虑形成安全防护体系。

按照 PDR 模型的思想，一个完整的安全防护体系，不仅需要防护机制（比如防火墙、加密等），而且需要检测机制（比如入侵检测、漏洞扫描等），在发现问题时，还需要及时做出响应。同时，

图 1-3　PDR 模型

PDR 模型是建立在基于时间的理论基础之上的，该理论的基本思想是认为信息安全相关的所有活动，无论是攻击行为、防护行为、检测行为还是响应行为，都要消耗时间，因而可以用时间尺度来衡量一个体系的能力。

假设被攻破保护的时间为 Pt，检测到攻击的时间为 Dt，响应并反攻击的时间 Rt，系统被暴露的时间为 Et，则系统安全状态的表示为 Et = Dt + Rt − Pt，当 Et > 0 时，说明系统处于安全状态；当 Et < 0 时，说明系统已受到危害，处于不安全状态；当 Et = 0 时，说明系统安全处于临界状态。

PDR 模型虽然考虑了防护、检测和响应三个要素，但在实际使用中依然存在不足，该模型总体来说还是局限于从技术上考虑信息安全问题，但是随着信息化的发展，人们越来越意识到信息安全涉及面非常广，除了技术外，还应考虑人员、管理、制度和法律等方面要素。为此，安全行业的研究者们对这一模型进行了补充和完善，先后提出了 PPDR、PDRR、PPDRM、WPDRRC 等改进模型。

3. IATF 信息保障技术框架

上面介绍的 OSI 安全体系结构、基于时间的 PDR 模型，都表现的是信息安全最终的存在形态，是一种目标体系和模型，这种体系模型并不关注信息安全建设的工程过程，并没有阐述实现目标体系的途径和方法。此外，以往的安全体系和模型无不侧重于安全技术，但它们并没有将信息安全建设除技术外的其他诸多因素体现到各个功能环节当中。

当信息安全发展到信息保障阶段之后，人们越发认为，构建信息安全保障体系必须从安全的各个方面进行综合考虑，只有将技术、管理、策略、工程过程等方面紧密结合，安全保障体系才能真正成为指导安全方案设计和建设的有力依据。信息保障技术框架（Information Assurance Technical Framework，IATF）就是在这种背景下诞生的。

1）IATF 深度防御战略的三个层面

IATF 是由美国国家安全局组织专家编写的一个全面描述信息安全保障体系的框架，它提出了信息保障时代信息基础设施的全套安全需求。IATF 创造性的地方在于，它首次提出了信息保障依赖于人、技术和操作来共同实现组织职能/业务运作的思想，对技术/信息基础设施的管理也离不开这三个要素。IATF 认为，稳健的信息保障状态意味着信息保障的策略、过程、技术和机制在整个组织的信息基础设施的所有层面上都能得以实施。图 1 − 4 所示为 IATF 的框架模型。

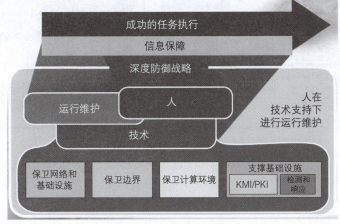

图 1 − 4　IATF 的框架模型

IATF 规划的信息保障体系包含三个要素：

人（People）：人是信息体系的主体，是信息系统的拥有者、管理者和使用者，是信息保障体系的核心，是第一位的要素，同时也是最脆弱的。正是基于这样的认识，安全管理在安全保障体系中愈显重要，可以这么说，信息安全保障体系实质上就是一个安全管理的体系，其中包括意识培训、组织管理、技术管理和操作管理等多个方面。

技术（Technology）：技术是实现信息保障的重要手段，信息保障体系所应具备的各项安全服务就是通过技术机制来实现的。当然，这里所说的技术，已经不单是以防护为主的静态技术体系，而是防护、检测、响应、恢复并重的动态的技术体系。

操作（Operation）：或者叫运行，它构成了安全保障的主动防御体系，如果说技术的构成是被动的，那么操作和流程就是将各方面技术紧密结合在一起的主动的过程，其中包括风险评估、安全监控、安全审计、跟踪告警、入侵检测、响应恢复等内容。

人，借助技术的支持，实施一系列的操作过程，最终实现信息保障目标，这是 IATF 最核心的理念之一。

在这个策略的三个主要层面中，IATF 强调技术并提供一个框架进行多层保护，以防范计算机威胁。该方法使能够攻破一层或一类的攻击行为无法破坏整个信息基础设施。

2）IATF 深度防御技术方案

为了明确需求，IATF 定义了四个主要的技术焦点领域：保卫网络和基础设施、保卫边界、保卫计算环境和为基础设施提供支持，这四个领域构成了完整的信息保障体系所涉及的范围。在每个领域范围内，IATF 都描述了其特有的安全需求和相应的可供选择的技术措施。无论是对信息保障体系的获得者，还是对具体的实施者或者最终的测评者，这些都有很好的指导价值。IATF - 分层多点深度防御方案如图 1 - 5 所示。

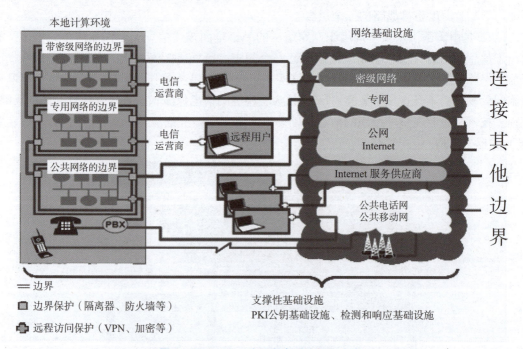

图 1 - 5 IATF - 分层多点深度防御方案

在深度防御技术方案中推荐下列原则：

（1）多点防御：包括保护网络和基础设施、保护区域边界、保护计算环境。

（2）分层防御：即使是最好用的 IA（Information Assurance，信息安全保障）产品，也存在内部缺点。在任何系统中，攻击者都能够找出一个被开发出的漏洞。一种有效的对策是在攻击者和他的目标之间配备多个安全机制。这些安全机制的每一个都必须是攻击者的唯一的障碍。进而，每一个机制都应包括保护和检测两种手段。这些手段增加了攻击者被检测的风险，减少了他们成功的机会或成功渗透的机会。在网络外边和内部边界装配嵌套的防火墙（与入侵检测结合）是分层保卫的实例。分层防御示例见表 1－5。

表 1－5　分层防御示例

攻击类型	第一层防线	第二层防线
被动攻击	链路和网络层加密及流量流安全	安全的应用
主动攻击	保卫区域边界	保卫计算环境
内部	物理和人员安全	认证的访问控制、审计
接近攻击	物理和人员安全	技术监督措施
分发攻击	可信软件开发和分发	运行时完整性控制

4. WPDRRC 信息安全模型

WPDRRC 信息安全模型是我国"八六三"信息安全专家组提出的适合中国国情的信息系统安全保障体系建设模型，它在 PDR 模型的前后增加了预警和反击功能，它吸取了 IATF 需要通过人、技术和操作来共同实现组织职能与业务运作的思想。WPDRRC 模型有 6 个环节和 3 个要素。6 个环节包括预警（W）、保护（P）、检测（D）、响应（R）、恢复（R）和反击（C），它们具有较强的时序性和动态性，能够较好地反映出信息系统安全保障体系的预警能力、保护能力、检测能力、响应能力、恢复能力和反击能力。三大要素包括人员、策略和技术，人员是核心，策略是桥梁，技术是保证，落实在 WPDRRC 的 6 个环节的各个方面，将安全策略变为安全现实。WPDRRC 信息安全模型如图 1－6 所示。

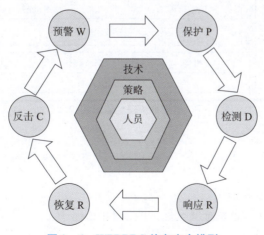

图 1－6　WPDRRC 信息安全模型

各类安全保护模型各有优缺点，OSI 安全体系结构和 PDR 安全保护模型是早期提出的安全保护模型，其过于关注安全保护的技术要素，忽略了重要的管理要素，存在一定的局限性。IATF 信息保障技术框架和 WPDRRC 信息安全模型融入了人员、技术和管理的要素，并且分别从信息系统的构成角度和安全防护的层次角度提出了安全防护体系的构成思想，因此成为最为流行的安全保护模型而被广泛应用。

成功的安全模型应满足以下几点：在安全和通信方便之间建立平衡、能够对存取进行控制、保持系统和数据完整、能对系统进行恢复和数据备份。

1.4.2　信息系统安全体系结构

综合运用信息安全技术保护信息系统的安全是我们研究和学习信息安全原理与技术的目的。信息系统是一个系统工程，本身很复杂，要保护信息系统的安全，仅靠技术手段是远远不够的。这里从技术、组织机构、管理三方面出发，介绍了信息系统安全体系框架的基本组成与内容。

1. 信息系统安全体系框架

信息系统安全的总需求是物理安全、网络安全、数据安全、信息内容安全、信息基础设备安全与公共信息安全的总和。安全的最终目的是确保信息的机密性、完整性、可用性、可审计性和抗抵赖性以及信息系统主体（包括用户、团体、社会和国家）对信息资源的控制。信息系统安全体系由技术体系、组织机构体系和管理体系共同构建。体系的结构框架如图 1–7 所示。

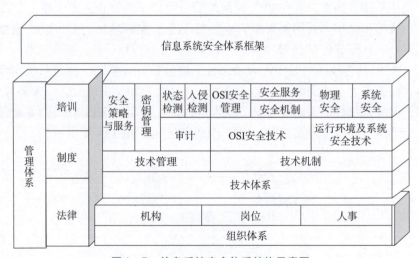

图 1–7　信息系统安全体系结构示意图

2. 技术体系

（1）技术体系的内容和作用。

技术体系是全面提供信息系统安全保护的技术保障系统。

（2）技术体系的构成。

技术体系由物理安全技术和系统安全技术两大类构成。

（3）技术体系框架。

设计信息系统安全体系中技术体系框架时，可将协议层次、信息系统构成单元和安全服务（安全机制）作为三维坐标体系的三个维度，如图1-8所示。

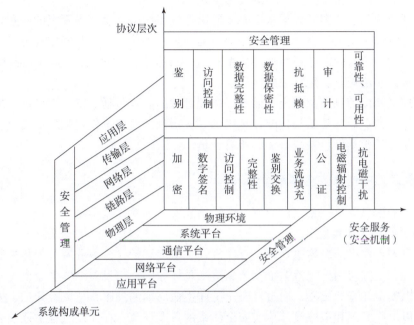

图1-8　安全技术体系三维结构

3. 组织机构体系

组织机构体系是信息系统安全的组织保障系统，由机构、岗位和人事机构3个模块构成。机构的设置分为3个层次：决策层、管理层和执行层。

决策层是信息系统主体单位决定信息系统安全重大事宜的领导机构，以单位主管信息工作的负责人为首，由行使国家安全、公共安全、机要和保密职能的部门负责人和信息系统主要负责人组成。

管理层是决策的日常管理机关，根据决策机构的决定全面规划并协调各方面力量实施信息系统的安全方案，制定、修改安全策略，处理安全事故，设置安全相关的岗位。

执行层是在管理层协调下具体负责某一个或某几个特定安全事务的一个逻辑群体，这个群体分布在信息系统的各个操作层或岗位上。

岗位是信息系统安全管理机关根据系统安全需要设定的负责某一个或某几个特定安全事务的职位。岗位在系统内部可以是具有垂直领导关系的若干层次的一个序列，一个人可以负责一个或几个安全岗位，但一个人不得同时兼任安全岗位所对应的系统管理或具体业务岗位。岗位并不是一个机构，它由管理机构设定，由人事机构管理。

人事机构是根据管理机构设定的岗位，对岗位上的雇员进行素质教育、业绩考核和安全监管的机构。人事机构的全部管理活动在国家有关安全的法律、法规、政策规定范围内依法进行。

4. 管理体系

管理是信息系统安全的灵魂。信息系统安全的管理体系由法律管理、制度管理和培训管理 3 个部分组成。

法律管理是根据相关的国家法律、法规对信息系统主体及其与外界关联行为的规范和约束。法律管理具有对信息系统主体行为的强制性约束力，并且有明确的管理层次性。与安全有关的法律法规是信息系统安全的最高行为准则。

制度管理是信息系统内部依据系统必要的国家或组织的安全需求制定的一系列内部规章制度，主要内容包括安全管理和执行机构的行为规范、岗位设定及其操作规范、岗位人员的素质要求及行为规范、内部关系与外部关系的行为规范等。制度管理是法律管理的形式化、具体化，是法律、法规与管理对象的接口。

培训管理是确保信息系统安全的前提。培训管理的内容包括法律法规培训、内部制度培训、岗位操作培训、业务素质与技能技巧培训等。培训的对象不仅仅是从事安全管理和业务的人员，而是几乎包括信息系统有关的所有人员。

1.4.3　某高校的信息安全体系建设举例

以某高校的信息安全体系建设为例，介绍信息安全体系建设思路。

1. 建设原则和工作路线

学校信息安全建设的总体原则是：总体规划、适度防护，分级分域、强化控制，保障核心、提升管理，支撑应用、规范运维。依据这一总体原则，信息安全体系建设工作以风险评估为起点，以安全体系为核心，通过对安全工作生命周期的理解，从风险评估、安全体系规划着手，并以解决方案和策略设计落实安全体系的各个环节，在建设过程中逐步完善安全体系，以使安全体系运行维护和管理的过程等全面满足安全工作各个层面的安全需求，最终达到全面、持续、突出重点的安全保障。系统流程如图 1-9 所示。

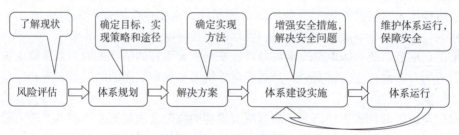

图 1-9　信息安全体系建设流程

2. 体系框架

信息安全体系框架依据《信息安全技术　信息系统安全等级保护基本要求》GB/T 22239—2008、《信息系统等级保护安全建设技术方案设计要求》（征求意见稿），并吸纳了 IATF 模型中"深度防护战略"理论，强调安全策略、安全技术、安全组织和安全运行 4 个核心原则，重点关注计算环境、区域边界、通信网络等多个层次的安全防护，构建信息系统的安全技术体系和安全管理体系，并通过安全运维服务和 IT SM 集中运维管理（IT Service Management，基于 IT 服务管理标准的最佳实践），形成了集风险评估、安全加固、安全巡检、统一监控、提前预警、应急响应、系统恢复、安全审计和违规取证于一体的安全运维体系架构（图 1-10），从而实现并覆盖了等级保护基本要求中对网络安全、主

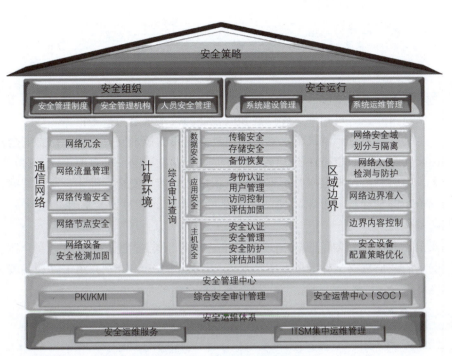

图 1-10 大学信息安全体系框架

机安全、应用安全、数据安全和管理安全的防护要求，以满足信息系统全方位的安全防护需求。

（1）安全策略：明确信息安全工作目的、信息安全建设目标、信息安全管理目标等，是信息安全各个方面所应遵守的原则方法和指导性策略。

（2）安全组织：是信息安全体系框架中最重要的安全管理策略之一，明确了大学信息安全组织体系及各级组织间的工作职责，覆盖安全管理制度、安全管理机构和人员安全管理3个部分。

（3）安全运行：是信息安全体系框架中最重要的安全管理策略之一，是维持信息系统持续运行的保障制度和规范。主要集中在规范信息系统应用过程和人员的操作执行。该部分以国家等级保护制度为依据，覆盖系统建设管理、系统运维管理两个部分。

（4）安全技术：是从技术角度出发，落实学校组织机构的总体安全策略及管理的具体技术措施的实现，是对各个防护对象进行的有效的技术措施保护。安全技术注重信息系统执行的安全控制，针对未授权的访问或误用提供自动保护，发现违背安全策略的行为，并满足应用程序和数据的安全需求。安全技术包含通信网络、计算环境、区域边界和提供整体安全支撑的安全支撑平台。该部分以国家等级保护制度为依据，覆盖物理层、网络层、主机层、应用层和数据层5个部分。

（5）安全运维：安全运维服务体系架构共分两层，实现人员、技术、流程三者的完美整合，通过基于 ITIL 的运维管理方法，保障基础设施和生产环境的正常运转，提升业务的可持续性，从而也体现了安全运维与业务目标保持一致的核心思想。

1.5 信息安全评价标准

信息安全标准是确保信息安全的产品和系统在设计、研发、生产、建设、使用、测评中解决其一致性、可靠性、可控性、先进性和符合性的技术规范与技术依据。

信息安全标准工作对于解决信息安全问题具有重要的技术支撑作用。信息安全标准化不仅关系到国家安全，同时也是保护国家利益、促进产业发展的一种重要手段。在互联网飞速发展的今天，网络和信息安全问题不容忽视，积极推动信息安全标准化，牢牢掌握在信息时代全球化竞争中的主动权是非常重要的。由此可以看出，信息安全标准化工作是一项艰巨的、长期的基础性工作。

信息安全标准可以分为信息安全评估标准、信息安全管理标准和信息安全工程标准3类。应明确它们在信息安全标准体系中的地位和作用。本节将分别介绍国际和我国的信息安全评价标准。

1.5.1 信息安全相关国际标准

1.5.1.1 信息安全评估标准

在信息技术方面，美国一直处于领导地位，在有关信息安全测评认证方面，美国也是发源地，早在20世纪70年代美国就开展了信息安全测评认证标准研究工作，并于1985年由美国国防部正式公布了可信计算机系统评估准则（Trusted Computer System Evaluation Criteria，TCSEC），也就是公认的第一个计算机信息系统评估标准。可信计算机系统评估准则开始主要是作为军用标准，后来延伸至民用。其安全级别从高到低分为A、B、C、D四类，级下再分AI、BI、B2、B3、CI、C2、D七级。

欧洲的信息技术安全性评估准则（Information Technology Security Evaluation Criteria，ITSEC）1.2版于1991年由欧洲委员会在结合法国、德国、荷兰和英国的开发成果后公开发表。ITSEC作为多国安全评估标准的综合产物，适用于军队、政府和商业部门。它以超越TCSEC为目的，将安全概念分为功能与功能评估两部分。加拿大计算机产品评估准则（Canada Trusted Computer Product Criteria，CT CPEC）1.0版于1989年公布，专为政府需求而设计，1993年公布了3.0版。作为ITSEC和TCSEC的结合，将安全分为功能性要求和保证性要求两部分。美国信息技术安全联邦准则（FC）草案1.0版也在1993年公开发表，它是结合北美和欧洲有关评估准则概念的另一种标准。在此标准中引入了"保护轮廓（PP）"这一重要概念，每个轮廓都包括功能部分、开发保证部分和评测部分。其分级方式与TCSEC不同，充分吸取了IT-SEC、CTCPEC中的优点，主要供美国政府用、民用和商用。

由于全球IT市场的发展，需要标准化的信息安全评估结果在一定程度上可以互相认可，以减少各国在此方面的一些不必要开支，从而推动全球信息化的发展。国际标准化组织（ISO）从1990年开始着手编写通用的国际标准评估准则。编写该准则的任务首先分派给了第1联合技术委员会（JTC1）的第27分委员会（SC27）的第3工作小组（WG3）。最初，由于大量的工作和多方协商的强烈需要，WG3 的进展缓慢。在 1993 年 6 月，与 CTCPEC、FC、TCSEC、ITSEC 有关的 6 个国家中，7 个相关政府组织集中了他们的成果，并联合行动将各自独立的准则集合成一系列单一的、能被广泛接受的 IT 安全准则。其目的是解决原标准中出现的概念和技术上的差异，并把结果作为对国际标准的贡献提交给了 ISO。同时于 1996 年颁布了 1.0 版，1998 年颁布了 2.0 版，1999 年 12 月 ISO 正式将 CC 2.0 作为国际标准——ISO 15408 发布。在 CC 中充分突出"保护轮廓"，将评估过程分为"功能"和"保证"两部分。此通用准则是目前最全面的信息技术安全评估准则。信息技术安全评估标准的历史和发展概况如图 1–11 所示。

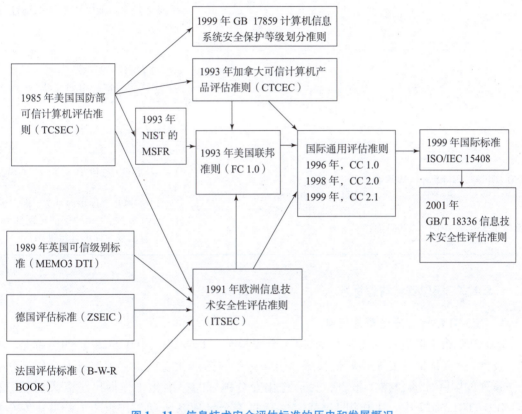

图 1–11 信息技术安全评估标准的历史和发展概况

表 1–6 对各个时期、不同区域的信息安全评估标准进行了总结。

表 1–6 各个时期、不同区域的信息安全评估标准

标准名称	标准区域	公布时间	适用范围	安全定义	特点
TCSEC	美国	1985 年	主要为军用标准，延用至民用	机密性	1）集中考虑数据保密性，而忽略了数据完整性、系统可用性等 2）将安全功能和安全保证混在一起 3）安全功能规定得过为严格，不便于实际开发和测评

续表

标准名称	标准区域	公布时间	适用范围	安全定义	特点
ITSEC	英国德国法国	1991 年	军用、政府用和商用	机密性、完整性与可用性	1）安全被定义为保密性、完整性、可用性 2）功能和质量/保证分开 3）对产品和系统的评估都适用，提出评估对象（TOE）的概念
CTCPEC	加拿大	1989 年	政府用	机密性、完整性、可用性、可控性	将安全分为功能性需求和保证性需要两部分
FC	美国	1992 年	美国政府用、民用和商用	机密性	1）对 TCSEC 的升级 2）引入了"保护轮廓（PP）"这一重要概念 3）分级方式与 TCSEC 不同，吸取了 ITSEC、CTCPEC 中的优点
ISO 15408 GB/T 18336	国际标准化组织 中国	1999 年 2001 年	军用、政府用、商用	机密性、完整性、可用性、可控性、责任可追查性等	1）主要思想和框架取自 ITSEC 和 FC 2）充分突出"保护轮廓"，将评估过程分为"功能"和"保证"两部分 3）是目前最全面的评价准则

1.5.1.2　信息安全管理标准

1. ISO/IEC 信息安全管理标准

ISO/IEC 第 1 联合技术委员会的第 27 分委员会（ISO/IEC JTC1 SC27）的名称是"IT 安全技术"，它是信息安全领域最权威和国际认可的标准化组织，它为信息安全领域发布了一系列的国际标准和技术报告，为信息化安全领域的标准化工作做出了巨大贡献。在 ISO/IEC JTC1 SC27 中，工作组 1（WG1）信息安全管理系统和工作组 4（WG4）安全控制与服务编制安全管理方面的标准，其中特别是 WG1 负责信息安全管理系统（ISMS）相关的标准。

2. 英国的信息安全管理标准（BS 7799 和 BS 15000）

英国标准协会在信息安全管理和相关领域里做了大量的工作，其成果也已得到国际社会的广泛认可。其中最让人关注的是 BS 7799 的第一部分，信息安全管理导则，目前已成为 ISO/IEC 27002（即 ISO/IEC 17799）标准；第二部分，信息安全管理系统规范，它讨论以 PDCA 过程方案建设信息安全管理系统（ISMS）以及信息安全管理系统评估的内容，目前已成为 ISO/IEC 27001 标准。另外，其 BS 15000 提供了 IT 服务管理的规范和导则，在 BS 15000 基础上所建立的 ITIL（IT 基础设施库）也成为 IT 服务管理的公认标准。

3. 美国的信息安全管理标准——NIST SP 系列特别出版物

2002 年，美国通过了一部联邦信息安全管理法案（FISMA），根据它，美国国家标准和技术委员会（NIST）负责为美国政府和商业机构提供信息安全管理相关的标准规范。因此，NIST 的一系列 FIPS 标准和 NIST 特别出版物 800 系列（NIST SP 800 系列）成为指导美国信息安全管理建设的主要标准和参考资料。在 NIST 的标准系列文件中，虽然 NIST SP 并不作为正式法定标准，但在实际工作中，已成为美国和国际安全界得到广泛认可的事实标准和权威指南。

目前，NIST SP 800 系列已经出版了 100 多本同信息安全相关的正式文件，形成了从计划、风险管理、安全意识培训和教育到安全控制措施的一整套信息安全管理体系，成为信息安全各领域的指南文件。2005 年，NIST SP 800 系列最主要的发展是配合 FISMA 2002 年的法案，建立以 800 – 53 等标准为核心的一系列测评认证和认可的标准指南。

4. 信息技术服务和信息系统审计治理领域——COBIT 和 ITIL

信息安全是一个综合的交叉学科，信息安全管理领域的很多内容同信息技术服务、信息系统审计等有着非常密切的联系，与 IT 服务、信息系统审计等建立联系，将更好地服务于用户应用，推动信息安全的管理工作，下面就对这些领域的一些热门标准进行简要介绍。

1）信息系统审计领域——COBIT

COBIT（信息和相关技术的控制目标）模型是美国 ISACA 协会所提供的一个 IT 审计和治理的框架。它为信息系统审计和治理提供了一整套的控制目标、管理措施、审计指南。COBIT 控制模型架起了沟通强调业务的控制模型（如 COSO）和强调 IT 的控制模型（如 BS 7799）之间的桥梁。COBIT 提供了包含规划和组织、采购和实施、交付和支持以及监控 4 个域，34 个表达 IT 过程的高层控制目标，通过解决这 34 个高层控制目标，组织机构可以确保已为其 IT 环境提供了一个充分的控制系统，支持这些 IT 过程的是用于有效实施的 300 多个详细的控制目标。图 1 – 12 描述了 COBIT 模型。

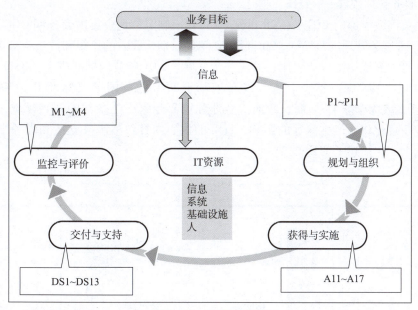

图 1 – 12　COBIT 模型

表 1 – 7 对 COBIT 域做了描述。

表 1 – 7　COBIT 域描述

1. 规划与组织 （PO，Planning and Organization）	3. 交付与支持 （DS，Delivery and Support）
PO1 制定 IT 战略规划 PO2 确定信息体系结构 PO3 确定技术方向 PO4 定义 IT 组织与关系 PO5 管理 IT 投资 PO6 传达管理目标和方向 PO7 人力资源管理 PO8 确保与外部需求一致 PO9 风险评估 PO10 项目管理 PO11 质量管理	DS1 定义并管理服务水平 DS2 管理第三方的服务 DS3 管理绩效与容量 DS4 确保服务的连续性 DS5 确保系统安全 DS6 确定并分配成本 DS7 教育并培训客户 DS8 为客户提供帮助和建议 DS9 配置管理 DS10 处理问题和突发事件 DS11 数据管理 DS12 设施管理 DS13 运营管理
2. 获得与实施 （AI，Acquisition and Implementation）	4. 监控 （M，Monitoring）
AI1 确定自动化的解决方案 AI2 获取并维护应用程序软件 AI3 获取并维护技术基础设施 AI4 程序开发与维护 AI5 系统安装与鉴定 AI6 变更管理	M1 过程监控 M2 评价内部控制的适当性 M3 获取独立保证 M4 提供独立的审计

2）IT 服务管理领域——ITIL

ITIL 由英国政府部门 CCTA 在 20 世纪 80 年代末制定，现由英国商务部 OGC 负责管理，主要适用于 IT 服务管理（ITSM）。20 世纪 90 年代后期，ITIL 的思想和方法，被美国、澳大利亚、南非等国家或地区广泛引用，并进一步发展。2001 年英国标准协会（BSI）在国际 IT 服务管理论坛（ITSMF）年会上正式发布了基于 ITIL 的英国国家标准 BS 15000。目前，ITSM 领域正式成为全球 IT 厂商、政府、企业和业界专家广泛参与的新兴领域，对未来 IT 走向和企业信息化将会产生深远的影响。ITIL 的核心内容包括服务支持和服务交付，共 11 个流程。图 1 – 13 描述了 ITIL 框架。

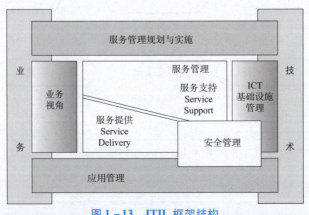

图 1 – 13　ITIL 框架结构

图 1 - 14 给出了信息安全管理标准历史和发展概况脉络图。

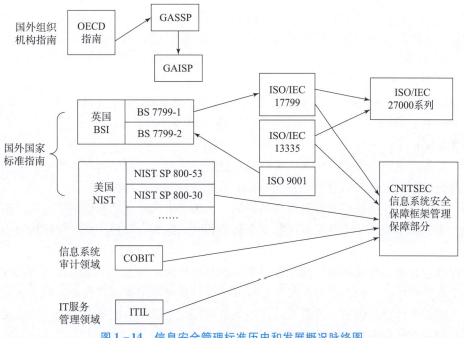

图 1 - 14　信息安全管理标准历史和发展概况脉络图

5. 目前应用最广泛的国际信息安全管理标准

下面介绍一下目前应用最广泛的国际信息安全管理标准：ISO/IEC 27001 和 ISO/IEC 27002 及其标准系列。

1）ISO/IEC 27000 标准簇

依托 ISO/IEC 27001 和 ISO/IEC 27002，国际标准化组织建立了信息安全标准簇 ISO 27000 系列，ISO 27000 标准簇如下。

ISO/IEC 27000 标准有三个章节：第一章是标准的范围说明；第二章对 ISO 27000 系列的各个标准进行了介绍，说明各个标准之间的关系，包括 ISO 27000、ISO 27001、ISO 27002、ISO 27003、ISO 27004、ISO 27005、ISO 27006；第三章给出了与 ISO 27000 系列标准相关的术语和定义，共 63 个。

ISO/IEC 27000：信息技术—安全技术—信息安全管理体系—基础和术语，定义了整个系列 27 000 文件的基本词汇、原则和概念。

➢　ISO/IEC 27001：2005

信息技术—安全技术—信息安全管理体系—要求。该标准源于 BS7799 - 2，主要提出 ISMS（Information Security Management System，ISMS）信息安全管理体系的基本要求，已于 2005 年 10 月正式发布。

标准介绍：

ISO 27001 用于为建立、实施、运行、监视、评审、保持和改进信息安全管理体系提供模型。采用 ISMS 应当是一个组织的一项战略性决策。一个组织的 ISMS 的设计和实施受业务需求和目标、安全需求、所采用的过程以及组织的规模和结构的影响。上述因素及其支持过程会不断发生变化。期望信息安全管理体系可以根据组织的需求而测量，例如简单的情形可采用简单的 ISMS 解决方案。

ISO 27001 标准可以作为评估组织满足顾客、组织本身及法律法规的信息安全要求的能力的依据，无论是组织自我评估还是评估供方能力，都可以采用，也可以用作第三方认证的依据。

➢ ISO/IEC 27002：2007

信息技术—安全技术—信息安全管理实践规则。该标准将取代 ISO/IEC 17799：2005，直接由 ISO/IEC 17799：2005 更改标准编号为 ISO/IEC 27002。

标准介绍：

本标准为在组织内启动、实施、保持和改进信息安全管理提供指南和通用的原则。本标准概述的目标提供了有关信息安全管理通常公认的目标的通用指南。

本标准的控制目标和控制措施预期被实施，以满足由风险评估所识别的要求。本标准可以作为一个实践指南服务于开发组织的安全标准和有效的安全管理实践，帮助构建组织间活动的信心。

本标准包含的实施规则可以认为是开发组织具体指南的起点。本实施规则中的控制和指导并不全都是适用的。而且，可能需要本标准中未包括的附加控制和指南。当开发包括附件控制和指南的文件时，包括对本标准适用的条款进行交叉引用可能是有用的，该交叉引用便于审核员和商业伙伴进行符合性核查。

➢ ISO/IEC 27003：2010

信息安全管理体系实施指南，属于 C 类标准。ISO/IEC 27003 为建立、实施、监视、评审、保持和改进符合 ISO/IEC 27001 的 ISMS 提供了实施指南和进一步的信息，使用者主要为组织内负责实施 ISMS 的人员。

标准介绍：

该标准给出了 ISMS 实施的关键成功因素，实施过程依照 ISO/IEC 27001 要求的 PDCA 模型进行，并进一步介绍了各个阶段的活动内容及详细实施指南。

➢ ISO/IEC 27004：2009

信息安全管理测量，属于 C 类标准。该标准主要为组织测量信息安全控制措施和 ISMS 过程的有效性提供指南。

标准介绍：

该标准将测量分为两个类别：有效性测量和过程测量，列出了多种测量方法，例如调查问卷、观察、知识评估、检查、二次执行、测试（包括设计测试和运行测试）以及抽样等。

该标准定义了 ISMS 的测量过程：首先要实施 ISMS 的测量，应定义选择测量措施，同时确定测量的对象和验证准则，形成测量计划；实施 ISMS 测量的过程中，应定义数据的收集、分析和报告程序并评审、批准提供资源以支持测量活动的开展；在 ISMS 的检查和处置阶段，也应对测量措施加以改进，这就要求首先定义测量过程的评价准则，对测量过程加以监控，并定期实施评审。

➢ ISO/IEC 27005：2011

信息安全风险管理，属于 C 类标准。该标准给出了信息安全风险管理的指南，其中所描述的技术遵循 ISO/IEC 27001 中的通用概念、模型和过程。

标准介绍：

该标准介绍了一般性的风险管理过程，并重点阐述了风险评估的几个重要环节，包括风险评估、风险处理、风险接受等。在标准的附录中，给出了资产、影响、脆弱性以及风险评估的方法，并列出了常见的威胁和脆弱性。最后还给出了根据不同通信系统以及不同安全问题和威胁选择控制措施的方法。

➢ ISO/IEC 27006：2007

信息安全管理体系认证机构的认可要求，属于 D 类标准。

标准介绍：

该标准的主要内容是对从事 ISMS 认证的机构提出了要求和规范，或者说它规定了一个机构"具备怎样的条件就可以从事 ISMS 认证业务"。

2）ISO/IEC TR 13335 标准簇

ISO/IEC TR 13335，被称作"IT 安全管理指南"（Guidelines for the Management of IT Security, GMITS），新版称作"信息和通信技术安全管理"，它是 ISO/IEC JTC1 制定的技术报告，是一个信息安全管理方面的指导性标准，其目的是为有效实施 IT 安全管理提供建议和支持。

ISO/IEC TR 13335 系列标准（旧版）——GMITS 由 5 个部分组成：

ISO/IEC 13335 - 1：1996《IT 安全的概念与模型》，本部分提供基本的概念和模式来表述 IT 安全管理；

ISO/IEC 13335 - 2：1997《IT 安全管理与策划》，本部分阐述了管理和规划方面；

ISO/IEC 13335 - 3：1998《IT 安全管理技术》，本部分阐述在一个项目的生命运转期间相关的管理行为安全技巧，比如规划、设计、应用、测试、获得或者操作；

ISO/IEC 13335 - 4：2000《防护措施的选择》，本部分为保护的选择提供指导和这些指导是怎样被用在基本的模式和控制上的，它还表述了在第三部分中提到的安全技巧和这些附加的帮助理念可用在保护选择中；

ISO/IEC 13335 - 5：2001《网络安全管理指南》，本部分为在网络和传播方面的对 IT 安全管理负责的人提供指导。

目前，ISO/IEC 1335 - 1：1996 已经被新的 ISO/IEC 1335 - 1：2004 所取代；ISO/IEC 1335 - 2：1997 也被正在开发的 ISO/IEC 1335 - 2 取代。

ISO/IEC TR 13335 只是一个技术报告和指导性文件，并不是可依据的认证标准，信息安全体系建设参考 ISO/IEC 27001：2005、ISO/IEC 27002：2007，具体实践可以参考 ISO TR 13335。

1.5.1.3 信息安全工程标准——SSE - CMM

1. SSE - CMM 简介

SSE - CMM 是系统安全工程能力成熟模型（Systems Security Engineering Capability Maturity Model）的缩写，是一种衡量系统安全工程实施能力的方法。它描述了一个组织安全工程过程必须包含的本质特征，这些特征是完善的安全工程保证。尽管 SSE - CMM 没有规定一个特定的过程和步骤，但是它汇集了工业界常见的实施方法，抽取了一组"好的"工程实施并定义了过程的"能力"。SSE - CMM 主要用于指导系统安全工程的完善和改进，使系统安全工程成为一个清晰定义的、成熟的、可管理的、可控制的、有效的和可度量的学科。它是安全工程实施的标准度量标准，它覆盖了：

- 整个生命期，包括开发、运行、维护和终止。
- 整个组织，包括其中的管理、组织和工程活动。
- 与其他规范并行的相互作用，如系统、软件、硬件、人的因素、测试工程、系统管理、运行和维护等规范。
- 与其他机构的相互作用，包括获取、系统管理、认证、认可和评价机构。

在 SSE – CMM 模型描述中，提供了对所基于的原理、体系结构的全面描述。它还包括了开发该模型的需求。SSE – CMM 评定方法部分描述了针对 SSE – CMM 来评价一个组织的安全工程能力的过程和工具。

SSE – CMM 涉及信息安全产品或者系统整个生命周期的安全工程活动，其中包括概念定义、需求分析、设计、开发、集成、安装、运行、维护和终止。

SSE – CMM 的用户包括从设计到安全工程的各类结构，包括产品开发商、服务提供商、系统集成商、系统管理员、安全专家等。这些 SSE – CMM 用户涉及的工程层面各不相同，在应用时，可根据需要裁减。对于如下不同的用户，其可能的应用不同。

安全服务提供商：用于衡量一个机构的信息安全工程过程能力。

安全对策开发人员：当一个机构致力于开发安全对策时，该机构的能力将以其对 SSE – CMM 中各项工程实施元素的掌握能力来体现。

产品开发商：SSE – CMM 中包含的很多安全过程实施元素有助于理解客户的安全需求。

SSE – CMM 并不意味着在一个组织中任何项目组或角色必须执行这个模型中所描述的任何过程，也不要求使用最新的和最好的安全工程技术和方法论。然而，这个模型的要求是一个组织要有一个适当的过程，这个过程应该包括这个模型中所描述的基本安全实施。组织机构以任何方式随意创建符合他们业务目标的过程以及组织结构。

SSE – CMM 也并不意味着执行通用实施的专门要求。一个组织机构一般可随意以他们所选择的方式和次序来计划、跟踪、定义、控制、改进他们的过程。然而，由于一些较高级别的通用实施依赖较低级别的通用实施，因此，组织结构应在试图达到较高级别之前，首先实现较低级别通用实施。

2. SSE – CMM 应用

SSE – CMM 可应用于所有从事某种形式的安全工程组织，这种应用与生命期、范围、环境或专业无关。该模型适用于以下三种方式。

- 评定：允许获取组织了解潜在项目参加者的组织层次上的安全工程过程能力。SSE – CMM 支持范围广泛的改进活动，包括自身管理评定，或由从内部或外部组织的专家进行的更强要求的内部评定。虽然 SSE – CMM 主要用于内部过程改进，但也可用于评价潜在销售商从事安全工程过程的能力。
- 改进：使安全工程组织获得自身安全工程过程能力级别的认识，并不断地改进其能力。组织在第一次定义过程时，经常忽视许多内部过程或产品和/或中间的过程或产品。不过，对于一个组织来说，在第一次定义安全工程过程时，不需要考虑所有的可能性。一个组织应通过适当的精确性来将当前的过程状态确定为基线。基线建立的过程最好在六个月到一年之间，随着时间推移，该过程可以得到改进。

● 保证：通过有根据地使用成熟过程，增加可信产品、系统和服务的可信度。SSE – CMM 设计用于衡量和帮助提高一个安全工程组织的能力，同时也可用于提高该组织所开发的系统或产品的安全保证。

1.5.2　信息安全相关国内标准

信息安全标准是我国信息安全保障体系的重要组成部分，是政府进行宏观管理的重要依据。虽然国际上有很多标准化组织在信息安全方面制定了许多标准，但信息安全标准事关国家安全利益，任何国家都不会轻易相信和过分依赖别人，总要通过自己国家的组织和专家制定出自己可以信任的标准来保护民族的利益。因此，各个国家在充分借鉴国际标准的前提下，制定和扩展自己国家对信息安全的管理领域，这样就有许多国家建立了自己的信息安全标准化组织，以及制定了本国的信息安全标准。

我国标准化工作经过几十年的建设，特别是改革开放以来，建成了一套基本上满足我国经济和社会发展需要的标准体系，下面介绍我国信息安全的重要标准。

1.5.2.1　我国信息技术安全评估标准

我国公安部主持制定、国家质量技术监督局发布的中华人民共和国国家标准 G8 17895—1999《计算机信息系统安全保护等级划分准则》已正式颁布并实施。该准则将信息系统安全分为 5 个等级：自主保护级、系统审计保护级、安全标记保护级、结构化保护级和访问验证保护级。主要的安全考核指标有身份认证、自主访问控制、数据完整性、审计等，这些指标涵盖了不同级别的安全要求。GB/T 18336《信息技术—安全技术—信息技术安全性评估准则》也是等同采用 ISO 15408 标准，这两个国家标准最为重要，它们是很多后继标准、规程、执行办法等的基础。

1.5.2.2　我国信息安全管理标准

1. GB/T 20984《信息安全风险评估规范》

随着政府部门、企事业单位以及各行各业对信息系统依赖程度的日益增强，信息安全问题受到普遍关注。运用风险评估去识别安全风险，解决信息安全问题，得到了广泛的认识和应用。

信息安全风险评估就是从风险管理角度，运用科学的方法和手段，系统地分析信息系统所面临的威胁及其存在的脆弱性，评估安全事件一旦发生可能造成的危害程度，提出有针对性的抵御威胁的防护对策和整改措施；为防范和化解信息安全风险，将风险控制在可接受的水平，从而为最大限度地保障信息安全提供科学依据。

信息安全风险评估作为信息安全保障工作的基础性工作和重要环节，要贯穿信息系统的规划、设计、实施、运行维护以及废弃各个阶段，是信息安全等级保护制度建设的重要科学方法之一。

国家标准 GB/T 20984—2007《信息安全风险评估规范》提出了风险评估的基本概念、要素关系、分析原理、实施流程和评估方法，以及风险评估在信息系统生命周期不同阶段的实施要点和工作形式。

➢ 风险要素关系

风险评估中各要素的关系如图 1 – 15 所示。

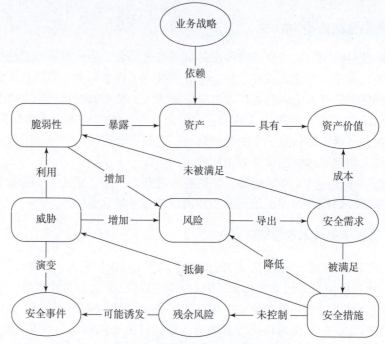

图 1 – 15　风险评估中各要素的关系

图 1 – 15 中方框部分的内容为风险评估的基本要素，椭圆部分的内容是与这些要素相关的属性。风险评估围绕着资产、威胁、脆弱性和安全措施这些基本要素展开，在对基本要素的评估过程中，需要充分考虑业务战略、资产价值、安全需求、安全事件、残余风险等与这些基本要素相关的各类属性。

图 1 – 15 中的风险要素及属性之间存在着以下关系：

• 业务战略的实现对资产具有依赖性，依赖程度越高，要求其风险越小。

• 资产是有价值的，组织的业务战略对资产的依赖程度越高，资产价值就越大。

• 风险是由威胁引发的，资产面临的威胁越多，则风险越大，并可能演变为安全事件。

• 资产的脆弱性可能暴露资产的价值，资产具有的脆弱性越多，则风险越大。

• 脆弱性是未被满足的安全需求，威胁利用脆弱性危害资产。

• 风险的存在及对风险的认识导出安全需求。

• 安全需求可通过安全措施得以满足，需要结合资产价值考虑实施成本。

• 安全措施可抵御威胁，降低风险。

• 残余风险有些是安全措施不当或无效，需要加强才可控制的风险；而有些则是在综合考虑了安全成本与效益后不去控制的风险。

• 残余风险应受到密切监视，它可能会在将来诱发新的安全事件。

➢ 实施流程

风险评估的实施流程如图 1 – 16 所示。

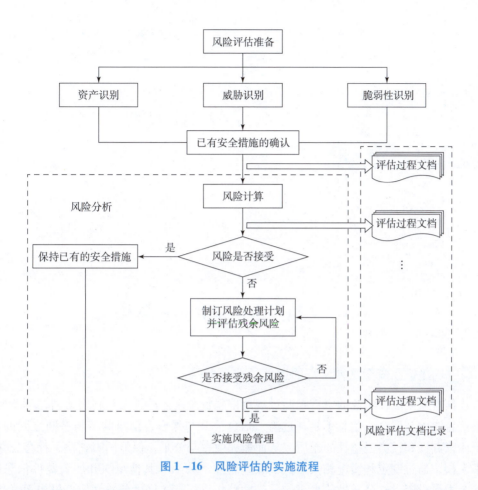

图 1-16 风险评估的实施流程

2. 其他重要信息安全管理标准

除了 GB/T 20984《信息安全风险评估规范》外，还包括几个重要的信息安全管理标准：GB/Z 24364《信息安全风险管理规范》、GB/Z 20985《信息安全事件管理指南》、GB/Z 20986《信息安全事件分类分级指南》、GB/T 20988《信息系统灾难恢复规范》。

1.5.2.3 等级保护标准

我国于 1999 年发布了国家标准 GB 17859《计算机信息安全保护等级划分准则》，成为建立安全等级保护制度、实施安全等级管理的重要基础性标准。目前已发布 GB/T 22239、GB/T 22240、GB/T 20270、GB/T 20271、GB/T 20272 等配套标准 10 余个，涵盖了定级指南、基本要求、实施指南、测评要求等方面。GB 17859 的核心思想是对信息系统特别是对业务应用系统安全分等级、按标准进行建设、管理和监督。国家对信息安全等级保护工作运用法律和技术规范逐级加强监管力度，保障重要信息资源和重要信息系统的安全。

第2章

信息安全法律法规

2.1　信息安全法律法规概述

2.1.1　构建信息安全法律法规的意义

构建信息安全法律法规的宗旨是通过规范信息资源主体的开发和利用活动，不断地协调和解决信息自由与安全、信息不足与过滥、信息公开与保密、信息共享与垄断之间的矛盾，以及个体营利性和社会公益性的矛盾，从而兼顾效率与公平，保障国家利益、社会公共利益和基本人权，通过制定和实施相关立法，鼓励企业、公众和其他组织开展公益性信息服务，鼓励社会力量投资设立公益性信息机构，鼓励著作权拥有人许可公益性信息机构无偿利用其相关信息资源开展公益性服务，就能够产生对国家利益、社会公共利益的积极保护作用，特别是对国家的信息安全、社会信息资源共享有积极的保护作用，它是充分保护信息权利的必然要求。

加强信息安全法律法规的建设，制定政府信息安全法规体系，可以建立健全政府信息公开、交换、共享、保密制度；可以为公益性信息服务发展提供法制保障；可以保障企业建立并逐步完善各类信息系统，在生产、经营、管理等环节中深度开发并充分利用信息资源，提高竞争能力和经济效益；可以依法保护信息内容产品的知识产权，建立和完善信息内容市场监管体系；可以创建安全健康的信息和网络环境。

2.1.2　构建信息安全法律法规体系的任务

构建国家信息安全法规体系是指依据《宪法》，制定国家关于信息安全的基本法以及与之相配套、相协调、相统一，并且与现有法律法规相衔接的信息安全法律法规和部门规章，形成一套能够覆盖信息安全领域基本问题、主要内容的，系统、完整、有机的信息安全法律法规体系。建立健全信息安全法律法规体系的任务是：确立我国信息安全领域的基本法律原则、基本法律责任和基本法律制度，从不同层次妥善处理信息安全各方主体的权利义务关系，系统、全面地解决我国信息安全立法的基本问题，规范公民、法人和其他组织的信息安全行为，明确信息安全的执法主体，为信息安全各个职能部门提供执法依据。

在最新一次的中央网信办召开全国网络法治工作会议中要求，网络立法要提速增效，强化网络立法统筹协调，加快推进重点立法项目，健全网络法治研究与支撑；网络普法要入脑走心，构建网络普法工作大格局，积极开展以案释法工作，把青少年网络法治宣传教育作为重点，推动形成全网全社会尊法学法守法用法的良好氛围。

2.1.3　我国信息安全法律体系的发展过程

虽然早在 1991 年劳动部就出台了《全国劳动管理信息计算机系统病毒防治规定》，但那时类似的信息安全法规和规定还是非常少的，这一局面到 1994 年 2 月 18 日有了根本性的转变，这一天国务院颁布了《中华人民共和国计算机信息系统安全保护条例》，该条例规定了计算机信息系统安全保护的主管机关、安全保护制度、安全监督等。从 1994 年以后，我国信息安全法律体系进入了初步建设的阶段，一大批相关法律法规先后出台，如《计算机信息网络国际联网安全保护管理办法》（公安部）、《计算机系统保密管理暂行规定》（国家保密局）、《商用密码管理条例》及《金融机构计算机信息安全保密管理暂行规定》等。

2000 年 12 月 28 日《全国人民代表大会常务委员会关于维护互联网安全的决定》的出台又代表着我国信息安全法律体系建设进入了一个新的阶段。《全国人民代表大会常务委员会关于维护互联网安全的决定》规定了一系列禁止利用互联网从事的危害国家、单位和个人合法权益的活动。这个阶段的标志就是更加重视网络及互联网的安全，也更加重视信息内容的安全。这一阶段的法律法规有《互联网信息服务管理办法》《计算机信息系统国际联网保密管理规定》（国家税务局）、《计算机病毒防治管理办法》（公安部）等。

2003 年 7 月，国家信息化领导小组第三次会议通过了《国家信息化领导小组关于加强信息安全保障工作的意见》（中办发〔2003〕27 号），则标志着我国信息安全法律体系的建设进入一个更高的阶段。该意见明确了加强信息安全保障工作的总体要求和主要原则，确定了实行信息安全等级保护、加强以密码技术为基础的信息保护和网络信任体系建设、建设和完善信息安全监控体系等工作重点，使我国信息安全法律体系的建设进入了目标明确的新阶段。这一阶段，有代表性的法律法规包括《电子签名法》《电子认证服务管理办法》《证券期货业信息安全保障管理暂行办法》《广东省电子政务信息安全管理暂行办法》《上海市信息系统安全测评管理办法》《北京市信息安全服务单位资质等级评定条件（试行）》等。

党的十八大以来，在以习近平同志为核心的党中央领导下，全国网信系统深入贯彻落实全面依法治国的部署要求，紧紧围绕网络强国的战略目标，把依法治网作为基础性手段，网络空间法治化全面推进，"互联网不是法外之地"观念深入人心，网络法治工作取得长足进展，全国人大审议通过法律有：2012 年 12 月《全国人民代表大会常务委员会关于加强网络信息保护的决定》、2016 年 11 月《中华人民共和国网络安全法》、2018 年 8 月《中华人民共和国电子商务法》、2019 年 10 月《中华人民共和国密码法》。国务院颁布的法规有：2013 年 1 月《计算机软件保护条例（第二次修订）》、2013 年 1 月《国务院关于修改〈信息网络传播权保护条例〉的决定》修订、2016 年 2 月《国务院关于修改部分行政法规的决定》（国务院令第 666 号）第二次修订。

2.1.4　我国信息安全法律法规体系框架

全面了解和掌握我国的立法体系和立法内容，是信息网络安全领域法律、技术和管理等各项工作的重要基础。我国信息网络安全领域的相关法律体系框架分为法律、行政法规和部门规章及规范性文件 3 个层面。

1. 法律

这一层面是指由全国人民代表大会及其常委会通过的有关法律，主要包括《中华人民共和国宪法》《中华人民共和国刑法》《中华人民共和国治安管理处罚条例》《中华人民共和国刑事诉讼法》《中华人民共和国警察法》《中华人民共和国国家安全法》《中华人民共和国保守国家秘密法》《中华人民共和国行政处罚法》《中华人民共和国行政诉讼法》《中华人民共和国行政复议法》《中华人民共和国国家赔偿法》《中华人民共和国立法法》《中华人民共和国著作权法》《中华人民共和国专利法》《中华人民共和国反不正当竞争法》《中华人民共和国标准化法》《中华人民共和国产品质量法》《中华人民共和国电子签名法》《全国人大常委会关于维护互联网安全的决定》《中华人民共和国网络安全法》《中华人民共和国电子商务法》《中华人民共和国密码法》等。

2. 行政法规

这一层面主要指国务院为执行《宪法》和法律的规定而制定的行政法规。主要包括《计算机软件保护条例》《中华人民共和国计算机信息系统安全保护条例》《中华人民共和国计算机信息网络国际联网管理暂行规定》《计算机信息网络国际联网安全保护管理办法》《商用密码管理条例》《中华人民共和国电信条例》《互联网信息服务管理办法》《中华人民共和国产品质量认证管理条例》等。

其中，1994 年 2 月发布实施的《中华人民共和国计算机信息系统安全保护条例》是我国第一部涉及计算机信息系统安全的行政法规，它确定了公安部主管全国计算机信息系统安全保护工作的职能，其规定的计算机信息系统使用单位的安全案件报告、有害数据的防治管理、安全专用产品销售许可证管理等计算机信息系统安全保护的九项制度，是公安机关从 80 年代初期开始在全国开展计算机安全的普及、宣传、管理、查处等多年工作经验的总结。1997 年 12 月由国务院批准，公安部发布的《计算机信息网络国际联网安全保护管理办法》是我国第一部全面调整互联网安全的行政法规，它所规定的计算机信息网络国际联网安全保护的四条禁则和六项安全保护责任，不仅在我国互联网迅猛发展初期起到了重要的保障作用，而且为后续有关信息网络安全的法规或规章的出台起到了重要的指导作用。

随着信息技术和互联网应用环境的不断发展，为促进互联网信息服务健康有序发展，保护公民、法人和其他组织的合法权益，维护国家安全和公共利益。2014 年国务院授权"国家互联网信息办公室（简称网信办）"负责互联网信息内容管理工作，并负责监督管理执法。国务院先后也修订《网络传播权保护》《计算机软件保护》《互联网上网服务场所管理》等一批条例。

3. 部门规章及规范性文件

这一层面主要包括国务院各部委等根据法律和国务院的行政法规，在本部门的权限范围内制定的规章或规范性文件，以及省、自治区、直辖市和较大的市的人民政府根据法律、行政法规和本省、自治区、直辖市的地方性法规制定的规章或规范性文件。与信息网络安全相关的部门规章或规范性文件主要包括：

（1）公安部制定的《计算机信息系统安全专用产品检测和销售许可证管理办法》《计算机病毒防治管理办法》；公安部和中国人民银行联合制定的《金融结构计算机信息系统安全

保护工作暂行规定》；公安部和人事部联合制定的《关于开展计算机安全员培训工作的通知》等。

（2）原信息产业部（现职责划分给新设立的工业和信息化部）制定的《互联网电子公告服务管理规定》《软件产品管理办法》《计算机信息系统集成资质管理办法》《关于互联网中文域名管理的通告》《电信网间互联管理暂行规定》以及与国务院新闻办联合制定的《互联网站从事登载新闻业务管理暂行规定》等。原信息产业部、公安部、文化部、国家工商行政管理总局联合制定的《互联网上网服务营业场所管理办法》。

（3）国家保密局制定的《计算机信息系统保密管理暂行规定》《计算机信息系统国际联网保密管理规定》《涉及国家秘密的通信、办公自动化和计算机信息系统审批暂行办法》《涉密计算机信息系统建设资质审查和管理暂行办法》等。

（4）国家密码管理局的国家密码管理局公告等。

（5）国务院新闻办公室制定的《互联网站从事登载新闻业务管理暂行规定》等。

（6）中国互联网络信息中心制定的《CNNIC——中文域名争议解决办法》和《CNNIC——中文域名注册管理办法》等。

（7）教育部制定的《中文教育和科研计算机网暂行管理办法》《教育网站和校网暂行管理办法》等。

（8）新闻出版署制定的《电子出版物管理规定》《关于实施〈电子出版物管理暂行规定〉若干问题的通知》等。

（9）中国证监会制定的《网上证券委托暂行管理办法》。

（10）国家广播电影电视总局制定的《关于加强通过信息网络向公众传播电影电视类节目管理的通告》。

（11）国家药品监督管理局制定的《互联网药品信息服务管理暂行规定》。

（12）中华人民共和国国家科学技术委员会制定的科学技术保密规定等。

（13）最高人民法院制定的《关于审理扰乱电信市场管理秩序案件具体应用法律若干问题的解释》《关于审理涉及计算机网络域名民事纠纷案件适用法律若干问题的解释》《关于审理扰乱电信市场管理秩序案件具体应用法律若干问题的解释》等。

近些年陆续颁发执行的部门规章有《外国机构在中国境内提供金融信息服务管理规定》（2009年）、《网络出版服务管理规定》（2016年）、《互联网信息内容管理行政执法程序规定》（2017年）、《互联网新闻信息服务管理规定》（2017年）、《互联网域名管理办法》（2017年）、《区块链信息服务管理规定》（2019年）、《儿童个人信息网络保护规定》（2019年）、《网络信息内容生态治理规定》（2020年）、《网络安全审查办法》（2020年）等。

2.1.5　我国网络安全法律法规政策保障体系逐步健全

党的十八大以来，我国网络立法取得了较大进展。相关统计数据显示，截至2017年5月，与网络信息相关的法律及有关问题的决定51件、国务院行政法规55件、司法解释61件，专门性的有关网络信息的部委规章132件，专门性的有关网络信息的地方法规和地方性规章152件。

《中华人民共和国网络安全法》于2017年6月1日正式实施以来，我国网络安全相关法律法规及配套制度逐步健全，逐渐形成综合法律、监管规定、行业与技术标准兼备的综合化、规范化体系，我国网络安全工作法律保障体系不断完善，网络安全执法力度持续加强。2018 年，全国人民代表大会常务委员会发布《十三届全国人大常委会立法规划》，明确提出个人信息保护、数据安全、密码等方面立法项目。国家关于网络安全方面的法规、规章、司法解释等陆续发布或实施。持续推进《关键信息基础设施安全保护条例》《网络安全等级保护条例》等行政法规立法工作，发布《区块链信息服务管理规定》《公安机关互联网安全监督检查规定》《关于加强政府网站域名管理的通知》《关于加强跨境金融网络与信息服务管理的通知》等加强网络安全执法或强化相关领域网络安全的文件。

《中华人民共和国网络安全法》是为保障网络安全，维护网络空间主权和国家安全、社会公共利益，保护公民、法人和其他组织的合法权益，促进经济社会信息化健康发展而制定。其是我国网络空间法治建设的重要里程碑，是依法治网、化解网络风险的法律重器，是让互联网在法治轨道上健康运行的重要保障。

2.2 我国目前信息安全法律体系的基本描述

信息安全基本法：信息安全法或信息安全条例——规定信息安全的基本原则、基本制度和主要核心内容。

1. 网络与信息系统安全

1）《全国人民代表大会常务委员会关于维护互联网安全的决定》

颁布日期：2000 年 12 月 28 日。

适用范围：涉及互联网运行安全和信息安全的相关活动。

基本内容：规定了一系列禁止利用互联网从事的危害国家、单位和个人合法权益的活动。

2）《中华人民共和国计算机信息系统安全保护条例》

颁布日期：1994 年 2 月 18 日。

适用范围：中华人民共和国境内的计算机信息系统安全保护，其中的计算机系统是指由计算机及其相关的和配套的设备、设施（含网络）构成的，按照一定的应用目标和规则对信息进行采集、加工、存储、传输、检索等处理的人机系统。

基本内容：规定了计算机信息系统安全保护的主管机关、安全保护制度、安全监督等内容。

3）《中华人民共和国计算机信息网络国际联网管理暂行规定》

颁布日期：1997 年 5 月 20 日。

适用范围：中华人民共和国境内的计算机信息网络进行国际联网的，依照该规定办理。

基本内容：规定了计算机信息网络国际联网互联单位、接入单位、使用单位的基本义务。

4）《计算机信息网络国际联网安全保护管理办法》（公安部）

颁布日期：1997 年 12 月 16 日。

适用范围：计算机信息网络国际联网的安全保护适用本办法。

基本内容：规定了不得利用国际联网从事的活动、传播的信息、安全保护责任、安全监督等内容。

2. 信息内容安全

《互联网信息服务管理办法》

颁布日期：2000 年 9 月 25 日。

适用范围：中华人民共和国境内从事互联网信息服务活动遵守本法，这里的互联网信息服务是指通过互联网向上网用户提供信息的服务活动。

基本内容：明确了经营性和非经营性互联网信息服务提供者的基本义务和管理措施。

3. 信息安全系统与产品

《计算机信息系统安全专用产品检测和销售许可证管理办法》（公安部）

颁布日期：1997 年 12 月 12 日。

适用范围：用于保护计算细信息系统安全的专用硬件和软件产品的管理。

基本内容：规定了计算机信息系统安全专用产品检测机构的申请和批准、安全专用产品的检测、销售许可证的审批和颁发。

4. 保密及密码管理

1）《商用密码管理条例》

颁布日期：1999 年 10 月 7 日。

适用范围：商用密码管理。商用密码是指对不涉及国家秘密内容的信息进行加密保护或者安全认证所使用的密码技术和密码产品。

基本内容：商用密码的科研、生产管理，销售管理，使用管理，安全保密管理等。

2）《计算机信息系统保密管理暂行规定》（国家保密局）

颁布日期：1998 年 2 月 26 日。

适用范围：采集、存储、处理、传递、输出国家秘密信息的计算机信息系统。

基本内容：对涉密系统、涉密信息、涉密媒体、涉密场所、系统管理作出了明确规定。

3）《计算机信息系统国际联网保密管理规定》（国家保密局）

颁布日期：2000 年 1 月 25 日。

适用范围：进行国际联网的个人、法人和单位组织，以及互连单位、接入单位的保密管理。

基本内容：分为保密制度、保密监管两大部分。

5. 计算机病毒与危害性程序

《计算机病毒防治管理办法》（公安部）

颁布日期：2000 年 4 月 26 日。

适用范围：中华人民共和国境内的计算机信息系统以及未联网计算机的计算机病毒防治管理工作适用本办法。

基本内容：明确任何个人、单位不得制作、传播计算机病毒并明确其相关义务。

6. 信息安全犯罪

《中华人民共和国刑法》第 217、218、285、286、287、288 条。

颁布日期：1997 年 10 月 1 日。

7.《中华人民共和国网络安全法》

颁布日期：全国人大常委会 2016 年 11 月 7 日通过，2017 年 6 月 1 日起实施。

8.《中华人民共和国电子商务法》

颁布日期：全国人大常委会 2018 年 8 月 31 日通过，2019 年 1 月 1 日起实施。

9.《中华人民共和国密码法》

颁布日期：全国人大常委会 2019 年 10 月 26 日通过，2020 年 1 月 1 日起实施。

近些年我国信息安全相关法律法规立法成果如下所示：

1.《中华人民共和国网络安全法》

介绍：由全国人民代表大会常务委员会于 2016 年 11 月 7 日发布，自 2017 年 6 月 1 日起施行。中华人民共和国主席令（第五十三号）公布。本法是为了保障网络安全，维护网络空间主权和国家安全、社会公共利益，保护公民、法人和其他组织的合法权益，促进经济社会信息化健康发展而制定的法律。

2.《互联网网络安全突发事件应急预案》

介绍：2017 年 11 月 23 日，工业和信息化部印发《公共互联网网络安全突发事件应急预案》。要求部应急办和各省（自治区、直辖市）通信管理局应当及时汇总分析突发事件隐患和预警信息，发布预警信息时，应当包括预警级别、起始时间、可能的影响范围和造成的危害、应采取的防范措施、时限要求和发布机关等，并公布咨询电话。

3.《互联网论坛社区服务管理规定》和《互联网跟帖评论服务管理规定》

介绍：2017 年 8 月 25 日，国家互联网信息办公室公布《互联网论坛社区服务管理规定》和《互联网跟帖评论服务管理规定》，旨在深入贯彻《网络安全法》精神，提高互联网跟帖评论服务管理的规范化、科学化水平，促进互联网跟帖评论服务健康有序发展。以上两项规定均自 2017 年 10 月 1 日起施行。

4.《公安机关互联网安全监督检查规定》

介绍：2018 年 11 月 1 日，公安部发布《公安机关互联网安全监督检查规定》。根据规定，公安机关应当根据网络安全防范需要和网络安全风险隐患的具体情况，对互联网服务提供者和联网使用单位开展监督检查。

5.《信息安全技术个人信息安全规范》

介绍：《信息安全技术个人信息安全规范》于 2018 年 5 月 1 日正式实施，针对个人信息面临的安全问题，规范个人信息控制者在收集、保存、使用、共享、转让、公开披露等信息处理环节中的相关行为，旨在遏制个人信息非法收集、滥用、泄露等乱象，最大限度地保障个人的合法权益和社会公共利益。

6.《网络安全等级保护条例（征求意见稿）》

介绍：2018 年 6 月 27 日，公安部发布《网络安全等级保护条例（征求意见稿）》，作为《网络安全法》的重要配套法规，对网络安全等级保护的适用范围、各监管部门的职责、网络运营者的安全保护义务以及网络安全等级保护建设等提出了更为具体的要求，为开展等级保护工作提供了重要的法律支撑。

7.《公安机关互联网安全监督检查规定》

介绍：2018 年 11 月 1 日，《公安机关互联网安全监督检查规定》正式实施。根据规定，公安机关根据网络安全防范需要和网络安全风险隐患的具体情况，可以进入互联网服务提供者和联网使用单位的营业场所、机房、工作场所监督检查，对互联网服务提供者和联网使用单位履行法律、行政法规规定的网络安全义务情况进行安全监督检查。

8.《互联网个人信息安全保护指引（征求意见稿）》

介绍：2018 年 11 月 30 日，公安部网络安全保卫局发布《互联网个人信息安全保护指引（征求意见稿）》。本指引规定了个人信息安全保护的安全管理机制、安全技术措施和业务流程的安全，适用于指导个人信息持有者在个人信息生命周期处理过程中开展安全保护工作，也适用于网络安全监管职能部门依法进行个人信息保护监督检查时参考使用。

9.《区块链信息服务管理规定》

介绍：中国首部规范区块链技术应用的法规《区块链信息服务管理规定》于 2019 年 1 月 10 日正式出台。《区块链信息服务管理规定》的制定，是我国对区块链监管从无到有的一个转折点，随着监管的落地，将会对区块链技术应用的发展产生积极的推动作用。尽管《区块链信息服务管理规定》仅针对区块链信息服务这一领域，且尚需随着实践的检验而不断完善，但已足以使"区块链技术"得以在阳光下发展运行，而只有健康、有序、合规的区块链技术，才会真正起到推动社会变革的巨大作用，为时代发展带来更多的机遇。

10.《儿童个人信息网络保护规定》

介绍：2019 年 8 月 22 日，《儿童个人信息网络保护规定》（国家互联网信息办公室令第 4 号）公布，自 10 月 1 日起正式施行，针对中华人民共和国境内通过网络收集、存储、使用、转移、披露不满十四周岁的儿童个人信息进行规范。从我国实践情况来看，未成年人的互联网普及率达到 93.7%，不满 18 周岁网民数量高达 1.69 亿，但普遍缺乏个人信息保护意识，其中，11 岁以下的儿童对隐私设置的了解较少，11～16 岁儿童中，仅 26% 的儿童采取网上隐私保护措施。在此背景下，通过专门规定加强对儿童个人信息的保护是十分必要且有益的。

11.《网络信息内容生态治理规定》

介绍：《网络信息内容生态治理规定》于 2019 年 12 月 15 日公布，自 2020 年 3 月 1 日起施行。出台上述规定主要基于建立健全网络综合治理体系的需要和维护广大网民切身利益的需要，明确了政府监督、企业履责、网民自律的多元化主体协同共治的治理模式，为网络时代净化空间家园提供了良好的保障。

12.《网络安全审查办法》

介绍：近年来，国外多次发生电力等国家关键基础设施的网络攻击事件。而关键信息基础设施作为国家的重要资产，对国家安全、经济安全、社会稳定、公众健康和安全至关重要。2020 年 4 月 27 日，国家互联网信息办公室会同国家发展改革委等 12 个部门联合发布《网络安全审查办法》，是落实《网络安全法》要求、构建国家网络安全审查工作机制的重要举措，是确保关键信息基础设施供应链安全的关键手段，更是保障国家安全、经济发展和社会稳定的现实需要。

2.3　我国目前信息安全法律体系的主要特点

我国目前信息安全法律体系的主要特点是：

（1）信息安全法律法规体系初步形成，以《网络安全法》为基本法统领，覆盖各个领域。

（2）与信息安全相关的司法和行政管理体系迅速完善。

（3）目前法律规定中，法律少，而部门规章、司法解释、规范性文件等偏多。

（4）相关法律规定篇幅偏少，行为规范较简单。

（5）与信息安全相关的其他法律有待完善。

2.4　网络安全等级保护和信息安全技术国家标准列表

在国家标准中，"GB""GB/T""GB/Z"各代表什么呢？

强制标准冠以"GB"；推荐标准冠以"GB/T"；指导性国家标准"GB/Z"，"Z"在此读"指"。与很多ISO国际标准相比，很多国家标准等同采用（IDT，identical to 其他标准）、修改采用（MOD，modified in relation to 其他标准；2000年以前称作等效采用（EQV，equivalent to 其他标准）或非等效采用（NEQ，not equivalent to 其他标准）。还有常见的"采标"是"采用国际标准的简称"。IDT 如 GB/T 29246—2017、ISO/IEC 27000：2016（ISO/IEC 27000：2016，IDT），也就是 GB/T 29246—2017 等同于 ISO/IEC 27000：2016，即国际标准 ISO 27000 其实就是我国国标 GB/T 29246。所以，因为是采用国际标准，涉及版权，在查相关国标时，官方正规渠道是不允许预览的。

2.4.1　信息安全标准化组织

网络安全等级保护最直接的十大现行国家标准见表 2 - 1。

表 2 - 1　现行国家标准统计

序号	标准号	标准中文名称	发布日期	实施日期	标准状态
1	GB 17859—1999	计算机信息系统　安全保护等级划分准则	1999/9/13	2001/1/1	现行
2	GB/T 22240—2020	信息安全技术　网络安全等级保护定级指南	2020/4/28	2020/11/1	现行
3	GB/T 25058—2019	信息安全技术　网络安全等级保护实施指南	2019/8/30	2020/3/1	现行
4	GB/T 25070—2019	信息安全技术　网络安全等级保护安全设计技术要求	2019/5/10	2019/12/1	现行
5	GB/T 22239—2019	信息安全技术　网络安全等级保护基本要求	2019/5/10	2019/12/1	现行
6	GB/T 28448—2019	信息安全技术　网络安全等级保护测评要求	2019/5/10	2019/12/1	现行
7	GB/T 28449—2018	信息安全技术　网络安全等级保护测评过程指南	2018/12/28	2019/7/1	现行
8	GB/T 36959—2018	信息安全技术　网络安全等级保护测评机构能力要求和评估规范	2018/12/28	2019/7/1	现行
9	GB/T 36958—2018	信息安全技术　网络安全等级保护安全管理中心技术要求	2018/12/28	2019/7/1	现行
10	GB/T 36627—2018	信息安全技术　网络安全等级保护测试评估技术指南	2018/9/17	2019/4/1	现行

　　在这两年的不断学习中，发现其实网络安全等级保护是需要所有网络（信息）相关标准支撑的，其涵盖支撑信息系统、产品、安全事件相关联的所有网络安全标准，共同支撑网络安全等级保护标准体系。以全国标准信息公共服务平台整理的信息安全技术有关国家标准为例，见表 2-2。

表 2-2　信息安全相关标准统计

序号	标准号	标准中文名称	发布日期	实施日期	标准状态
1	GB 17859—1999	计算机信息系统　安全保护等级划分准则	1999/9/13	2001/1/1	现行
2	GB/T 41871—2022	信息安全技术　汽车数据处理安全要求	2022/10/12	2023/5/1	现行
3	GB/T 42015—2022	信息安全技术　网络支付服务数据安全要求	2022/10/12	2023/5/1	现行
4	GB/T 42014—2022	信息安全技术　网上购物服务数据安全要求	2022/10/12	2023/5/1	现行
5	GB/T 42012—2022	信息安全技术　即时通信服务数据安全要求	2022/10/12	2023/5/1	现行
6	GB/T 42017—2022	信息安全技术　网络预约汽车服务数据安全要求	2022/10/12	2023/5/1	现行
7	GB/T 42016—2022	信息安全技术　网络音视频服务数据安全要求	2022/10/12	2023/5/1	现行
8	GB/T 42013—2022	信息安全技术　快递物流服务数据安全要求	2022/10/12	2023/5/1	现行
9	GB/T 25068.3—2022	信息技术　安全技术　网络安全　第3部分：面向网络接入场景的威胁、设计技术和控制	2022/10/12	2023/5/1	现行
10	GB/T 41806—2022	信息安全技术　基因识别数据安全要求	2022/10/12	2023/5/1	现行
11	GB/T 41807—2022	信息安全技术　声纹识别数据安全要求	2022/10/12	2023/5/1	现行
12	GB/T 25068.4—2022	信息技术　安全技术　网络安全　第4部分：使用安全网关的网间通信安全保护	2022/10/12	2023/5/1	现行
13	GB/T 41773—2022	信息安全技术　步态识别数据安全要求	2022/10/12	2023/5/1	现行
14	GB/T 39204—2022	信息安全技术　关键信息基础设施安全保护要求	2022/10/12	2023/5/1	现行
15	GB/T 41817—2022	信息安全技术　个人信息安全工程指南	2022/10/12	2023/5/1	现行
16	GB/T 41819—2022	信息安全技术　人脸识别数据安全要求	2022/10/12	2023/5/1	现行
17	GB/T 41574—2022	信息技术　安全技术　公有云中个人信息保护实践指南	2022/7/11	2023/2/1	现行
18	GB/T 41479—2022	信息安全技术　网络数据处理安全要求	2022/4/15	2022/11/1	现行
19	GB/T 41387—2022	信息安全技术　智能家居通用安全规范	2022/4/15	2022/11/1	现行
20	GB/T 31506—2022	信息安全技术　政务网站系统安全指南	2022/4/15	2022/11/1	现行

续表

序号	标准号	标准中文名称	发布日期	实施日期	标准状态
21	GB/T 41388—2022	信息安全技术　可信执行环境 基本安全规范	2022/4/15	2022/11/1	现行
22	GB/T 41389—2022	信息安全技术　SM9 密码算法使用规范	2022/4/15	2022/11/1	现行
23	GB/T 20984—2022	信息安全技术　信息安全风险评估方法	2022/4/15	2022/11/1	现行
24	GB/T 41400—2022	信息安全技术　工业控制系统信息安全防护能力成熟度模型	2022/4/15	2022/11/1	现行
25	GB/T 41391—2022	信息安全技术　移动互联网应用程序（App）收集个人信息基本要求	2022/4/15	2022/11/1	现行
26	GB/T 29829—2022	信息安全技术　可信计算密码支撑平台功能与接口规范	2022/4/15	2022/11/1	现行
27	GB/T 30283—2022	信息安全技术　信息安全服务　分类与代码	2022/4/15	2022/11/1	现行
28	GB/T 25069—2022	信息安全技术　术语	2022/3/9	2022/10/1	现行
29	GB/T 20278—2022	信息安全技术　网络脆弱性扫描产品安全技术要求和测试评价方法	2022/3/9	2022/10/1	现行
30	GB/Z 41290—2022	信息安全技术　移动互联网安全审计指南	2022/3/9	2022/10/1	现行
31	GB/Z 41288—2022	信息安全技术　重要工业控制系统网络安全防护导则	2022/3/9	2022/10/1	现行
32	GB/T 40813—2021	信息安全技术　工业控制系统安全防护技术要求和测试评价方法	2021/10/11	2022/5/1	现行
33	GB/T 33133.3—2021	信息安全技术　祖冲之序列密码算法　第3部分：完整性算法	2021/10/11	2022/5/1	现行
34	GB/T 33133.2—2021	信息安全技术　祖冲之序列密码算法　第2部分：保密性算法	2021/10/11	2022/5/1	现行
35	GB/T 40651—2021	信息安全技术　实体鉴别保障框架	2021/10/11	2022/5/1	现行
36	GB/T 40653—2021	信息安全技术　安全处理器技术要求	2021/10/11	2022/5/1	现行
37	GB/T 40652—2021	信息安全技术　恶意软件事件预防和处理指南	2021/10/11	2022/5/1	现行
38	GB/T 40660—2021	信息安全技术　生物特征识别信息保护基本要求	2021/10/11	2022/5/1	现行
39	GB/T 17903.2—2021	信息技术　安全技术　抗抵赖　第2部分：采用对称技术的机制	2021/10/11	2022/5/1	现行
40	GB/T 20275—2021	信息安全技术　网络入侵检测系统技术要求和测试评价方法	2021/10/11	2022/5/1	现行

续表

序号	标准号	标准中文名称	发布日期	实施日期	标准状态
41	GB/T 29766—2021	信息安全技术　网站数据恢复产品技术要求与测试评价方法	2021/10/11	2022/5/1	现行
42	GB/T 30272—2021	信息安全技术　公钥基础设施　标准符合性测评	2021/10/11	2022/5/1	现行
43	GB/T 29765—2021	信息安全技术　数据备份与恢复产品技术要求与测试评价方法	2021/10/11	2022/5/1	现行
44	GB/T 17964—2021	信息安全技术　分组密码算法的工作模式	2021/10/11	2022/5/1	现行
45	GB/T 40645—2021	信息安全技术　互联网信息服务安全通用要求	2021/10/11	2022/5/1	现行
46	GB/T 40650—2021	信息安全技术　可信计算规范　可信平台控制模块	2021/10/11	2022/5/1	现行
47	GB/T 40018—2021	信息安全技术　基于多信道的证书申请和应用协议	2021/4/30	2021/11/1	现行
48	GB/T 25068.5—2021	信息技术　安全技术　网络安全　第5部分：使用虚拟专用网的跨网通信安全保护	2021/3/9	2021/10/1	现行
49	GB/T 39786—2021	信息安全技术　信息系统密码应用基本要求	2021/3/9	2021/10/1	现行
50	GB/T 17901.3—2021	信息技术　安全技术　密钥管理　第3部分：采用非对称技术的机制	2021/3/9	2021/10/1	现行
51	GB/T 15852.1—2020	信息技术　安全技术　消息鉴别码　第1部分：采用分组密码的机制	2020/12/14	2021/7/1	现行
52	GB/T 28450—2020	信息技术　安全技术　信息安全管理体系审核指南	2020/12/14	2021/7/1	现行
53	GB/T 20985.2—2020	信息技术　安全技术　信息安全事件管理第2部分：事件响应规划和准备指南	2020/12/14	2021/7/1	现行
54	GB/T 39725—2020	信息安全技术　健康医疗数据安全指南	2020/12/14	2021/7/1	现行
55	GB/T 39680—2020	信息安全技术　服务器安全技术要求和测评准则	2020/12/14	2021/7/1	现行
56	GB/T 39720—2020	信息安全技术　移动智能终端安全技术要求及测试评价方法	2020/12/14	2021/7/1	现行
57	GB/T 39412—2020	信息安全技术　代码安全审计规范	2020/11/19	2021/6/1	现行
58	GB/T 20261—2020	信息安全技术　系统安全工程　能力成熟度模型	2020/11/19	2021/6/1	现行
59	GB/T 39276—2020	信息安全技术　网络产品和服务安全通用要求	2020/11/19	2021/6/1	现行

序号	标准号	标准中文名称	发布日期	实施日期	标准状态
60	GB/T 39335—2020	信息安全技术　个人信息安全影响评估指南	2020/11/19	2021/6/1	现行
61	GB/T 30279—2020	信息安全技术　网络安全漏洞分类分级指南	2020/11/19	2021/6/1	现行
62	GB/T 25061—2020	信息安全技术　XML 数字签名语法与处理规范	2020/11/19	2021/6/1	现行
63	GB/T 28458—2020	信息安全技术　网络安全漏洞标识与描述规范	2020/11/19	2021/6/1	现行
64	GB/T 39477—2020	信息安全技术　政务信息共享　数据安全技术要求	2020/11/19	2021/6/1	现行
65	GB/T 30276—2020	信息安全技术　网络安全漏洞管理规范	2020/11/19	2021/6/1	现行
66	GB/T 25068.2—2020	信息技术　安全技术　网络安全　第2部分：网络安全设计和实现指南	2020/11/19	2021/6/1	现行
67	GB/T 25068.1—2020	信息技术　安全技术　网络安全　第1部分：综述和概念	2020/11/19	2021/6/1	现行
68	GB/T 39205—2020	信息安全技术　轻量级鉴别与访问控制机制	2020/10/11	2021/5/1	现行
69	GB/T 20283—2020	信息安全技术　保护轮廓和安全目标的产生指南	2020/9/29	2021/4/1	现行
70	GB/T 38629—2020	信息安全技术　签名验签服务器技术规范	2020/4/28	2020/11/1	现行
71	GB/T 38632—2020	信息安全技术　智能音视频采集设备应用安全要求	2020/4/28	2020/11/1	现行
72	GB/Z 38649—2020	信息安全技术　智慧城市建设信息安全保障指南	2020/4/28	2020/11/1	现行
73	GB/T 38638—2020	信息安全技术　可信计算　可信计算体系结构	2020/4/28	2020/11/1	现行
74	GB/T 38635.2—2020	信息安全技术　SM9 标识密码算法　第2部分：算法	2020/4/28	2020/11/1	现行
75	GB/T 38636—2020	信息安全技术　传输层密码协议（TLCP）	2020/4/28	2020/11/1	现行
76	GB/T 38635.1—2020	信息安全技术　SM9 标识密码算法　第1部分：总则	2020/4/28	2020/11/1	现行
77	GB/T 38644—2020	信息安全技术　可信计算　可信连接测试方法	2020/4/28	2020/11/1	现行
78	GB/T 38674—2020	信息安全技术　应用软件安全编程指南	2020/4/28	2020/11/1	现行
79	GB/T 38648—2020	信息安全技术　蓝牙安全指南	2020/4/28	2020/11/1	现行

续表

序号	标准号	标准中文名称	发布日期	实施日期	标准状态
80	GB/T 38645—2020	信息安全技术　网络安全事件应急演练指南	2020/4/28	2020/11/1	现行
81	GB/T 38646—2020	信息安全技术　移动签名服务技术要求	2020/4/28	2020/11/1	现行
82	GB/T 25066—2020	信息安全技术　信息安全产品类别与代码	2020/4/28	2020/11/1	现行
83	GB/T 38647.1—2020	信息技术　安全技术　匿名数字签名　第1部分：总则	2020/4/28	2020/11/1	现行
84	GB/T 38671—2020	信息安全技术　远程人脸识别系统技术要求	2020/4/28	2020/11/1	现行
85	GB/T 20281—2020	信息安全技术　防火墙安全技术要求和测试评价方法	2020/4/28	2020/11/1	现行
86	GB/T 22240—2020	信息安全技术　网络安全等级保护定级指南	2020/4/28	2020/11/1	现行
87	GB/T 28454—2020	信息技术　安全技术　入侵检测和防御系统（IDPS）的选择、部署和操作	2020/4/28	2020/11/1	现行
88	GB/T 25067—2020	信息技术　安全技术　信息安全管理体系审核和认证机构要求	2020/4/28	2020/11/1	现行
89	GB/T 34953.4—2020	信息技术　安全技术　匿名实体鉴别　第4部分：基于弱秘密的机制	2020/4/28	2020/11/1	现行
90	GB/T 38626—2020	信息安全技术　智能联网设备口令保护指南	2020/4/28	2020/11/1	现行
91	GB/T 38647.2—2020	信息技术　安全技术　匿名数字签名　第2部分：采用群组公钥的机制	2020/4/28	2020/11/1	现行
92	GB/T 30284—2020	信息安全技术　移动通信智能终端操作系统安全技术要求	2020/4/28	2020/11/1	现行
93	GB/T 38625—2020	信息安全技术　密码模块安全检测要求	2020/4/28	2020/11/1	现行
94	GB/T 38631—2020	信息技术　安全技术　GB/T 22080具体行业应用　要求	2020/4/28	2020/11/1	现行
95	GB/T 38628—2020	信息安全技术　汽车电子系统网络安全指南	2020/4/28	2020/11/1	现行
96	GB/T 38542—2020	信息安全技术　基于生物特征识别的移动智能终端身份鉴别技术框架	2020/3/6	2020/10/1	现行
97	GB/T 38558—2020	信息安全技术　办公设备安全测试方法	2020/3/6	2020/10/1	现行
98	GB/T 38561—2020	信息安全技术　网络安全管理支撑系统技术要求	2020/3/6	2020/10/1	现行

序号	标准号	标准中文名称	发布日期	实施日期	标准状态
99	GB/T 38556—2020	信息安全技术　动态口令密码应用技术规范	2020/3/6	2020/10/1	现行
100	GB/T 35273—2020	信息安全技术　个人信息安全规范	2020/3/6	2020/10/1	现行
101	GB/T 38540—2020	信息安全技术　安全电子签章密码技术规范	2020/3/6	2020/10/1	现行
102	GB/T 38541—2020	信息安全技术　电子文件密码应用指南	2020/3/6	2020/10/1	现行
103	GB/T 17901.1—2020	信息技术　安全技术　密钥管理　第1部分：框架	2020/3/6	2020/10/1	现行
104	GB/T 38249—2019	信息安全技术　政府网站云计算服务安全指南	2019/10/18	2020/5/1	现行
105	GB/T 37980—2019	信息安全技术　工业控制系统安全检查指南	2019/8/30	2020/3/1	现行
106	GB/T 37988—2019	信息安全技术　数据安全能力成熟度模型	2019/8/30	2020/3/1	现行
107	GB/T 37972—2019	信息安全技术　云计算服务运行监管框架	2019/8/30	2020/3/1	现行
108	GB/T 37971—2019	信息安全技术　智慧城市安全体系框架	2019/8/30	2020/3/1	现行
109	GB/T 37973—2019	信息安全技术　大数据安全管理指南	2019/8/30	2020/3/1	现行
110	GB/T 15852.3—2019	信息技术　安全技术　消息鉴别码　第3部分：采用泛杂凑函数的机制	2019/8/30	2020/3/1	现行
111	GB/T 21050—2019	信息安全技术　网络交换机安全技术要求	2019/8/30	2020/3/1	现行
112	GB/T 20009　2019	信息安全技术　数据库管理系统安全评估准则	2019/8/30	2020/3/1	现行
113	GB/T 18018—2019	信息安全技术　路由器安全技术要求	2019/8/30	2020/3/1	现行
114	GB/T 20272—2019	信息安全技术　操作系统安全技术要求	2019/8/30	2020/3/1	现行
115	GB/T 25058—2019	信息安全技术　网络安全等级保护实施指南	2019/8/30	2020/3/1	现行
116	GB/T 20979—2019	信息安全技术　虹膜识别系统技术要求	2019/8/30	2020/3/1	现行
117	GB/T 20273—2019	信息安全技术　数据库管理系统安全技术要求	2019/8/30	2020/3/1	现行
118	GB/T 37931—2019	信息安全技术　Web应用安全检测系统安全技术要求和测试评价方法	2019/8/30	2020/3/1	现行
119	GB/T 37934—2019	信息安全技术　工业控制网络安全隔离与信息交换系统安全技术要求	2019/8/30	2020/3/1	现行
120	GB/T 37964—2019	信息安全技术　个人信息去标识化指南	2019/8/30	2020/3/1	现行
121	GB/T 37950—2019	信息安全技术　桌面云安全技术要求	2019/8/30	2020/3/1	现行

续表

序号	标准号	标准中文名称	发布日期	实施日期	标准状态
122	GB/T 37954—2019	信息安全技术　工业控制系统漏洞检测产品技术要求及测试评价方法	2019/8/30	2020/3/1	现行
123	GB/T 37952—2019	信息安全技术　移动终端安全管理平台技术要求	2019/8/30	2020/3/1	现行
124	GB/T 37932—2019	信息安全技术　数据交易服务安全要求	2019/8/30	2020/3/1	现行
125	GB/T 37933—2019	信息安全技术　工业控制系统专用防火墙技术要求	2019/8/30	2020/3/1	现行
126	GB/T 37953—2019	信息安全技术　工业控制网络监测安全技术要求及测试评价方法	2019/8/30	2020/3/1	现行
127	GB/T 37955—2019	信息安全技术　数控网络安全技术要求	2019/8/30	2020/3/1	现行
128	GB/T 37956—2019	信息安全技术　网站安全云防护平台技术要求	2019/8/30	2020/3/1	现行
129	GB/T 37935—2019	信息安全技术　可信计算规范　可信软件基	2019/8/30	2020/3/1	现行
130	GB/T 37941—2019	信息安全技术　工业控制系统网络审计产品安全技术要求	2019/8/30	2020/3/1	现行
131	GB/T 37939—2019	信息安全技术　网络存储安全技术要求	2019/8/30	2020/3/1	现行
132	GB/T 37962—2019	信息安全技术　工业控制系统产品信息安全通用评估准则	2019/8/30	2020/3/1	现行
133	GB/T 28448—2019	信息安全技术　网络安全等级保护测评要求	2019/5/10	2019/12/1	现行
134	GB/T 22239—2019	信息安全技术　网络安全等级保护基本要求	2019/5/10	2019/12/1	现行
135	GB/T 25070—2019	信息安全技术　网络安全等级保护安全设计技术要求	2019/5/10	2019/12/1	现行
136	GB/T 37033.1—2018	信息安全技术　射频识别系统密码应用技术要求　第1部分：密码安全保护框架及安全级别	2018/12/28	2019/7/1	现行
137	GB/T 37044—2018	信息安全技术　物联网安全参考模型及通用要求	2018/12/28	2019/7/1	现行
138	GB/T 37076—2018	信息安全技术　指纹识别系统技术要求	2018/12/28	2019/7/1	现行
139	GB/T 37033.2—2018	信息安全技术　射频识别系统密码应用技术要求　第2部分：电子标签与读写器及其通信密码应用技术要求	2018/12/28	2019/7/1	现行
140	GB/T 37092—2018	信息安全技术　密码模块安全要求	2018/12/28	2019/7/1	现行

序号	标准号	标准中文名称	发布日期	实施日期	标准状态
141	GB/T 37033.3—2018	信息安全技术　射频识别系统密码应用技术要求　第 3 部分：密钥管理技术要求	2018/12/28	2019/7/1	现行
142	GB/T 37090—2018	信息安全技术　病毒防治产品安全技术要求和测试评价方法	2018/12/28	2019/7/1	现行
143	GB/T 37091—2018	信息安全技术　安全办公 U 盘安全技术要求	2018/12/28	2019/7/1	现行
144	GB/T 37093—2018	信息安全技术　物联网感知层接入通信网的安全要求	2018/12/28	2019/7/1	现行
145	GB/T 37095—2018	信息安全技术　办公信息系统安全基本技术要求	2018/12/28	2019/7/1	现行
146	GB/T 37094—2018	信息安全技术　办公信息系统安全管理要求	2018/12/28	2019/7/1	现行
147	GB/T 37096—2018	信息安全技术　办公信息系统安全测试规范	2018/12/28	2019/7/1	现行
148	GB/T 36629.3—2018	信息安全技术　公民网络电子身份标识安全技术要求　第 3 部分：验证服务消息及其处理规则	2018/12/28	2019/7/1	现行
149	GB/T 28449—2018	信息安全技术　网络安全等级保护测评过程指南	2018/12/28	2019/7/1	现行
150	GB/T 36958—2018	信息安全技术　网络安全等级保护安全管理中心技术要求	2018/12/28	2019/7/1	现行
151	GB/T 36957—2018	信息安全技术　灾难恢复服务要求	2018/12/28	2019/7/1	现行
152	GB/T 36950—2018	信息安全技术　智能卡安全技术要求（EAL4＋）	2018/12/28	2019/7/1	现行
153	GB/T 36959—2018	信息安全技术　网络安全等级保护测评机构能力要求和评估规范	2018/12/28	2019/7/1	现行
154	GB/T 36951—2018	信息安全技术　物联网感知终端应用安全技术要求	2018/12/28	2019/7/1	现行
155	GB/T 36960—2018	信息安全技术　鉴别与授权　访问控制中间件框架与接口	2018/12/28	2019/7/1	现行
156	GB/T 37025—2018	信息安全技术　物联网数据传输安全技术要求	2018/12/28	2019/7/1	现行
157	GB/T 36968—2018	信息安全技术　IPSec VPN 技术规范	2018/12/28	2019/7/1	现行
158	GB/T 37002—2018	信息安全技术　电子邮件系统安全技术要求	2018/12/28	2019/7/1	现行

续表

序号	标准号	标准中文名称	发布日期	实施日期	标准状态
159	GB/T 37027—2018	信息安全技术　网络攻击定义及描述规范	2018/12/28	2019/7/1	现行
160	GB/T 37024—2018	信息安全技术　物联网感知层网关安全技术要求	2018/12/28	2019/7/1	现行
161	GB/T 37046—2018	信息安全技术　灾难恢复服务能力评估准则	2018/12/28	2019/7/1	现行
162	GB/T 15851.3—2018	信息技术　安全技术　带消息恢复的数字签名方案　第 3 部分：基于离散对数的机制	2018/12/28	2019/7/1	现行
163	GB/T 36632—2018	信息安全技术　公民网络电子身份标识格式规范	2018/10/10	2019/5/1	现行
164	GB/T 36629.1—2018	信息安全技术　公民网络电子身份标识安全技术要求　第 1 部分：读写机具安全技术要求	2018/10/10	2019/5/1	现行
165	GB/T 36629.2—2018	信息安全技术　公民网络电子身份标识安全技术要求　第 2 部分：载体安全技术要求	2018/10/10	2019/5/1	现行
166	GB/T 36643—2018	信息安全技术　网络安全威胁信息格式规范	2018/10/10	2019/5/1	现行
167	GB/T 36651—2018	信息安全技术　基于可信环境的生物特征识别身份鉴别协议框架	2018/10/10	2019/5/1	现行
168	GB/T 36637—2018	信息安全技术　ICT 供应链安全风险管理指南	2018/10/10	2019/5/1	现行
169	GB/T 36619—2018	信息安全技术　政务和公益机构域名命名规范	2018/9/17	2019/4/1	现行
170	GB/T 36630.1—2018	信息安全技术　信息技术产品安全可控评价指标　第 1 部分：总则	2018/9/17	2019/4/1	现行
171	GB/T 36624—2018	信息技术　安全技术　可鉴别的加密机制	2018/9/17	2019/4/1	现行
172	GB/T 36630.2—2018	信息安全技术　信息技术产品安全可控评价指标　第 2 部分：中央处理器	2018/9/17	2019/4/1	现行
173	GB/T 36630.4—2018	信息安全技术　信息技术产品安全可控评价指标　第 4 部分：办公套件	2018/9/17	2019/4/1	现行
174	GB/T 36627—2018	信息安全技术　网络安全等级保护测试评估技术指南	2018/9/17	2019/4/1	现行
175	GB/T 36630.5—2018	信息安全技术　信息技术产品安全可控评价指标　第 5 部分：通用计算机	2018/9/17	2019/4/1	现行
176	GB/T 36633—2018	信息安全技术　网络用户身份鉴别技术指南	2018/9/17	2019/4/1	现行

序号	标准号	标准中文名称	发布日期	实施日期	标准状态
177	GB/T 36635—2018	信息安全技术　网络安全监测基本要求与实施指南	2018/9/17	2019/4/1	现行
178	GB/T 36626—2018	信息安全技术　信息系统安全运维管理指南	2018/9/17	2019/4/1	现行
179	GB/T 36631—2018	信息安全技术　时间戳策略和时间戳业务操作规则	2018/9/17	2019/4/1	现行
180	GB/T 36618—2018	信息安全技术　金融信息服务安全规范	2018/9/17	2019/4/1	现行
181	GB/T 36630.3—2018	信息安全技术　信息技术产品安全可控评价指标　第3部分：操作系统	2018/9/17	2019/4/1	现行
182	GB/T 36639—2018	信息安全技术　可信计算规范　服务器可信支撑平台	2018/9/17	2019/4/1	现行
183	GB/T 15843.6—2018	信息技术　安全技术　实体鉴别　第6部分：采用人工数据传递的机制	2018/9/17	2019/4/1	现行
184	GB/T 36644—2018	信息安全技术　数字签名应用安全证明获取方法	2018/9/17	2019/4/1	现行
185	GB/T 34953.2—2018	信息技术　安全技术　匿名实体鉴别　第2部分：基于群组公钥签名的机制	2018/9/17	2019/4/1	现行
186	GB/T 36466—2018	信息安全技术　工业控制系统风险评估实施指南	2018/6/7	2019/1/1	现行
187	GB/T 36470—2018	信息安全技术　工业控制系统现场测控设备通用安全功能要求	2018/6/7	2019/1/1	现行
188	GB/T 25056—2018	信息安全技术　证书认证系统密码及其相关安全技术规范	2018/6/7	2019/1/1	现行
189	GB/T 36323—2018	信息安全技术　工业控制系统安全管理基本要求	2018/6/7	2019/1/1	现行
190	GB/T 20518—2018	信息安全技术　公钥基础设施　数字证书格式	2018/6/7	2019/1/1	现行
191	GB/T 36324—2018	信息安全技术　工业控制系统信息安全分级规范	2018/6/7	2019/1/1	现行
192	GB/T 36322—2018	信息安全技术　密码设备应用接口规范	2018/6/7	2019/1/1	现行
193	GB/Z 24294.1—2018	信息安全技术　基于互连电子政务信息安全实施指南　第1部分：总则	2018/3/15	2018/10/1	现行
194	GB/T 35274—2017	信息安全技术　大数据服务安全能力要求	2017/12/29	2018/7/1	现行
195	GB/T 35285—2017	信息安全技术　公钥基础设施　基于数字证书的可靠电子签名生成及验证技术要求	2017/12/29	2018/7/1	现行

续表

序号	标准号	标准中文名称	发布日期	实施日期	标准状态
196	GB/T 35287—2017	信息安全技术　网站可信标识技术指南	2017/12/29	2018/7/1	现行
197	GB/T 35286—2017	信息安全技术　低速无线个域网空口安全测试规范	2017/12/29	2018/7/1	现行
198	GB/T 35288—2017	信息安全技术　电子认证服务机构从业人员岗位技能规范	2017/12/29	2018/7/1	现行
199	GB/T 35289—2017	信息安全技术　电子认证服务机构服务质量规范	2017/12/29	2018/7/1	现行
200	GB/T 35291—2017	信息安全技术　智能密码钥匙应用接口规范	2017/12/29	2018/7/1	现行
201	GB/T 35283—2017	信息安全技术　计算机终端核心配置基线结构规范	2017/12/29	2018/7/1	现行
202	GB/T 35282—2017	信息安全技术　电子政务移动办公系统安全技术规范	2017/12/29	2018/7/1	现行
203	GB/T 35275—2017	信息安全技术　SM2 密码算法加密签名消息语法规范	2017/12/29	2018/7/1	现行
204	GB/T 35276—2017	信息安全技术　SM2 密码算法使用规范	2017/12/29	2018/7/1	现行
205	GB/T 29246—2017	信息技术　安全技术　信息安全管理体系概述和词汇	2017/12/29	2018/7/1	现行
206	GB/T 35278—2017	信息安全技术　移动终端安全保护技术要求	2017/12/29	2018/7/1	现行
207	GB/T 35279—2017	信息安全技术　云计算安全参考架构	2017/12/29	2018/7/1	现行
208	GB/T 35277—2017	信息安全技术　防病毒网关安全技术要求和测试评价方法	2017/12/29	2018/7/1	现行
209	GB/T 15843.1—2017	信息技术　安全技术　实体鉴别　第1部分：总则	2017/12/29	2018/7/1	现行
210	GB/T 15843.2—2017	信息技术　安全技术　实体鉴别　第2部分：采用对称加密算法的机制	2017/12/29	2018/7/1	现行
211	GB/T 35290—2017	信息安全技术　射频识别（RFID）系统通用安全技术要求	2017/12/29	2018/7/1	现行
212	GB/T 35281—2017	信息安全技术　移动互联网应用服务器安全技术要求	2017/12/29	2018/7/1	现行
213	GB/T 35280—2017	信息安全技术　信息技术产品安全检测机构条件和行为准则	2017/12/29	2018/7/1	现行
214	GB/T 35284—2017	信息安全技术　网站身份和系统安全要求与评估方法	2017/12/29	2018/7/1	现行

序号	标准号	标准中文名称	发布日期	实施日期	标准状态
215	GB/T 20985.1—2017	信息技术 安全技术 信息安全事件管理 第1部分：事件管理原理	2017/12/29	2018/7/1	现行
216	GB/T 34990—2017	信息安全技术 信息系统安全管理平台技术要求和测试评价方法	2017/11/1	2018/5/1	现行
217	GB/T 34978—2017	信息安全技术 移动智能终端个人信息保护技术要求	2017/11/1	2018/5/1	现行
218	GB/T 34977—2017	信息安全技术 移动智能终端数据存储安全技术要求与测试评价方法	2017/11/1	2018/5/1	现行
219	GB/T 35101—2017	信息安全技术 智能卡读写机具安全技术要求（EAL4 增强）	2017/11/1	2018/5/1	现行
220	GB/T 34953.1—2017	信息技术 安全技术 匿名实体鉴别 第1部分：总则	2017/11/1	2018/5/1	现行
221	GB/T 34976—2017	信息安全技术 移动智能终端操作系统安全技术要求和测试评价方法	2017/11/1	2018/5/1	现行
222	GB/T 34975—2017	信息安全技术 移动智能终端应用软件安全技术要求和测试评价方法	2017/11/1	2018/5/1	现行
223	GB/T 34942—2017	信息安全技术 云计算服务安全能力评估方法	2017/11/1	2018/5/1	现行
224	GB/T 33746.2—2017	近场通信（NFC）安全技术要求 第2部分：安全机制要求	2017/9/7	2018/1/1	现行
225	GB/T 33746.1—2017	近场通信（NFC）安全技术要求 第1部分：NFCIP—1 安全服务和协议	2017/9/7	2018/4/1	现行
226	GB/T 34095—2017	信息安全技术 用于电子支付的基于近距离无线通信的移动终端安全技术要求	2017/7/31	2018/2/1	现行
227	GB/Z 24294.3—2017	信息安全技术 基于互联网电子政务信息安全实施指南 第3部分：身份认证与授权管理	2017/5/31	2017/12/1	现行
228	GB/Z 24294.2—2017	信息安全技术 基于互联网电子政务信息安全实施指南 第2部分：接入控制与安全交换	2017/5/31	2017/12/1	现行
229	GB/T 32918.5—2017	信息安全技术 SM2 椭圆曲线公钥密码算法 第5部分：参数定义	2017/5/12	2017/12/1	现行
230	GB/T 33562—2017	信息安全技术 安全域名系统实施指南	2017/5/12	2017/12/1	现行
231	GB/Z 24294.4—2017	信息安全技术 基于互联网电子政务信息安全实施指南 第4部分：终端安全防护	2017/5/12	2017/12/1	现行

续表

序号	标准号	标准中文名称	发布日期	实施日期	标准状态
232	GB/T 33565—2017	信息安全技术　无线局域网接入系统安全技术要求（评估保障级 2 级增强）	2017/5/12	2017/12/1	现行
233	GB/T 33560—2017	信息安全技术　密码应用标识规范	2017/5/12	2017/12/1	现行
234	GB/T 33563—2017	信息安全技术　无线局域网客户端安全技术要求（评估保障级 2 级增强）	2017/5/12	2017/12/1	现行
235	GB/T 33132—2016	信息安全技术　信息安全风险处理实施指南	2016/10/13	2017/5/1	现行
236	GB/T 33131—2016	信息安全技术　基于 IPSec 的 IP 存储网络安全技术要求	2016/10/13	2017/5/1	现行
237	GB/T 33134—2016	信息安全技术　公共域名服务系统安全要求	2016/10/13	2017/5/1	现行
238	GB/T 33133.1—2016	信息安全技术　祖冲之序列密码算法　第 1 部分：算法描述	2016/10/13	2017/5/1	现行
239	GB/Z 32906—2016	信息安全技术　中小电子商务企业信息安全建设指南	2016/8/29	2017/3/1	现行
240	GB/T 32919—2016	信息安全技术　工业控制系统安全控制应用指南	2016/8/29	2017/3/1	现行
241	GB/T 32918.1—2016	信息安全技术　SM2 椭圆曲线公钥密码算法　第 1 部分：总则	2016/8/29	2017/3/1	现行
242	GB/T 32907—2016	信息安全技术　SM4 分组密码算法	2016/8/29	2017/3/1	现行
243	GB/T 22186—2016	信息安全技术　具有中央处理器的 IC 卡芯片安全技术要求	2016/8/29	2017/3/1	现行
244	GB/T 32905—2016	信息安全技术　SM3 密码杂凑算法	2016/8/29	2017/3/1	现行
245	GB/T 32926—2016	信息安全技术　政府部门信息技术服务外包信息安全管理规范	2016/8/29	2017/3/1	现行
246	GB/T 20276—2016	信息安全技术　具有中央处理器的 IC 卡嵌入式软件安全技术要求	2016/8/29	2017/3/1	现行
247	GB/T 32922—2016	信息安全技术　IPSec VPN 安全接入基本要求与实施指南	2016/8/29	2017/3/1	现行
248	GB/T 32925—2016	信息安全技术　政府联网计算机终端安全管理基本要求	2016/8/29	2017/3/1	现行
249	GB/T 32927—2016	信息安全技术　移动智能终端安全架构	2016/8/29	2017/3/1	现行
250	GB/T 32918.2—2016	信息安全技术　SM2 椭圆曲线公钥密码算法　第 2 部分：数字签名算法	2016/8/29	2017/3/1	现行
251	GB/T 32920—2016	信息技术　安全技术　行业间和组织间通信的信息安全管理	2016/8/29	2017/3/1	现行

序号	标准号	标准中文名称	发布日期	实施日期	标准状态
252	GB/T 32921—2016	信息安全技术　信息技术产品供应方行为安全准则	2016/8/29	2017/3/1	现行
253	GB/T 32918.3—2016	信息安全技术　SM2 椭圆曲线公钥密码算法　第3部分：密钥交换协议	2016/8/29	2017/3/1	现行
254	GB/T 32915—2016	信息安全技术　二元序列随机性检测方法	2016/8/29	2017/3/1	现行
255	GB/T 32924—2016	信息安全技术　网络安全预警指南	2016/8/29	2017/3/1	现行
256	GB/T 22080—2016	信息技术　安全技术　信息安全管理体系要求	2016/8/29	2017/3/1	现行
257	GB/T 32923—2016	信息技术　安全技术　信息安全治理	2016/8/29	2017/3/1	现行
258	GB/T 32914—2016	信息安全技术　信息安全服务提供方管理要求	2016/8/29	2017/3/1	现行
259	GB/T 22081—2016	信息技术　安全技术　信息安全控制实践指南	2016/8/29	2017/3/1	现行
260	GB/Z 32916—2016	信息技术　安全技术　信息安全控制措施审核员指南	2016/8/29	2017/3/1	现行
261	GB/T 32918.4—2016	信息安全技术　SM2 椭圆曲线公钥密码算法　第4部分：公钥加密算法	2016/8/29	2017/3/1	现行
262	GB/T 15843.3—2016	信息技术　安全技术　实体鉴别　第3部分：采用数字签名技术的机制	2016/4/25	2016/11/1	现行
263	GB/T 32213—2015	信息安全技术　公钥基础设施　远程口令鉴别与密钥建立规范	2015/12/10	2016/8/1	现行
264	GB/T 31722—2015	信息技术　安全技术　信息安全风险管理	2015/6/2	2016/2/1	现行
265	GB/T 20279—2015	信息安全技术　网络和终端隔离产品安全技术要求	2015/5/15	2016/1/1	现行
266	GB/T 31497—2015	信息技术　安全技术　信息安全管理测量	2015/5/15	2016/1/1	现行
267	GB/T 18336.3—2015	信息技术　安全技术　信息技术安全评估准则　第3部分：安全保障组件	2015/5/15	2016/1/1	现行
268	GB/T 31495.3—2015	信息安全技术　信息安全保障指标体系及评价方法　第3部分：实施指南	2015/5/15	2016/1/1	现行
269	GB/T 31507—2015	信息安全技术　智能卡通用安全检测指南	2015/5/15	2016/1/1	现行
270	GB/T 31499—2015	信息安全技术　统一威胁管理产品技术要求和测试评价方法	2015/5/15	2016/1/1	现行
271	GB/T 31501—2015	信息安全技术　鉴别与授权　授权应用程序判定接口规范	2015/5/15	2016/1/1	现行

续表

序号	标准号	标准中文名称	发布日期	实施日期	标准状态
272	GB/T 18336.2—2015	信息技术　安全技术　信息技术安全评估准则　第2部分：安全功能组件	2015/5/15	2016/1/1	现行
273	GB/T 20277—2015	信息安全技术　网络和终端隔离产品测试评价方法	2015/5/15	2016/1/1	现行
274	GB/T 31504—2015	信息安全技术　鉴别与授权　数字身份信息服务框架规范	2015/5/15	2016/1/1	现行
275	GB/T 31500—2015	信息安全技术　存储介质数据恢复服务要求	2015/5/15	2016/1/1	现行
276	GB/T 31495.1—2015	信息安全技术　信息安全保障指标体系及评价方法　第1部分：概念和模型	2015/5/15	2016/1/1	现行
277	GB/T 31508—2015	信息安全技术　公钥基础设施　数字证书策略分类分级规范	2015/5/15	2016/1/1	现行
278	GB/T 31509—2015	信息安全技术　信息安全风险评估实施指南	2015/5/15	2016/1/1	现行
279	GB/T 18336.1—2015	信息技术　安全技术　信息技术安全评估准则　第1部分：简介和一般模型	2015/5/15	2016/1/1	现行
280	GB/T 31502—2015	信息安全技术　电子支付系统安全保护框架	2015/5/15	2016/1/1	现行
281	GB/T 31503—2015	信息安全技术　电子文档加密与签名消息语法	2015/5/15	2016/1/1	现行
282	GB/T 31496—2015	信息技术　安全技术　信息安全管理体系实施指南	2015/5/15	2016/1/1	现行
283	GB/T 31495.2—2015	信息安全技术　信息安全保障指标体系及评价方法　第2部分：指标体系	2015/5/15	2016/1/1	现行
284	GB/T 31168—2014	信息安全技术　云计算服务安全能力要求	2014/9/3	2015/4/1	现行
285	GB/T 31167—2014	信息安全技术　云计算服务安全指南	2014/9/3	2015/4/1	现行
286	GB/T 30271—2013	信息安全技术　信息安全服务能力评估准则	2013/12/31	2014/7/15	现行
287	GB/T 20945—2013	信息安全技术　信息系统安全审计产品技术要求和测试评价方法	2013/12/31	2014/7/15	现行
288	GB/T 30270—2013	信息技术　安全技术　信息技术安全性评估方法	2013/12/31	2014/7/15	现行
289	GB/T 30273—2013	信息安全技术　信息系统安全保障通用评估指南	2013/12/31	2014/7/15	现行
290	GB/T 30281—2013	信息安全技术　鉴别与授权　可扩展访问控制标记语言	2013/12/31	2014/7/15	现行

序号	标准号	标准中文名称	发布日期	实施日期	标准状态
291	GB/T 30282—2013	信息安全技术　反垃圾邮件产品技术要求和测试评价方法	2013/12/31	2014/7/15	现行
292	GB/T 30285—2013	信息安全技术　灾难恢复中心建设与运维管理规范	2013/12/31	2014/7/15	现行
293	GB/T 30278—2013	信息安全技术　政务计算机终端核心配置规范	2013/12/31	2014/7/15	现行
294	GB/T 30280—2013	信息安全技术　鉴别与授权　地理空间可扩展访问控制置标语言	2013/12/31	2014/7/15	现行
295	GB/T 30275—2013	信息安全技术　鉴别与授权　认证中间件框架与接口规范	2013/12/31	2014/7/15	现行
296	GB/Z 30286—2013	信息安全技术　信息系统保护轮廓和信息系统安全目标产生指南	2013/12/31	2014/7/15	现行
297	GB/Z 29830.1—2013	信息技术　安全技术　信息技术安全保障框架　第1部分：综述和框架	2013/11/12	2014/2/1	现行
298	GB/Z 29830.2—2013	信息技术　安全技术　信息技术安全保障框架　第2部分：保障方法	2013/11/12	2014/2/1	现行
299	GB/T 29827—2013	信息安全技术　可信计算规范　可信平台主板功能接口	2013/11/12	2014/2/1	现行
300	GB/Z 29830.3—2013	信息技术　安全技术　信息技术安全保障框架　第3部分：保障方法分析	2013/11/12	2014/2/1	现行
301	GB/T 29828—2013	信息安全技术　可信计算规范　可信连接架构	2013/11/12	2014/2/1	现行
302	GB/T 29767—2013	信息安全技术　公钥基础设施　桥CA体系证书分级规范	2013/9/18	2014/5/1	现行
303	GB/T 29244—2012	信息安全技术　办公设备基本安全要求	2012/12/31	2013/6/1	现行
304	GB/T 29241—2012	信息安全技术　公钥基础设施　PKI互操作性评估准则	2012/12/31	2013/6/1	现行
305	GB/T 29243—2012	信息安全技术　数字证书代理认证路径构造和代理验证规范	2012/12/31	2013/6/1	现行
306	GB/T 29240—2012	信息安全技术　终端计算机通用安全技术要求与测试评价方法	2012/12/31	2013/6/1	现行
307	GB/T 29245—2012	信息安全技术　政府部门信息安全管理基本要求	2012/12/31	2013/6/1	现行
308	GB/T 15852.2—2012	信息技术　安全技术　消息鉴别码　第2部分：采用专用杂凑函数的机制	2012/12/31	2013/6/1	现行

续表

序号	标准号	标准中文名称	发布日期	实施日期	标准状态
309	GB/T 29242—2012	信息安全技术　鉴别与授权　安全断言标记语言	2012/12/31	2013/6/1	现行
310	GB/Z 28828—2012	信息安全技术　公共及商用服务信息系统个人信息保护指南	2012/11/5	2013/2/1	现行
311	GB/T 28457—2012	SSL 协议应用测试规范	2012/6/29	2012/10/1	现行
312	GB/T 28456—2012	IPSec 协议应用测试规范	2012/6/29	2012/10/1	现行
313	GB/T 28452—2012	信息安全技术　应用软件系统通用安全技术要求	2012/6/29	2012/10/1	现行
314	GB/T 28455—2012	信息安全技术　引入可信第三方的实体鉴别及接入架构规范	2012/6/29	2012/10/1	现行
315	GB/T 28451—2012	信息安全技术　网络型入侵防御产品技术要求和测试评价方法	2012/6/29	2012/10/1	现行
316	GB/T 28447—2012	信息安全技术　电子认证服务机构运营管理规范	2012/6/29	2012/10/1	现行
317	GB/T 28453—2012	信息安全技术　信息系统安全管理评估要求	2012/6/29	2012/10/1	现行
318	GB/T 26855—2011	信息安全技术　公钥基础设施　证书策略与认证业务声明框架	2011/7/29	2011/11/1	现行
319	GB/T 25065—2010	信息安全技术　公钥基础设施　签名生成应用程序的安全要求	2010/9/2	2011/2/1	现行
320	GB/T 25068.4—2010	信息技术　安全技术　IT 网络安全　第4部分：远程接入的安全保护	2010/9/2	2011/2/1	现行
321	GB/T 25068.3—2010	信息技术　安全技术　IT 网络安全　第3部分：使用安全网关的网间通信安全保护	2010/9/2	2011/2/1	现行
322	GB/T 25064—2010	信息安全技术　公钥基础设施　电子签名格式规范	2010/9/2	2011/2/1	现行
323	GB/T 25062—2010	信息安全技术　鉴别与授权　基于角色的访问控制模型与管理规范	2010/9/2	2011/2/1	现行
324	GB/T 24363—2009	信息安全技术　信息安全应急响应计划规范	2009/9/30	2009/12/1	现行
325	GB/Z 24364—2009	信息安全技术　信息安全风险管理指南	2009/9/30	2009/12/1	现行
326	GB/T 20274.2—2008	信息安全技术　信息系统安全保障评估框架　第2部分：技术保障	2008/7/18	2008/12/1	现行

序号	标准号	标准中文名称	发布日期	实施日期	标准状态
327	GB/T 20274.3—2008	信息安全技术　信息系统安全保障评估框架　第3部分：管理保障	2008/7/18	2008/12/1	现行
328	GB/T 20274.4—2008	信息安全技术　信息系统安全保障评估框架　第4部分：工程保障	2008/7/18	2008/12/1	现行
329	GB/T 17903.3—2008	信息技术　安全技术　抗抵赖　第3部分：采用非对称技术的机制	2008/7/2	2008/12/1	现行
330	GB/T 17903.1—2008	信息技术　安全技术　抗抵赖　第1部分：概述	2008/6/26	2008/11/1	现行
331	GB/T 15843.4—2008	信息技术　安全技术　实体鉴别　第4部分：采用密码校验函数的机制	2008/6/19	2008/11/1	现行
332	GB/T 21054—2007	信息安全技术　公钥基础设施　PKI系统安全等级保护评估准则	2007/8/23	2008/1/1	现行
333	GB/T 21053—2007	信息安全技术　公钥基础设施　PKI系统安全等级保护技术要求	2007/8/23	2008/1/1	现行
334	GB/T 21052—2007	信息安全技术　信息系统物理安全技术要求	2007/8/23	2008/1/1	现行
335	GB/T 20988—2007	信息安全技术　信息系统灾难恢复规范	2007/6/14	2007/11/1	现行
336	GB/Z 20986—2007	信息安全技术　信息安全事件分类分级指南	2007/6/14	2007/11/1	现行
337	GB/T 20520—2006	信息安全技术　公钥基础设施　时间戳规范	2006/8/30	2007/2/1	现行
338	GB/T 20269—2006	信息安全技术　信息系统安全管理要求	2006/5/31	2006/12/1	现行
339	GB/T 20282—2006	信息安全技术　信息系统安全工程管理要求	2006/5/31	2006/12/1	现行
340	GB/T 20271—2006	信息安全技术　信息系统通用安全技术要求	2006/5/31	2006/12/1	现行
341	GB/T 20274.1—2006	信息安全技术　信息系统安全保障评估框架　第1部分：简介和一般模型	2006/5/31	2006/12/1	现行
342	GB/T 20270—2006	信息安全技术　网络基础安全技术要求	2006/5/31	2006/12/1	现行
343	GB/T 20008—2005	信息安全技术　操作系统安全评估准则	2005/11/11	2006/5/1	现行
344	GB/T 20011—2005	信息安全技术　路由器安全评估准则	2005/11/11	2006/5/1	现行
345	GB/T 19771—2005	信息技术　安全技术　公钥基础设施　PKI组件最小互操作规范	2005/5/25	2005/12/1	现行
346	GB/T 15843.5—2005	信息技术　安全技术　实体鉴别　第5部分：使用零知识技术的机制	2005/4/19	2005/10/1	现行

续表

序号	标准号	标准中文名称	发布日期	实施日期	标准状态
347	GB/T 17902.2—2005	信息技术　安全技术　带附录的数字签名　第 2 部分：基于身份的机制	2005/4/19	2005/10/1	现行
348	GB/T 19714—2005	信息技术　安全技术　公钥基础设施　证书管理协议	2005/4/19	2005/10/1	现行
349	GB/Z 19717—2005	基于多用途互联网邮件扩展（MIME）的安全报文交换	2005/4/19	2005/10/1	现行
350	GB/T 17902.3—2005	信息技术　安全技术　带附录的数字签名　第 3 部分：基于证书的机制	2005/4/19	2005/10/1	现行
351	GB/T 19713—2005	信息技术　安全技术　公钥基础设施　在线证书状态协议	2005/4/19	2005/10/1	现行
352	GB/T 18238.2—2002	信息技术　安全技术　散列函数　第 2 部分：采用 n 位块密码的散列函数	2002/7/18	2002/12/1	现行
353	GB/T 18238.3—2002	信息技术　安全技术　散列函数　第 3 部分：专用散列函数	2002/7/18	2002/12/1	现行
354	GB/T 18238.1—2000	信息技术　安全技术　散列函数　第 1 部分：概述	2000/10/17	2001/8/1	现行
355	GB/T 17902.1—1999	信息技术　安全技术　带附录的数字签名　第 1 部分：概述	1999/11/11	2000/5/1	现行

2.4.2　安全保护等级划分

1. 第一级用户自主保护级

本级的计算机信息系统可信计算基通过隔离应用与数据，使用户获得主动安全防护的能力。它具备多样化的能力，对用户进行访问控制，并为用户提供有效的管理手段，维护消费者与用户组信息安全，防止其他使用者对数据的非法读取和攻击。

1）自主访问控制

本级的计算机信息系统可信计算机（Trusted Computing Base）通过隔离用户与数据，使用户具备自主安全保护的能力。它具有多种形式的控制能力，对用户实施访问控制，即为用户提供可行的手段，保护用户和用户组信息，避免其他用户对数据的非法读写与破坏。

2）身份鉴别

计算机信息系统可信计算基初始运行时，首先需要使用者标记自己的身份，并通过保密制度（例如口令）来识别使用者的身份，防止非权限用户浏览用户身份识别相关数据。

3）数据完整性

计算机信息系统可信计算基通过自主安全策略，使用者防止未经许可而更改或破坏敏感信息系统。

2. 第二级系统审计保护级

与客户自己维护级比较，本级的计算机信息管理系统可信计算基采取了粒度更细的主动访问控制，并采用自动登录流程、审核安全关联事项和屏蔽信息，让客户对自身的行为负责。

1）自主访问

监控由计算机信息体系可信计算基定义的系统中名称客户对名称用户的使用。执行管理机制（比如访问控制表）授权名称使用者以使用者和（或）使用者组的名义规范与管理客体的信息共享，以防止未授权客户读取敏感数据，从而防止访问权限的扩散。自主存取管理的机制通过使用指定程序或默认方法，禁止无权限的人存取客体。自由存取管理的粒度可以是单个的。而无存取权限的人，只可以通过被授权的使用者设定对客体的存取权限。

2）身份鉴别

计算机网络信息系统在可信计算的初期使用之后，首先需要使用者识别自己的身份，并采取安全措施（如口令）来识别使用者的身份；防止了未经授权的使用者存取使用者的身份识别信息。通过对使用者进行唯一识别，计算机信息系统可信计算基可以让使用者为自身的犯罪行为负责。同时，计算机信息系统可信计算基还拥有将身份识别信息和该使用者的被审计犯罪行为相关联的功能。

3）客体重用

在计算机网络信息系统可信计算基的空闲数据存储客体空间范围中，对客体最初确定、分派或者再分给某个其他市场主体以前，撤销该客观所包含信息内容的全部权利。当市场主体取得对某个已被解放的客体的访问权限时，当前市场主体无法获取原主体活动所形成的所有资讯。

4）审计

计算机信息体系可信计算基可建立并维持受保护用户的访问审计监控信息，并可防止无权限的客户对其侵犯或损坏。

计算机网络可信计算基能记录下列事情：应用身份识别机构；把对象引入用户地址空间（如启动文档、进程初始化）；清除对象；由操作者、网络管理者或（和）安全管理者执行的操作，以及其他与系统安全相关的事情。关于每一次事情，其审计记录涵盖发生的日期、客户、事件类别、行为是否完成。关于身份识别事务，审计记录涵盖源头（如客户端标识符）；关于对象进入用户地址空间的事务和对象删除事务，审计记录涵盖对象名。

对于无法从计算机信息体系可信计算基独立识别的审计事项，会计机构的审计信息接口应由授权主体使用。这些审计记录可以区分对计算机信息体系可信计算基独立分析的审计记录。

5）数据完整性

计算机信息系统可信计算基采用自主安全策略，防止未经权限使用者更改或破坏敏感数据。

3. 第三类安全标记保护级

本级的计算机信息体系可信计算基具备信息系统的安全性防护级的全部性能。另外，还涉及了关于信息安全战略模式、信息安全标记和主体对客体限制使用与控制的非形式说明；提供正确地识别输出数据的功能；解决通过检查发现的其他问题。

1）自主访问控制

计算机信息体系可信计算基定义和系统中名称使用者对名称客体的使用。执行管理机制

（如使用限制表）鼓励名称使用者以使用者和（或）使用者组的身份规范和管理客体的共享使用，防止非认证使用者读写敏感信息，并抑制使用权力扩展。自由访问控制机制通过使用特定方法或默认方法，禁止非授权控制使用者存取客体。使用控制权的粒度是每个使用者。毫无存取权力的使用者只可以由授权控制使用者设定对客体的存取权力。

2）强制性拜访管理

计算机技术信息系统可信计算基对每个市场主体及所管理的主要客体（包括进程、文档、设备）进行强制性拜访管理，为这些主体和客体确定敏感标志，这种标识是层级划分与非层级划分的结合，因此是进行强制性拜访管理的基础。计算机技术信息系统可信计算基支撑两种或两种上述成分组合的信息安全层级。计算机技术信息系统可信计算基管理的每个主体对客观的拜访应当符合：只有市场主体信息安全级中的等级划分超过或大于客观信息安全级中的等级划分，且市场主体信息安全级中的非层级划分涵盖了客观信息安全级中的全部非层级划分，市场主体可以读客体；只有市场主体安全级中的层级划分接近或超过客观安全级中的层级划分，且市场主体安全级中的非等级分类涵盖了客观安全级中的非等级分类，主体可以写一份客体。计算机信息系统可信计算基于用户实际身份和确定信息，确定用户的实际身份，从而确保用户建立的计算机信息系统可信计算基外部其他市场主体的安全级别和权限受到用户的信息安全类别和权限的制约。

3）标记

计算机信息体系可信计算基应维护与主要内容及其管理的存储对象（包括过程、文档、段、部件）有关的敏感标志。这种识别是实现强制访问控制的基石。对于使用未加安全标识的数字，电脑网络可信计算基向授权控制客户提出可进行相关信息的安全性等级检查，并可由电脑网络可信计算基审核。

4）身份鉴别

电脑信息系统可信计算基在初始使用后，首先需要使用者辨识自己的身份，同时，电脑信息系统可信计算基维护使用者的鉴别信息，并确认数据存取权和认证数据。电脑信息系统可信计算基可以通过这些信息来识别使用者身份，同时，也通过防护制度（例如口令）来辨识使用者的身份；防止非认证使用者存取使用者的身份识别信息。通过对使用者进行唯一识别，计算机信息系统可信计算基可以让使用者为自身的犯罪行为负责。同时，计算机信息系统可信计算基还拥有将身份识别信息和该使用者的被审计犯罪行为相关联的功能。

5）客体重用

在计算机信息系统中可信计算基的空闲存储对象空间内，对客体的确定、指派或者在指派给某个主体前，可以撤销对象中所需数据的所有内容。当主体取得了某个已被释放的对象的存取权限后，当前主体无法获取该主体行为所带来的所有数据。

6）审计

计算机信息体系可信计算基可建立并维持对受保护用户的网络访问安全管理与信息，并可防止未经授权的客户对其侵犯或攻击。

计算机信息体系可信计算基可能有如下情况：采用的识别机制；把对象引入用户位置中（如启动文件、进程初始化）；清除对象；由操作者、网络管理人员或（和）网络的安全性管理人员进行的工作，还有其他与安全相关的活动。对每一个案件，其审计信息包括发生的地点和持续时间、数据、案件类别、行为能否有效。关于身份识别问题，审计记录中包括了请求的种类（如终端标识符）；关于将对象引入用户地址空间中的行为和对象的行为，审计记录中包括了用户名和对象的安全级别。此外，计算机信息体系可信计算基有审核更改可读数据记号的功能。

对于无法从计算机信息系统可信计算基独立识别的会计事项，审计机制提供会计记录接口可辨的审计记录。

7）数据完整性

计算机信息网络可信计算基采用主动和强制完整性措施，防止未经授权使用者更改或破坏敏感数据。在网络环境中，通过完整性的标记可以确保数据在传输时不被破坏。

4. 第四类结构化保护级

本级的电脑信息系统可信计算基需要构建在一种严格规范的形式化网络安全战略模式上，它还需要把第三级体系中的主动与强制访问控制扩散给任何系统和对象。另外，还需要充分考虑隐藏通道。因此，本级的电脑信息系统可信计算基还需要规范化的核心安全要素和非关键安全要素。计算机信息系统可信计算基的接口系统也需要严格规范，确保其系统和应用都可接受更全面的检查和更全面的复审。本级的计算机信息系统可信计算基还完善了签名制度：以支持系统管理员和操作者之间的相互权限；实现可信设备控制：以加强配置管理功能。系统需要具备足够的防渗漏功能。

1）自主访问控制

读取敏感信号，从而抑制访问权限扩散。

自主访问控制机制通过使用特定方法或默认方法，防止非权限使用者浏览对象。访问控制的粒度是每个客户。毫无存取权限的客户只可以由授权用户设定对客体的存取权限。

2）强制访问控制

电子计算机信息系统可信运算基对外部市场主体可以直观或间接存取的任何信息资源（如市场主体、寄存客体和受输人提供信息资源）进行强制性浏览管理，为这些主体和客体确定敏感标志，这种标识是层级划分与非层级划分的结合，也是进行强制性浏览管理的基础。电子计算机信息系统可信运算基提供支持两种或两种上述成分组合的信息安全层级。电子计算机信息系统可信运算基以外的任何主体对客观的直接或间接的存取应当符合：只有市场主体信息安全级中的等级划分超过或小于客观信息安全级中的等级划分，且市场主体信息安全级中的非层级划分涵盖了客观信息安全级中的全部非层级划分，市场主体可以读客体；只有市场主体安全级中的层级划分接近或超过客观安全级中的层级划分，且市场主体安全级中的非等级分类涵盖了客观安全级中的非等级分类时，主体才可以写一份客体。计算机信息系统可信计算基于使用身份和识别数据信息，识别使用者的身份，保护使用者建立的计算机信息系统可信计算基外部主机的安全级别和权限受到使用者的安全级别和权限的制约。

3）标记

微机网络可信计算基维护与可能被外界其他主体直接或间接地存取到的微机网络物资（如核心、存储对象、只读存储器）有关的敏感标志。这种记录也是执行强制访问控制的重要依据。而对于受输人中未加安全性标识的内容，由计算机信息系统可信计算基向授权客户要求对其进行相关内容的安全级别检查，并应由计算机信息系统可信计算基审核。

4）身份鉴别

计算机信息系统可信计算基在初始使用后，首先需要客户识别自己的身份，同时，通过计算机信息系统可信计算基可以维护客户的鉴别信息，并确认客户存取权和授权数据。计算机信息系统可信计算基可以通过这些信息识别客户身份，同时也通过安全机制（如口令）来识别客户的身份；防止未经批准客户存取使用者的身份识别信息。而通过向客户展示唯一身份，计算机信息系统可信计算基可以确保客户对自身的行为负责。同时，计算机信息系统可信计算基还拥有将身份标识信息与该客户的被审查行为相关联的功能。

5）客体重用

在计算机网络可信计算基的自由存储对象空间中，对客体最初确定、分派或者再分派某个主要内容以前，对于对象所包含内容全部授予。当市场主体取得对某个已被解放的对象的访问权限时，当前市场主体无法获取原主体活动所形成的所有资讯。

6）审计

计算机信息系统可信计算基可建立并维持对受保护用户的接入安全管理与信息，并可防止未经授权的客户对其侵犯或攻击。

计算机信息系统可信计算基可用于下列情况：所采用的识别机制：把客体引入系统地址中（如启动文件、程序初始化）；清除客体；由操作者、系统管理员或（和）安全管理者所进行的行为，以及其他与安全相关的事情。对每一个事务，其审计信息都包含事情发生的地点和日期、目标使用者、事务类别、事情是否有效。关于客户识别问题，审计信息都包括请求的种类（如终端标识符）；关于客体，进入目标用户地址空间的事情和客观的行为，审计信息都包括用户名和客体的安全级别。另外，计算机信息体系可信计算基有审计更改可读数据记号的功能。

对于无法从计算机信息体系可信计算基中识别的会计事项，审查机构的会计信息接口，可以由授权单位使用。这些审计记录区分对于计算机信息体系中可信计算的独立分析的会计信息。

计算机信息系统可信计算基通过审计在使用或隐藏的信道中所被运用的时间。

7）数据信息安全性

计算机网络可信计算基采用主动和强迫安全性措施，防止非权限使用者更改或损坏敏感资料。在环境中，使用完整性敏感标记来确保信息内容在传输中未损坏。

8）隐蔽通道分析

网络设计者必须全面寻找隐藏的通道，并通过现场计算或工程预测确定每一条可识别通道的最高宽度。

9）可信途径

对使用的初始登录和鉴别，计算机信息系统可信计算基在其与使用者间提供可信通信途径。

该路线上的连接必须为该用户初始化。

5. 第五类访问的保护级

本级的计算机信息系统可信计算基满足访问安全监控仪的要求。访问安全监控仪仲裁主体对客体的全部访问。访问安全监控仪本身是抗篡改的：必须足够小，并且可以分析和检查。为适应系统使用安全监控仪的需要，计算机信息系统可信计算基计划在系统建立时，必须剔除所有对实施保护计划而言没有必要的程序；但在建设与实施过程中，在系统工程方面，把其重要性减小到了最低限度。本级的计算机信息系统可信计算基的安全管理员功能：

扩充了审计机制，在出现与系统安全有关的情况时会发出信号；建立了系统恢复制度。它有很强的防渗透功能。

1）自主访问控制

控制计算机信息系统可信计算基定义和系统中命名客户对命名客体的使用。实施制度（如访问控制表）可以命名客户以客户和（或）用户组的身份规定和管理客体的共享，防止非授权使用者读取敏感消息，并抑制访问权限扩展。

自主使用管理的机制通过使用指定方法或默认行为，防止未经授权的用户使用。访问管理的粒度为所有用户。访问控制可以向所有已命名用户或指派已命名用户的用户组，并规范它们对使用者的存取模式。而无存取权限的使用者也可以向被授权用户规范对客体的存取权限。

2）强制访问控制

电子计算机信息系统可信运算基对外部市场主体可以直观或间接存取的各种信息资源（如市场主体、寄存客体和输入输出资源）进行强制性浏览管理，为这些主体和客体确定敏感标志，这种标识是层级划分与非层级划分的结合，也是进行强制性浏览管理的基础。电子计算机信息系统可信运算基提供支持两种或两种以上上述成分组合的信息安全层级。电子计算机信息系统可信运算基以外的任何主体对客观的直观或间接的存取应当符合：只有市场主体安全性级中的层级划分超过或大于客观安全性级中的层级划分，且市场主体安全性级中的非层级划分涵盖了客观安全性级中的全部非层级划分，市场主体可以读客体；只有市场主体安全级中的层级划分接近或超过客观安全级中的层级划分，且市场主体安全级中的非等级分类涵盖了客观安全级中的非等级分类，市场主体可以写一份客体。电脑信息系统可信计算基于使用真实身份信息和识别各种数据信息，识别使用者的真实身份信息，保障使用者建立的电脑信息系统可信计算基外部其他市场主体的安全级别和权限受到使用者的安全级别和权限的制约。

3）标记

电脑信息系统可信计算基维护与可能由外界的直接或间接存取到的电脑信息系统各种资源（包括主体、储存客体、只读存储器）有关的敏感标志。这些记录也是执行强制访问控制的重要依据。而对于受输人未加安全标识的财务数据，计算机信息系统可信计算基向认证的机构要求才可进行对该财务数据的安全级别检查，并可由计算机信息系统可信计算基础审核。

4）身份鉴别

计算机信息系统可信计算基在初始使用后，首先需要客户识别自己的身份，同时，通过计算机信息系统可信计算基维护客户身份鉴别信息，并确认客户存取权和授权数据。计算机信息系统可信计算基可以通过这些信息来识别客户身份，同时，也通过安全机制（如口令）来识别客户的身份；防止未经批准的客户存取使用者的身份识别信息。而通过向客户展示唯一身份，计算机信息系统可信计算基可以确保客户对自身的行为负责。同时，计算机信息系统可信计算基还拥有将身份标识信息与该客户的被审查行为相关联的功能。

5）客体重用

在计算机网络信息系统可信计算基的空闲存储客体空间中，对客体最初确定、分派或者再分派某个主体以前，对客体所包含信息内容全部许可。当市场主体取得对某个已被解放的主要客体的访问权限时，当前市场主体无法获取原主体活动所形成的所有资讯。

6）审计

计算机网络可信计算基可建立并维持对受保护用户的接入安全管理与信息，并可防止未经授权的客户对其侵犯或攻击。

计算机网络的可信计算基能记录下列情况：采用身份鉴别方式；将客体带入用户地址空间（如打开文件、程序初始化）；删除客体；由操作员、系统管理员或（和）信息安全管理者所进行的操作，以及任何与安全问题相关的活动等。对每一个重大事件，其审核信息都包含重大事件发生的地点和持续时间、数据、重大事件类别及重大事件能否通过。关于身份识别问题，审核笔录涵盖了请求的种类（如终端标记符）；关于客体的用户位置空间的事项和关于客体的事项，审核笔录涵盖了客体名和客体的安全等级。此外，计算机信息系统可信计算基有审核修改可读输入输出标志的功能。

对于无法被电脑信息系统可信计算基单独识别的企业审计事项，由企业审计机关给出企业审计信息接口，并由授权主体调用。此类的企业审计信息区别于由电脑信息系统可信计算基单独识别的企业审计信息。计算机信息系统可信计算基还可以审核使用或隐藏的信道等可被运用的事项。计算机信息系统可信计算基还提供了一个跟踪和评估安全事件产生和累积情况的机制，当事故达到阈值时，系统可以立即向安全管理者发出报警。同时，一旦这些与系统安全有关的事故不断产生或累积，系统就将以最少的代价终止它。

7）数据完整性

计算机信息系统可信计算基采用主动与强迫完整性战略，防止非权限使用者更改或损坏敏感信息。在环境中，采用完整性敏感标签来确保消息在传递中未损坏。

8）隐蔽信道分析

网络开发人员将全面搜索隐蔽通道，并通过现场计算或工程预测决定每一条被识别通道的最高带宽。

9）可信路径

在连接系统中（如登录、修改主体安全级），计算机网络可信计算基是它和系统相互之间的可信通信途径。可信道路上的通信可以由该系统的计算机信息系统可信计算启动，并从逻辑上和他人信道上的通信进行分离，并能够准确地进行识别。

10）可信恢复

计算机信息系统可信计算基的工作流程与体系，确保当计算机信息系统损坏或断裂时，能够实现不影响任何安全系统功能的修复。

2.4.3　风险定级

众所周知，将自然灾害的破坏力程度（抗震强度）分成多种等级，抗震强度可划分为一到十二度，相对于不同程度的抗震强度，有"毁灭性抗震""灭亡性抗震"和"开灭性抗震"等。其中，烈度为 10 ～ 11 度的抗震称为"灭亡性抗震"，12 度之上就称为"灭性地震"。为了达到对损失的合理管理，也可以像前面分析资产、损失的脆弱度一样，对风险判断的后果作出等级的管理。风险可以区分为五个层次，等级越高，风险越高。

第一级，即当信息系统受到破坏时，会对公民、企业法人或任何机构的安全造成威胁，但并不会危及国家、社会或是政府。由于设备遭受损坏的影响较小，所以通常由使用机构自已按照有关的规定和标准加以维护。

第二级，即当信息体系受到破坏时，会对市民、企业法人或任何机构的合法利益构成重大损害，甚至对社会和政府形成重大影响，但并不会危及国家。由国家网络安全监察部门对该级网络系统的安全等级保障工作实施技术指导。

第三级，即当信息系统受到破坏时，会对社区秩序稳定和公共权益产生重大危害，甚至对国民经济安全产生危害。由国务院网络安全监察部门对该级网络系统安全等级保障情况实施监管、审核。

第四级，即可能对社会稳定和公共利益构成非常重大危害，甚至对国家安全构成重大危害。由国务院网络安全监察部门对该级网络系统安全等级保障情况实施强制监察、审核。

第五级，即当信息系统被完全摧毁时，可能对国家安全所产生的重大危害。由国家网络安全监察部门对该级网络系统安全等级保障情况实施专项监管、审核。

通过明确级别界限，不但可以更好地把握突出重点，有针对性地做好安全建设与管理工作，实现合理防范，更对控制安全工程的成本、平衡资金投入比重起关键作用。

第3章
安全物理环境防护与实施

3.1 等保2.0下安全通用要求解读

《信息安全技术　信息系统安全等级保护基本要求》(GB/T 22239—2008)在我国推行信息安全等级保护制度的过程中起到了非常重要的作用,被广泛用于各行业或领域,指导用户开展信息系统安全等级保护的建设整改、等级测评等工作。随着信息技术的发展,已有10年历史的GB/T 22239—2008在时效性、易用性、可操作性上需要进一步完善。2017年《中华人民共和国网络安全法》实施,为了配合国家落实网络安全等级保护制度,也需要修订GB/T 22239—2008。2019年《信息安全技术　网络安全等级保护基本要求》(GB/T 22239—2019)正式实施。相关标准的实施,开启了等保2.0时代。

新标准中将安全要求分为安全通用要求和安全扩展要求。安全扩展要求包括云计算安全扩展要求、移动互连安全扩展要求、物联网安全扩展要求以及工业控制系统安全扩展要求。

安全通用要求是不管等级保护对象形态如何而必须满足的要求;针对云计算、移动互连、物联网和工业控制系统提出的特殊要求称为安全扩展要求。

3.1.1 安全通用要求基本分类

GB/T 22239—2019规定了第一级到第四级等级保护对象的安全要求,每个级别的安全要求均由安全通用要求和安全扩展要求构成。例如,GB/T 22239—2019提出的第三级安全要求基本结构为:

> 8　第三级安全要求
> 　8.1　安全通用要求
> 　8.2　云计算安全扩展要求
> 　8.3　移动互连安全扩展要求

8.4 物联网安全扩展要求
8.5 工业控制系统安全扩展要求

安全通用要求细分为技术要求和管理要求。其中，技术要求包括"安全物理环境""安全通信网络""安全区域边界""安全计算环境"和"安全管理中心"；管理要求包括"安全管理制度""安全管理机构""安全管理人员""安全建设管理"和"安全运维管理"。两者合计十大类，如图3-1所示。

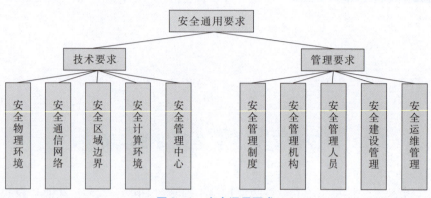

图 3-1　安全通用要求

3.1.2　技术要求

技术要求分类体现了从外部到内部的纵深防御思想。对等级保护对象的安全防护应考虑从通信网络到区域边界再到计算环境的从外到内的整体防护，同时考虑对其所处的物理环境的安全防护。对级别较高的等级保护对象，还需要考虑对分布在整个系统中的安全功能或安全组件的集中技术管理手段。

1. 安全物理环境

安全通用要求中的安全物理环境部分是针对物理机房提出的安全控制要求。主要对象为物理环境、物理设备和物理设施等；涉及的安全控制点包括物理位置的选择、物理访问控制、防盗窃和防破坏、防雷击、防火、防水和防潮、防静电、温湿度控制、电力供应和电磁防护。

表3-1给出了安全物理环境控制点/要求项的逐级变化。其中，数字表示每个控制点下各个级别的要求项数量，级别越高，要求项越多。后续表中的数字均为此含义。

表 3-1　安全物理环境控制点/要求项的逐级变化

序号	控制点	一级	二级	三级	四级
1	物理位置的选择	0	2	2	2
2	物理访问控制	1	1	1	2
3	防盗窃和防破坏	1	2	3	3
4	防雷击	1	1	2	2
5	防火	1	2	3	3

序号	控制点	一级	二级	三级	四级
6	防水和防潮	1	2	3	3
7	防静电	0	1	2	2
8	温湿度控制	1	1	1	1
9	电力供应	1	2	3	4
10	电磁防护	0	1	2	2

承载高级别系统的机房相对承载低级别系统的机房强化了物理访问控制、电力供应和电磁防护等方面的要求。例如，四级相比三级增设了"重要区域应配置第二道电子门禁系统""应提供应急供电设施""应对关键区域实施电磁屏蔽"等要求。

2. 安全通信网络

安全通用要求中的安全通信网络部分是针对通信网络提出的安全控制要求，见表 3 - 2。主要对象为广域网、城域网和局域网等；涉及的安全控制点包括网络架构、通信传输和可信验证。

表 3 - 2　安全通信网络控制点/要求项的逐级变化

序号	控制点	一级	二级	三级	四级
1	网络架构	0	2	5	6
2	通信传输	1	1	2	4
3	可信验证	1	1	1	1

高级别系统的通信网络相对低级别系统的通信网络强化了优先带宽分配、设备接入认证、通信设备认证等方面的要求。例如，四级相比三级增设了"应可按照业务服务的重要程度分配带宽，优先保障重要业务"，"应采用可信验证机制对接入网络中的设备进行可信验证，保证接入网络的设备真实可信"，"应在通信前基于密码技术对通信双方进行验证或认证"等要求。

3. 安全区域边界

安全通用要求中的安全区域边界部分是针对网络边界提出的安全控制要求。主要对象为系统边界和区域边界等；涉及的安全控制点包括边界防护、访问控制、入侵防范、恶意代码防范、安全审计和可信验证。

表 3 - 3 给出了安全区域边界控制点/要求项的逐级变化。

表 3 - 3　安全区域边界控制点/要求项的逐级变化

序号	控制点	一级	二级	三级	四级
1	边界防护	1	1	4	6
2	访问控制	3	4	5	5
3	入侵防范	0	1	4	4
4	恶意代码防范	0	1	2	2
5	安全审计	0	3	4	3
6	可信验证	1	1	1	1

高级别系统的网络边界相对低级别系统的网络边界强化了高强度隔离和非法接入阻断等方面的要求。例如，四级相比三级增设了"应在网络边界通过通信协议转换或通信协议隔离等方式进行数据交换"，"应能够在发现非授权设备私自连到内部网络的行为或内部用户非授权连到外部网络的行为时，对其进行有效阻断"等要求。

4. 安全计算环境

安全通用要求中的安全计算环境部分是针对边界内部提出的安全控制要求。主要对象为边界内部的所有对象，包括网络设备、安全设备、服务器设备、终端设备、应用系统、数据对象和其他设备等；涉及的安全控制点包括身份鉴别、访问控制、安全审计、入侵防范、恶意代码防范、可信验证、数据完整性、数据保密性、数据备份与恢复、剩余信息保护和个人信息保护。表3-4给出了安全计算环境控制点/要求项的逐级变化。

表3-4　安全计算环境控制点/要求项的逐级变化

序号	控制点	一级	二级	三级	四级
1	身份鉴别	2	3	4	4
2	访问控制	3	4	7	7
3	安全审计	0	3	4	4
4	入侵防范	2	5	6	6
5	恶意代码防范	1	1	1	1
6	可信验证	1	1	1	1
7	数据完整性	1	1	2	3
8	数据保密性	0	0	2	2
9	数据备份与恢复	1	2	3	4
10	剩余信息保护	0	1	2	2
11	个人信息保护	0	2	2	2

高级别系统的计算环境相对低级别系统的计算环境强化了身份鉴别、访问控制和程序完整性等方面的要求。例如，四级相比三级增设了"应采用口令、密码技术、生物技术等两种或两种以上组合的鉴别技术对用户进行身份鉴别，且其中一种鉴别技术至少应使用密码技术来实现"，"应对主体、客体设置安全标记，并依据安全标记和强制访问控制规则确定主体对客体的访问"，"应采用主动免疫可信验证机制及时识别入侵和病毒行为，并将其有效阻断"等要求。

5. 安全管理中心

安全通用要求中的安全管理中心部分是针对整个系统提出的安全管理方面的技术控制要求，通过技术手段实现集中管理。涉及的安全控制点包括系统管理、审计管理、安全管理和集中管控。

表3-5给出了安全管理中心控制点/要求项的逐级变化。

高级别系统的安全管理相对低级别系统的安全管理强化了采用技术手段进行集中管控等方面的要求。

表 3 – 5　安全管理中心控制点/要求项的逐级变化

序号	控制点	一级	二级	三级	四级
1	系统管理	2	2	2	2
2	审计管理	2	2	2	2
3	安全管理	0	2	2	2
4	集中管控	0	0	6	7

例如，三级相比二级增设了"应划分出特定的管理区域，对分布在网络中的安全设备或安全组件进行管控"，"应对网络链路、安全设备、网络设备和服务器等的运行状况进行集中监测"，"应对分散在各个设备上的审计数据进行收集汇总和集中分析，并保证审计记录的留存时间符合法律法规要求"，"应对安全策略、恶意代码、补丁升级等安全相关事项进行集中管理"等要求。

3.2　计算机机房建设标准

机房建设是一个系统工程，要切实做到从工作需要出发，以人为本，满足功能需要，兼顾美观实用，为设备提供一个安全运行的空间，为从事计算机操作的工作人员创造良好的工作环境，如图 3 – 2 所示。

图 3 – 2　IDC 标准机房

3.2.1　机房等级分类

按照我国《电子信息系统机房设计规范》（GB 50174—2008），数据中心可根据使用性质、管理要求及其在经济和社会中的重要性划分为 A、B、C 三级。

1. A 级为容错型

在系统需要运行期间，其场地设备不应因操作失误、设备故障、外电源中断、维护和检修而导致电子信息系统运行中断。A 级是最高级别，主要是指涉及国计民生的机房设计。其电子信息系统运行中断将造成重大的经济损失或公共场所秩序严重混乱。比如国家气象台、国家级信息中心、计算中心，重要的军事指挥部门，大中城市的机场、广播电台、电视台、应急指挥中心，银行总行等，都属 A 级机房。

2. B 级为冗余型

在系统需要运行期间，其场地设备在冗余能力范围内，不应因设备故障而导致电子信息系统运行中断。B 级定义为电子信息系统运行中断将造成一定的社会秩序混乱和一定的经济损失的机房。比如科研院所，高等院校，三级医院，大中城市的气象台、信息中心、疾病预防与控制中心、电力调度中心、交通（铁路、公路、水运）指挥调度中心，国际会议中心，国际体育比赛场馆，省部级以上政府办公楼等，都属 B 级机房。

3. C 级为基本型

在场地设备正常运行情况下，应保证电子信息系统运行不中断。A 级或 B 级范围之外的电子信息系统机房都称为 C 级。

3.2.2　数据中心机房组成

数据中心机房包含中心机房的组成、建筑装修、供电系统、接地防雷系统、空调系统、照明系统、消防报警系统、安防系统、综合布线与网络系统等。

中心机房由主机房和辅助房间组成。主机房放置各类服务器、主要网络设备、网络配线架（机柜）等。辅助房间包括 UPS 电源间、专用空调控制室、灭火钢瓶间、监控室、信息管理人员办公室和维修室。主机房必须是专用房间，辅助房间可根据实际情况适当合并。

图 3－3 和图 3－4 都是生活中比较常见的机房现状，优劣非常明显。

图 3－3　机房走线规范

图 3 – 4　凌乱的机房

3.2.3　数据中心机房标准

工程中的数据中心机房建设是保证计算机网络设备和各级劳动保障系统正常运转的关键。现在的计算机设备对运行环境要求较高。因此，必须按照一定的标准规范，科学地设计机房。

1. 建筑装修

为保障网络设备的高安全性、高可靠性，机房建筑面积必须达标。

2. 供电系统

（1）保证服务器、网络设备及辅助设备安全稳定运行，计算机供电系统必须达到一类供电标准，即必须建立不间断供电系统。

（2）信息系统设备供电系统必须与动力、照明系统分开。

（3）电力布线要求：机房 UPS 电源要采用独立双回路供电，输入电流应符合 UPS 输入端电流要求；将市电不稳定性对机房产生的影响降低到最低；静电地板下的供电线路置于管内，分支到各用电区域，向各个用电插座分配电力，防止外界电磁干扰系统设备；线路上要有标帖，表明去向及功能，保证维修方便、操作灵活。

3. 接地、防雷系统

（1）机房内各个系统都有独自的接地要求，按功能分为交流地、安全保护地、静电地、屏蔽地、直流地、防雷地等。

（2）中心机房的接地系统：必须安装室外的独立接地体；直流地，防静电地采用独立接地；交流工作地、安全保护地采用电力系统接地；不得共用接地线缆，所有机柜必须接地。

（3）机房防雷体系：主要包括建筑物内、外两层防护措施和机房进出线防护措施。外部防护主要由建筑物自身防雷系统来承担；所有由室外直接接入机房的金属信息线缆，必须做防浪涌处理；铠装光纤金属保护层进行可靠接地；所有弱电线缆不裸露于外部环境；弱电桥架使用扁铜软线带跨接进行可靠接地；机房电源系统至少二级防浪涌处理；重要负载末端防浪涌处理。

4. 空调系统

通过该系统保持机房内相对稳定的温度和湿度，使机房内的各类设备保持良好的运行环境，确保系统可靠、稳定运行。市局中心机房必须采用专业空调，备份用的可采用民用空调。

5. 照明系统

保持机房内良好的光线照度，方便机房管理员管理维护。机房必须有应急照明系统，由专线或电池供电，应急照明灯具的完好率应保证达100%。

6. 消防报警系统

（1）机房的物理环境：机房的结构、材料、配置设施必须满足保温、隔热、防火等要求。

（2）机房要有：温感、烟感、报警器等装置和消防设备。

（3）机房要有防水害措施，确保机房安全运行。

7. 安防系统

由实时监视摄像系统和其他安全设施组成，全方位监控机房总体运行状况。

8. 综合布线与网络系统

（1）机房的综合布线是开放式结构，能够满足所支持的数据系统的传输速率要求。

（2）网络必须达到百兆网标准，有条件的可以实施千兆网。

（3）有主干线路或新建综合布线系统的，主干线路要有冗余。

（4）布线系统中所有的电缆、光缆、信息模块、接插件、配线架、机柜等在其被安装的场所均要容易被识别，线缆布设整齐，布线中的每根电缆、光缆、信息模块、配线架和端点要指定统一的标识符，电缆在两端要有标注；保证维修方便、操作灵活。

3.3　计算机机房电磁防护技术

3.3.1　电磁干扰的种类

计算机、网络设施设备机房的电磁干扰影响主要有两种：一是电磁干扰对计算机、网络设施设备的影响；二是计算机、网络设施设备和其他电子产品所产生的电磁干扰对其他电子设备的影响。人们把频率为1~10 kHz（低频辐射）的干扰称为电磁干扰（EMI）；频率超过10 kHz（高频）时，则称其为无线电射频干扰（RFI）。

1. 电磁干扰

电磁干扰又分为暂态反应电磁干扰、元器件内部的电磁干扰和静电放电电磁干扰三种。

（1）暂态反应电磁干扰是指电气设备对电路里某个元件打开或关闭所产生的电压脉冲式火花引起的不必要信号，其中电源线的暂态反应和静电放电两种外来的电磁干扰对电路的危害最为严重。

（2）元器件内部的电磁干扰是指计算机主板及芯片所产生的干扰。目前已经能够制造出内部电磁干扰（EMI）相当低的芯片，因此干扰的最大来源是导线、接头及印刷电路板的铜箔。当芯片燃毁或过热时，也会造成不易处理的内部干扰。

（3）静电放电电磁干扰对电路的危害要轻一些，就像人用手去握门上有接地的金属门把的反应一样。

这三种电磁干扰都可能在计算机、网络设施设备和其他电子产品里造成一些故障。例如出现执行中程序中断、磁盘上数据存取的错误、显示器显示数据的混乱、打印机出现夹纸、存储器中数据丢失等。更严重的甚至可能造成主机板上的芯片烧毁等不同程度的破坏。所以，电磁干扰的破坏性是严重的，而要避免电磁干扰产生的危害，就需要分清电磁干扰的来源，以便采取有效的措施，把电磁干扰降低到最小程度。

2. 无线电射频干扰

无线电频率干扰（RFI）有传导性干扰和辐射性干扰两种。

（1）传导性干扰。操作中的计算机产生无线电频率干扰（RFI），并经过电源线传送到室外的输配电线路上，这种 RFI 就是传导性 RFI，电源线好像是一副发射天线把电磁干扰辐射出去。

（2）辐射性干扰。如果电磁干扰是从计算机、网络设施设备和其他电子产品的内部元件或者是因暂态反应的直接辐射，就叫作辐射性 RFI。

3.3.2　电磁干扰的主要来源

计算机、网络设施设备和其他电子产品中的电磁干扰来源有电源、元件、导线、接头、散热风扇、日光灯、雷电和静电放电等。最常发生的电磁干扰的频率为 10～100 MHz，该频率的电磁干扰经过电源将电磁干扰（EMI）传送到室外的输配电线路上。

如果在计算机、网络设施设备和其他电子产品的附近正好有使用交换式电源的机器在工作，那么它所产生的电磁干扰将很容易借着电源线传导，或是因电源线靠在一起而产生耦合，从而进入计算机、网络设施设备和其他电子产品。当电源线两两靠在一起时，也易感应某些电压，出现串音现象。一般导线的感应电压在 0.25 V，这样就足以造成导线传输数据时发生错误。

所有物体，包括人体本身，都具有一定的电容量。0～0.1 μF 的电容量有可能在计算机、网络设施设备和其他电子产品中产生 5 V 的电压脉冲。在碾碎机、电锯、冷风机、洗衣机等耗电量大的机器周围或其他电源线上都存在着强大的电磁场，这些电源线的干扰往往很容易越过电源的保护上限而进入计算机、网络设施设备和其他电子产品系统的电路中。例如继电器或者电动机，它们在开、关时都会产生高电压的暂态反应，甚至当电缆经过强烈的磁场地区时，因固定不良而摇晃或振动都会使计算机、网络设施设备和其他电子产品系统出现故障。

数字电路使用的脉冲信号会从导线或接头放出辐射干扰。个人计算机一般在 4～66 MHz 的频率下工作，如果计算机、网络设施设备和其他电子产品系统设计得不好，很容易干扰到附近地区的无线电视和收音机。由于有线电视使用屏蔽效果相当好的电缆传送信号，所以不会受到射频辐射的干扰。

3.3.3　计算机机房电磁屏蔽的一般要求与规定

电磁屏蔽技术的应用主要为计算机机房提供两个方面的电磁干扰防护：其一，是避免机房受外部电磁环境的影响；其二，是避免机房内的电磁干扰向外泄漏。对数据保密的要求是屏蔽机房的一个重要动力。已有报道揭露美国驻莫斯科使馆中的信息被苏联窃取到，是通过接收使馆内设备产生的电磁能量来实现的。同样的技术也被用来截获密码，然后攻击银行计算机系统。通过屏蔽，设备的电磁发射能够减少，系统的安全性可以提高。

上述前一种电磁防护是针对科研和测验机构、电脑中心、屏蔽机房以及医疗设备等。这些设施只有在做好适当的电磁滤波防护之后，才能避免设施受外部电磁干扰的影响而造成设备的失灵或降低工作效率；后一种是针对在电子数据保密安全方面的要求而进行屏蔽隔离的。在大多数的情况下，不但要预防设备受正弦杂波的干扰，还要防止设备受电磁脉冲的破坏。电磁脉冲包括雷电脉冲（LEMP）和核子脉冲（NEMP）。要完全防止电磁干扰和电涌的入侵或泄漏，所有接到机房的线路都必须经过合适的电磁滤波防护器。

1. 电磁干扰

电磁干扰指机房处的无线电干扰场强与磁场干扰场强。上述两项干扰场强在国标 GB 2887—1989《计算站场地技术条件》中有明确规定：

其一，机房内无线电干扰场强在频率范围为 0.15 ~ 100 MHz 时不大于 12 dB。

其二，机房内磁场干扰场强不大于 800 A/m。

2. 电磁波泄漏

电磁屏蔽是近代发展起来的新的学科领域。它是伴随着电子技术而出现并发展的。随着科学技术和电子技术的发展，电磁屏蔽的需求在产品研制与设计中越来越引起人们的重视，它已经成为有关工程技术人员必备的专业基础知识。关于计算机房的屏蔽标准，国家暂时还没有确定，现在一般计算机房屏蔽工程的指标套用军标，其测试的方式为单频率测试。

测试频率：14 kHz、100 kHz、200 kHz、15 MHz、450 THz、950 THz。

信号衰减幅度：共分 A、B、C 三级，其中，A 级衰减≥60 dB；B 级衰减≥80 dB；C 级衰减≥100 dB 或者根据建设方要求制定。

3. 屏蔽的理论方法

电磁波理论是经典的理论。麦克斯韦、法拉第和其他人在电子学之前就建立了描述电场和磁场的基本方程式。然而，对实际中的复杂硬件几乎不能直接应用这些方程式。电场和磁场的衰减用从试验中得到的方程式能够更好地表达，这些方程式在屏蔽的设计中广泛应用。

4. 屏蔽计算机机房建设时的注意要点

1）在建设机房的结构体时要采取屏蔽措施

- 在机房基础地面施工中，要增设屏蔽措施。
- 在机房墙面施工中，要增设屏蔽措施。
- 在机房顶面处理中，要增设屏蔽措施。
- 对机房的进出洞或孔，要预留并做衔接处理。
- 对机房墙、顶、地间接缝处，要做衔接处理。

2）机房电磁屏蔽工程在施工中的一般要求

- 在机房电磁屏蔽壳体的焊接施工中，应采取有效的排烟通风措施。
- 在焊接机房电磁屏蔽壳体时，应遵守《钢结构工程施工及验收规范》（GBJ 205—1983）中第三章、第四章中的有关规定。
- 在机房内装修或其他项目施工时，严格禁止损坏屏蔽壳体，要采取必要的保护措施，不得使屏蔽壳体各个方面受损伤。

● 在机房施工中，如确实需要并按设计要求在屏蔽壳体上安装紧固件时，应将其与壳体的接触处焊封，各种屏蔽壳体与原建筑墙体、楼板、地面应安装牢固，绝缘可靠。

● 在施工过程中，严格按照工序检验，合格后，下道工序方能施工。

3）机房电磁屏蔽工程的保护

● 在施工中不得在屏蔽壳体内喷洒水或其他有腐蚀性的液体。

● 对施工结束的机房屏蔽体及其他安装附件，要及时做防腐处理。防腐要求应符合《建筑防腐工程施工及验收规范》(TJZ 12—1976) 中的有关规定。

● 对于焊接缝，应按规定检查焊接效果，合格后，对焊缝应及时做防腐处理。

● 对电磁屏蔽体有关的各种管道、电缆等，应按有关规定进行保护处理。

4）机房电磁屏蔽工程的测试

● 机房屏蔽壳体与原建筑的地面、墙体、楼板的绝缘性能测试应符合要求机房屏蔽效能的测试。

● 电磁屏蔽效能的测试应按设计要求确定。测试的方法应按《高效能屏蔽室屏蔽效能测试方法》执行。

3.4　网络安全应急响应制度建设

3.4.1　《中华人民共和国突发事件应对法》

《中华人民共和国突发事件应对法》自 2007 年 11 月 1 日起施行，是一部规范突发事件的预防准备、监测与预警、应急处理与求援、事后恢复与重建等应对活动的重要法律，对于预防和减少突发事件的发生，控制、减轻和消除突发事件引起的严重社会危害，保护人民生命财产安全，维护国家安全、公共安全、环境安全、社会安全和社会秩序具有重要意义。

《中华人民共和国突发事件应对法》的基本内容如下。

1. 什么叫突发事件

突发事件是指突然发生，造成或者可能造成严重社会危害，需要采取应急处置措施予以应对的自然灾害、事故灾害、公共卫生事件和社会安全事件。突发事件的内涵主要有以下 4 方面：①突发事件具有明显的公共性或社会性；②突发事件具有突发性和紧迫性；③突发事件具有危害性和破坏性；④突发事件必须借助公权力的介入和动用社会人力、物力才能解决。

2. 突发事件的分类和分级

1）分类

按照突发事件的性质、过程和机理的不同，将突发事件分为 4 类，即自然灾害、事故灾害、公共卫生和社会安全。

自然灾害：主要包括水旱灾害、气象灾害、地震灾害、地质灾害、海洋灾害、生物灾害和森林草原火灾等。

事故灾害：主要包括工矿商贸等企业的种类安全事故、运输事故、公共设施和设备事故、环境污染和生态破坏事件等。

公共卫生事件：主要包括传染病疫情、群体性不明原因疾病、食品安全和职业危害、动物疫情，以及其他严重影响公众健康和生命安全的事件。

社会安全事件：主要包括严重危害社会治安秩序的突发事件。

2）分级

突发事件按照社会危害程度、影响范围、性质、可控性、行业特点等因素，将自然灾害、事件灾害、公共卫生事件分为特别重大、重大、较大和一般四级，分别用红色、橙色、黄色和蓝色表示。

3. 突发事件的预防和应急准备

1）突发事件应急预案

突发事件在时间上是突然发生的，为了在关键时刻最大限度地减少损失，必须反应迅速、协调一致，及时有效地采取应对措施。为此，必须在平时制定完备的预案，而预案是为了完成某项工作任务所做的全面的、具体的实施方案。

2）应急管理

应急管理是指对已经发生的突发事件，政府根据事先制定的应急预案，采取应急行动，控制或者消除正在发生的危机事件，减轻危机带来的损失，保护人民群众生命和财产安全。

3）突发事件应急培训和演练

主要是培训应急管理所需的知识和技能，其目的一是提高各级领导的应急指挥决策能力，这是科学应对突发事件的关键；二是增强政府及其部门领导干部应急管理意识，提高统筹常态管理与应急管理、指挥处置应对突发公共事件的水平。

4）突发事件应急保障

突发事件应急保障主要是经费保障、物资保障和信息保障。

4. 突发事件的监测和预警

1）突发事件的监测

监测是预警和应对的基础，为了有效地应对突发事件，必须及时掌握有关信息，对可能发生的自然灾害、事故灾害、公共卫生事件的各种现象进行监测。

2）突发事件的预警

所谓突发事件预警，是指在已经发现可能引发突发事件的某些征兆，但突发事件仍未发生前采取的措施。建立健全预警制度的目的在于及时向公众发布突发事件即将发生的信息，使公众为应对突发事件做好准备。

5. 突发事件的应急与求援

突发事件发生后，针对其性质、特点和危害程度，立即组织有关部门，调动应急救援队伍和社会力量，依照相关规定采取应急处置措施。

3.4.2 《中华人民共和国网络安全法》

现实社会中，出现重大突发事件时，为确保应急处置、维护国家和公众安全，有关部门往往会采取交通管制等措施。网络空间也不例外。《中华人民共和国网络安全法》中，对建立网络安全监测预警与应急处置制度专门列出一章作出规定，明确了发生网络安全事件时，有关部门需要采取的措施。特别规定：因维护国家安全和社会公共秩序，处置重大突发社会安全事件的需要，经国务院决定或者批准，可以在特定区域对网络通信采取限制等临时措施。

2017 年 6 月 1 日实施的《中华人民共和国网络安全法》中，网络安全事件出现 15 次，主要围绕网络安全事件的技术措施，网络安全事件应急预案，网络安全事件的应对和协同配合，网络安全事件发生的可能性、影响范围和危害程度的分析，网络安全事件的调查和评估，网络安全事件的监督管理和整改，网络安全事件的应急处置，网络安全事件分级，网络安全事件的违法处置给出。具体描述如下：

①采取监测、记录网络运行状态、网络安全事件的技术措施，并按照规定留存相关的网络日志不少于六个月。

②网络运营者应当制定网络安全事件应急预案，并定期进行演练。

③定期组织关键信息基础设施的运营者进行网络安全应急演练，提高应对网络安全事件的水平和协同配合能力。

④组织有关部门、机构和专业人员，对网络安全风险信息进行分析评估，预测事件发生的可能性、影响范围和危害程度。

⑤发生网络安全事件，应当立即启动网络安全事件应急预案，对网络安全事件进行调查和评估。

⑥省级以上人民政府有关部门在履行网络安全监督管理职责中，发现网络存在较大安全风险或者发生安全事件的，可以按照规定的权限和程序对该网络的运营者的法定代表人或者主要负责人进行约谈。

⑦因网络安全事件，发生突发事件或者生产安全事故的，应当依照《中华人民共和国突发事件应对法》《中华人民共和国安全生产法》等有关法律、行政法规的规定处置。

⑧因维护国家安全和社会公共秩序，处置重大突发社会安全事件的需要，经国务院决定或者批准，可以在特定区域对网络通信采取限制等临时措施。

⑨对网络安全事件的应急处置与网络功能的恢复等，提供技术支持和协助。

⑩网络安全事件应急预案应当按照事件发生后的危害程度、影响范围等因素对网络安全事件进行分级，并规定相应的应急处置措施。

3.4.3　网络安全事件应急处置预案

任何一个应急预案都必须首先做好响应前的准备工作，没有充分的准备，应急工作则无从谈起。

应急预案的基本流程如图 3-5 所示，主要由以下几个阶段组成。

（1）准备阶段。

（2）监测及事件分析阶段。

（3）事件处理阶段。

（4）结束响应阶段。

（5）总结及预警阶段。

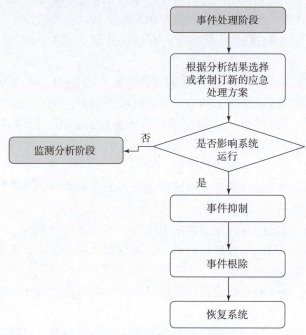

图 3-5　应急预案的基本流程

1. 准备阶段

包括了人员、组织的准备以及技术的准备。技术准备主要是建立监控管理的技术体系和平台（包括各类 SIEM、全流量、态势感知、HIDS、EDR 等设备），为事件发生后的技术分析、及时通告和响应等提供条件和保障。同时，尽可能地在事前做好相应的安全防范工作，准备好进行应急处理的技术和工具等内容。

2. 监测及事件分析阶段

监测人员通过手动监测方式以及在准备阶段建设好的安全运行管理中心的监测方式，监测是否有异常现象的发生；当发生异常情况时，根据异常的性质与影响，决定是否向相关人员进行报告。上报方式除了通常的电话外，还可以利用安全运行管理中心平台中的告警机制，根据告警级别的不同，通过工单、邮件、短信的方式上报和通知到相关人员。

上报到应急响应管理小组后，对异常情况进行分析，判断事件类型，识别攻击的性质以及攻击强度，同时，根据事件影响决定是否报告网络与信息安全领导小组；在必要的时候，向公安机关报案，以获得帮助。

3. 事件处理阶段

根据事件的不同，采取不同的处理方案，启用相应的专题应急预案，对于常见的、主要的事件类型，需制定"×××安全事件专题应急处理预案"。

该阶段中的技术处理主要为抑制事件的影响，并进行根除。

4. 结束响应阶段

网络与信息安全工作小组根据之前判断的攻击信息，采取必要的技术手段控制攻击行为、恢复系统服务并对攻击的来源进行追踪；必要时向公安机关通报相关信息，对攻击者进行溯源分析。

5. 总结汇报阶段

当攻击事件结束后，系统恢复正常，由网络与信息安全管理小组对整个事件进行总结分析，向网络与信息安全领导小组进行汇报；网络与信息安全领导小组组织相关人员就本次事件总结经验教训，同时从中总结预警方案和内容，一方面，进一步改进和完善应急响应体系；另一方面，在安全运行管理平台上适时发布总结后的预警信息，从而逐渐完善信息安全的整体安全保障能力。

第4章

网络设备安全技术

4.1　防火墙技术

4.1.1　防火墙概述

1. 防火墙的基本概念

防火墙的英文名称为 Firewall，该词是早期建筑领域的专用术语，原指建筑物间的一堵隔离墙，用途是在建筑物失火时阻止火势的蔓延。在现代计算机网络中，防火墙则是指一种协助确保信息安全的设施，其会依照特定的规则，允许或禁止传输的数据通过。防火墙通常位于一个可信任的内部网络与一个不可信任的外界网络之间，用于保护内部网络免受非法用户的入侵。防火墙技术是网络之间安全的核心技术，是网络解决隔离与连通矛盾的一种较好的解决方案。它在网络环境下构筑内部网和外部网之间的保护层，并通过网络路由和信息过滤实现网络的安全。防火墙的逻辑部署如图 4-1 所示。

防火墙可以由计算机系统构成，也可以由路由器构成，所用的软件按照网络安全的级别和应用系统的安全要求，解决网间的某些服务与信息流的隔离和连通问题。它既可以是软件，也可以是硬件，或者两者的结合，提供过滤、监视、检查和控制流动信息的合法性。

防火墙可以在内部网和公共互联网间建立，也可以在要害部门、敏感部门与公共网间建立，还可以在各个子网间建立，其关键区别在于隔离与连通的程度。但必须注意，当分离型

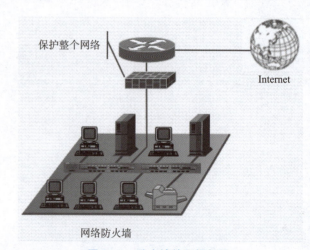

图 4-1　防火墙的逻辑部署

子网过多并采用不同防火墙技术时，所构成的网络系统很可能使原有网络互连的完整性受到损害。因此，隔离与连通是防火墙要解决的矛盾，突破与反突破的斗争会长期持续，在这种突破与修复中，防火墙技术得以不断发展，逐步完善。因此，防火墙的设计要求具有判断、折中能力，并接受某些风险。

2. 防火墙的功能

防火墙最基本的功能就是在计算机网络中控制不同信任程度区域间传送的数据流。例如互联网是不可信任的区域，而内部网络是高度信任的区域。具体包括以下四个方面。

（1）防火墙是网络安全的屏障。

一个防火墙（作为阻塞点、控制点）能极大地提高一个内部网络的安全性，并通过过滤不安全的服务而降低风险。由于只有经过精心选择的应用协议才能通过防火墙，所以网络环境变得更安全。如防火墙可以禁止诸如众所周知的不安全的 NFS 协议进出受保护网络，这样外部的攻击者就不可能利用这些脆弱的协议来攻击内部网络。防火墙同时可以保护网络免受基于路由的攻击，如 IP 选项中的源路由攻击和 ICMP 重定向中的重定向路径。防火墙应该可以拒绝所有以上类型攻击的报文并通知防火墙管理员。

（2）防火墙可以强化网络安全策略。

通过以防火墙为中心的安全方案配置，能将所有安全软件（如口令、加密、身份认证、审计等）配置在防火墙上。与将网络安全问题分散到各个主机上相比，防火墙的集中安全管理更经济。例如，在网络访问时，一次一密口令系统和其他的身份认证系统完全可以不必分散在各个主机上，而集中在防火墙一身上。

（3）对网络存取和访问进行监控审计。

如果所有的访问都经过防火墙，那么，防火墙就能记录下这些访问并作出日志记录，同时，也能提供网络使用情况的统计数据。当发生可疑动作时，防火墙能进行适当的报警，并提供网络是否受到监测和攻击的详细信息。另外，收集一个网络的使用和误用情况也是非常重要的。这样可以清楚防火墙是否能够抵挡攻击者的探测和攻击，并且清楚防火墙的控制是否充足。而网络使用统计对网络需求分析和威胁分析等而言也是非常重要的。

（4）防止内部信息的外泄。

通过利用防火墙对内部网络的划分，可实现内部网重点网段的隔离，从而限制了局部重点或敏感网络安全问题对全局网络造成的影响。再者，隐私是内部网络非常关心的问题，一个内部网络中不引人注意的细节可能包含了有关安全的线索而引起外部攻击者的兴趣，甚至因此而暴露了内部网络的某些安全漏洞。使用防火墙就可以隐蔽那些透漏内部细节的服务，如 Finger、DNS 等服务。Finger 显示了主机的所有用户的注册名、真名、最后登录时间和使用的 Shell 类型等。但是 Finger 显示的信息非常容易被攻击者所获悉。攻击者可以知道一个系统使用的频繁程度，这个系统是否有用户正在连线上网，这个系统是否在被攻击时引起注意等。防火墙可以同样阻塞有关内部网络中的 DNS 信息，这样一台主机的域名和 IP 地址就不会被外界所了解。

除了上述安全作用，防火墙还支持具有 Internet 服务特性的企业内部网络技术体系 VPN。通过 VPN，将企事业单位在地域上分布在世界各地的 LAN 或专用子网有机地连成一个整体，不仅省去了专用通信线路，而且为信息共享提供了技术保障。

3. 防火墙的局限性

虽然防火墙在网络安全部署中起到非常重要的作用，但它并不是万能的。下面总结了它的 10 个方面的缺陷。

（1）防火墙不能防范不经过防火墙的攻击。没有经过防火墙的数据，防火墙无法检查。

（2）防火墙不能解决来自内部网络的攻击和安全问题。防火墙可以设计为既防外也防内，谁都不可信，但绝大多数单位因为不方便而不要求防火墙防内。

（3）防火墙不能防止策略配置不当或错误配置引起的安全威胁。防火墙是一个被动的安全策略执行设备，就像门卫一样，要根据政策规定来执行安全，而不能自作主张。

（4）防火墙不能防止可接触的人为或自然的破坏。防火墙是一个安全设备，但防火墙本身必须存在于一个安全的地方。

（5）防火墙不能防止利用标准网络协议中的缺陷进行的攻击。一旦防火墙准许某些标准网络协议，则其不能防止利用该协议中的缺陷进行的攻击。

（6）防火墙不能防止利用服务器系统漏洞所进行的攻击。黑客通过防火墙准许的访问端口对该服务器的漏洞进行攻击时，防火墙不能防止。

（7）防火墙不能防止受病毒感染的文件的传输。防火墙本身并不具备查杀病毒的功能，即使集成了第三方的防病毒软件，也没有一种软件可以查杀所有的病毒。

（8）防火墙不能防止数据驱动式的攻击。当有些表面看来无害的数据邮寄或复制到内部网的主机上并被执行时，可能会发生数据驱动式的攻击。

（9）防火墙不能防止内部的泄密行为。如果防火墙内部的合法用户主动泄密，防火墙是无能为力的。

（10）防火墙不能防止本身的安全漏洞的威胁。防火墙虽然能保护别人，有时却无法保护自己，目前还没有厂商绝对保证防火墙不会存在安全漏洞。因此，对防火墙也必须提供某种安全保护。

4.1.2　防火墙技术概述

4.1.2.1　包过滤技术

包过滤技术是防火墙最基本的实现技术，具有包过滤技术的装置用来控制内、外网络数据的流入和流出，包过滤技术的数据包大部分是基于 TCP/IP 协议平台的，对数据流的每个包进行检查，根据数据报的源地址、目的地址、TCP 和 IP 的端口号，以及 TCP 的其他状态来确定是否允许数据包通过。包过滤技术及其工作原理如图 4-2 和图 4-3 所示。

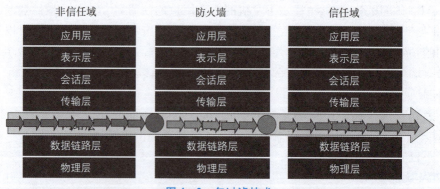

图 4-2　包过滤技术

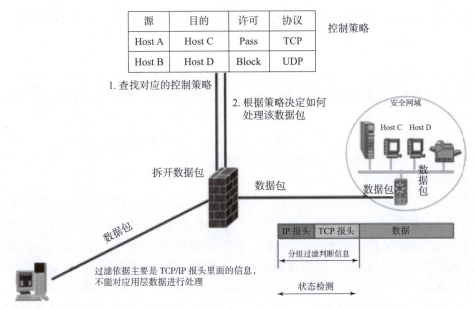

源	目的	许可	协议
Host A	Host C	Pass	TCP
Host B	Host D	Block	UDP

图 4-3 包过滤技术工作原理

包过滤技术的基础是 ACL (Access List Control, 访问控制列表), 其作用是定义报文匹配规则。ACL 可以限制网络流量, 提高网络性能。在实施 ACL 的过程中, 应遵循两个基本原则: 最小特权原则, 即只给受控对象完成任务所必需的最小的权限; 最靠近受控对象原则, 即所有的网络层访问权限控制。

有些类型的攻击很难用基本包头信息加以鉴别, 因为这些独立于服务。一些路由器可以用来防止这类攻击, 但过滤规则需要增加一些信息, 而这些信息只有通过以下方式才能获悉: 研究路由器选择表、检查特定的 IP 选项、校验特殊的片段偏移等。这类攻击有以下几种。

(1) 源 IP 地址欺骗攻击。入侵者从伪装成源自一台内部主机的一个外部地点传送一些信息包, 这些信息包似乎像包含了一个内部系统的源 IP 地址。如果这些信息包到达路由器的外部接口, 则舍弃每个含有这个源 IP 地址的信息包, 就可以挫败这种源欺骗攻击。

(2) 源路由攻击。源站指定了一个信息包穿越 Internet 时应采取的路径, 这类攻击企图绕过安全措施, 并使信息包沿一条意外 (疏漏) 的路径到达目的地。可以通过舍弃所有包含这类源路由选项的信息包方式, 来挫败这类攻击。

(3) 残片攻击。入侵者利用 IP 残片特性生成一个极小的片断并将 TCP 报头信息分解成一个分离的信息包片断。舍弃所有协议类型为 TCP、IP 片断偏移值等于 1 的信息包, 即可挫败残片的攻击。

从以上可看出, 定义一个完善的安全过滤规则是非常重要的。包过滤规则的匹配方式是顺序匹配, 因此, 在设置规则时, 需要注意以下几点。

(1) 最常用的规则放在前面, 这样可以提高效率。

(2) 按从最特殊的规则到最一般的规则的顺序创建。当规则冲突时, 一般规则不会妨碍特殊规则。

(3) 规则库通常有一条默认规则, 当前面所有的规则都不匹配时, 执行默认规则。默认规则可以是允许, 也可以是禁止。从安全角度看来, 默认规则为禁止更合适。

(4) 对于 TCP 数据包, 大多数分组过滤设备都使用一个总体性的策略来允许已建立的连接通过设备。如果 TCP 包的 SYN 位被清空，则表示这是一个已建立连接的数据包。

4.1.2.2 应用网关技术

应用网关（Application Gateway）技术又被称为代理技术。它的逻辑位置在 OSI 七层协议的应用层上，所以主要采用协议代理服务（Proxy Services）。应用代理防火墙比包过滤防火墙提供更高层次的安全性，但这是以丧失对应用程序的透明性为代价的。

代理服务器可以解决诸如 IP 地址耗尽、网络资源争用和网络安全等问题。下面从代理服务器的功能和代理服务器的原理两个方面介绍代理技术。

1. 代理服务器的功能

代理服务器处在客户机和服务器之间，对于远程服务器而言，代理服务器是客户机，它向服务器提出各种服务申请；对于客户机而言，代理服务器则是服务器，它接受客户机提出的申请并提供相应的服务。也就是说，客户机访问因特网时所发出的请求不再直接发送到远程服务器，而是被送到了代理服务器上，代理服务器再向远程的服务器提出相应的申请，接收远程服务器提供的数据并保存在自己的硬盘上，然后用这些数据对客户机提供相应的服务。

代理服务器可以保护局域网的安全，起到防火墙的作用：对于使用代理服务器的局域网来说，在外部看来，只有代理服务器是可见的，其他局域网的用户对外是不可见的，代理服务器为局域网的安全起到了屏障的作用。另外，通过代理服务器，用户可以设置 IP 地址过滤，限制内部网对外部的访问权限。同样，代理服务器也可以用来限制封锁 IP 地址，禁止用户对某些网页的访问。

使用代理服务器时，所有用户对外只占用一个 IP，所以不必租用过多的 IP 地址，降低了网络的维护成本。

2. 代理服务器的原理

代理服务器一般构建在内部网络和 Internet 之间，负责转发内网计算机对 Internet 的访问，并对转发请求进行控制和登记。其作为连接 Intranet（局域网）与 Internet（广域网）的桥梁，在实际应用中有着重要的作用。利用代理，除了可实现最基本的连接功能外，还可以实现安全保护、缓存数据、内容过滤和访问控制等功能。图 4-4 所示是 Web 代理的原理图。

多台客户机通过内网与 Web 代理服务器连接，Web 代理服务器除了与内网连接外，还有一个网络接口与外网连接。Web 代理平时维护着一个很大的缓存

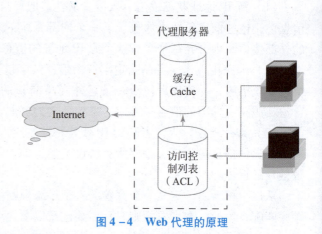

图 4-4 Web 代理的原理

存 Cache，当某一台客户机访问外网的某台 Web 服务器时，发过去的 HTTP 请求进行分析，如果发现数据在缓存中已经存在，则直接把这些数据发送给客户机。代理服务器的工作机制很像我们生活中常常提及的代理商，假设你自己的机器为 A 机，你想获得的数据由服务器 B 提供，代理服务器为 C，那么具体的连接过程是这样的：首先，A 机需要 B 机的数据，A 机直接与 C 机建立连接，C 机接收到 A 机的数据请求后，与 B 机建立连接，下载 A 机所请求

的 B 机上的数据到本地，再将此数据发送至 A 机，完成代理任务。

当然，如果 Web 代理在缓存中找不到所请求的数据，则会转发这个 HTTP 请求到客户机要访问的 Web 服务器。Web 服务器响应后，把数据发给了 Web 代理，Web 代理再把这个数据转交给客户机，同时把这些数据存储在缓存中。客户要求的数据存于代理服务器的硬盘中，因此下次这个客户或其他客户再要求相同目的站点的数据时，就会直接从代理服务器的硬盘中读取，代理服务器起到了缓存的作用。当热门站点有很多客户访问时，代理服务器的优势更为明显。

代理服务器是接收和解释客户端连接并发起到服务器的新连接的网络节点，这意味着代理服务器必须满足以下条件：

第一，能够接收和解释客户端的请求；

第二，能够创建到服务器的新连接；

第三，能够接收服务器发来的响应；

第四，能够发出或解释服务器的响应并将该响应传回给客户端。

因此，要实现代理服务器，必须同时实现服务器和客户端两端的功能。

4.1.2.3　状态检测技术

状态检测技术是防火墙近几年才应用的新技术。传统的包过滤防火墙只是通过检测 IP 包头的相关信息来决定数据流是通过还是拒绝，而状态检测技术采用的是一种基于连接的状态检测机制，将属于同一连接的所有包作为一个整体的数据流看待，构成连接状态表，通过规则表与状态表的共同配合，对表中的各个连接状态因素加以识别。这里动态连接状态表中的记录可以是以前的通信信息，也可以是其他相关应用程序的信息，因此，与传统包过滤防火墙的静态过滤规则表相比，它具有更好的灵活性和安全性。

状态检测包过滤和应用代理这两种技术目前仍然是防火墙市场中普遍采用的主流技术，但两种技术正在形成一种融合的趋势，演变的结果也许会导致一种新的结构名称的出现。状态检查技术原理如图 4-5 所示。

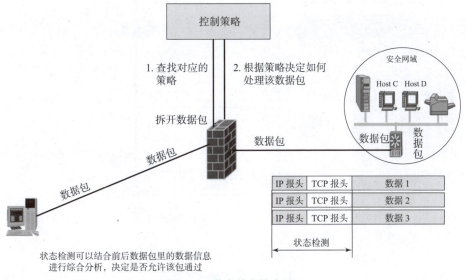

图 4-5　状态检查技术原理

使用状态检测防火墙的运行方式是：当一个数据包到达状态检测防火墙时，首先通过查看一个动态建立的连接状态表来判断数据包是否属于一个已建立的连接。这个连接状态表包括源地址、目的地址、源端口号、目的端口号等及对该数据连接采取的策略（丢弃、拒绝或是转发）。连接状态表中记录了所有已建立连接的数据包信息。

如果数据包与连接状态表匹配，属于一个已建立的连接，则根据连接状态表的策略对数据包实施丢弃、拒绝或是转发。

如果数据包不属于一个已建立的连接，数据包与连接状态表不匹配，那么防火墙检查数据包是否与它所配置的规则集匹配。大多数状态检测防火墙的规则仍然与普通的包过滤相似。也有的状态检测防火墙对应用层的信息进行检查。例如可以通过检查内网发往外网的 FTP 数据包中是否有 put 命令来阻断内网用户向外网的服务器上传数据。与此同时，状态检测防火墙将建立起连接状态表，记录该连接的地址信息以及对此连接数据包的策略。

比起分组过滤技术，状态检测技术的安全性更高。连接状态表的使用大大降低了把数据包伪装成一个正在使用的连接的一部分的可能。

4.1.2.4　网络地址转换（NAT）技术

1. NAT 的定义

NAT（Network Address Translation，网络地址转换）是一个 IETF 标准，允许一个机构以一个地址出现在 Internet 上。NAT 将每个局域网节点的地址转换成一个 IP 地址，反之亦然。它也可以应用到防火墙技术里，把个别 IP 地址隐藏起来不被外界发现，使外界无法直接访问内部网络设备，同时，它还帮助网络可以超越地址的限制，合理地安排网络中的公有 Internet 地址和私有 IP 地址的使用。NAT 地址转换如图 4-6 所示。

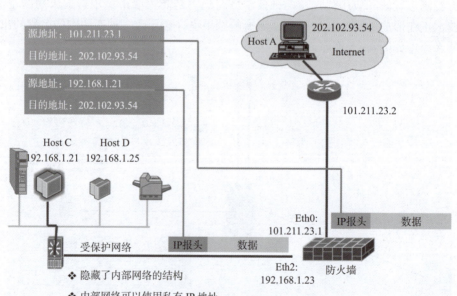

图 4-6　NAT 地址转换

2. NAT 技术的基本原理和类型

1）NAT 技术的基本原理

NAT 技术能帮助解决令人头痛的 IP 地址紧缺的问题，而且能使内外网络隔离，提供一定的网络安全保障。它解决问题的办法是：在内部网络中使用内部地址，通过 NAT 把内部地址翻译成合法的 IP 地址在 Internet 上使用，其具体的做法是把 IP 包内的地址域用合法的 IP 地址来替换。NAT 功能通常被集成到路由器、防火墙、ISDN 路由器或者单独的 NAT 设备中。NAT 设备维护一个状态表，用来把非法的 IP 地址映射到合法的 IP 地址上去。每个包在 NAT 设备中都被翻译成正确的 IP 地址，发往下一级，这意味着给处理器带来了一定的负担。但对于一般的网络来说，这种负担是微不足道的。

2）NAT 技术的类型

NAT 有三种类型：静态 NAT（Static NAT）、动态地址 NAT（Pooled NAT）、网络地址端口转换 NAPT（Port – Level NAT）。其中，静态 NAT 设置起来最为简单，且实现最容易，内部网络中的每个主机都被永久映射成外部网络中的某个合法的地址。而动态地址 NAT 则是在外部网络中定义了一系列的合法地址，采用动态分配的方法映射到内部网络。NAPT 则是把内部地址映射到外部网络的一个 IP 地址的不同端口上。根据不同的需要，三种 NAT 方案各有利弊。

动态地址 NAT 只是转换 IP 地址，它为每一个内部的 IP 地址分配一个临时的外部 IP 地址，主要应用于拨号，对于频繁的远程连接也可以采用动态 NAT。当远程用户连接上之后，动态地址 NAT 就会分配给他一个 IP 地址，用户断开时，这个 IP 地址就会被释放而留待以后使用。

网络地址端口转换（Network Address Port Translation，NAPT）是人们比较熟悉的一种转换方式。NAPT 普遍应用于接入设备中，它可以将中小型的网络隐藏在一个合法的 IP 地址后面。NAPT 与动态地址 NAT 不同，它将内部连接映射到外部网络一个单独的 IP 地址上，同时，在该地址上加上一个由 NAT 设备选定的 TCP 端口号。

在 Internet 中使用 NAPT 时，所有不同的 TCP 和 UDP 信息流看起来好像来源于同一个 IP 地址。这个优点在小型办公室内非常实用，通过从 ISP 处申请的一个 IP 地址将多个连接通过 NAPT 接入 Internet。实际上，许多 SOHO 远程访问设备支持基于 PPP 的动态 IP 地址，这样，ISP 甚至不需要支持 NAPT，就可以做到多个内部 IP 地址共用一个外部 IP 地址上的 Internet，虽然这样会导致信道的一定拥塞，但考虑到节省的 ISP 上网费用和易管理的特点，用 NAPT 还是很值得的。

3. NAT 的优点和缺点

NAT 的优点：

（1）宽带共享：通过一个公网地址可以让许多机器连上网络，解决了 IP 地址不够用的情况。

（2）安全防护：通过 NAT 技术转换后，实际机器隐藏自己的真实 IP，仅通过端口来区别是内网中的哪个机器，保证了自身安全。

NAT 的缺点：

在一个具有 NAT 功能的路由器下的主机并没有建立真正的端对端连接，并且不能参与一些因特网协议。一些需要初始化从外部网络建立的 TCP 连接，以及使用无状态协议（比如 UDP）的服务将被中断。除非 NAT 路由器做一些具体的努力，否则，送来的数据包将不能到达正确的目的地址（一些协议有时可以在应用层网关的辅助下，在参与 NAT 的主机之间容纳一个 NAT 的实例，比如 FTP）。NAT 也会使安全协议变得复杂。

NAT 的局限性：

（1）NAT 违反了 IP 地址结构模型的设计原则。IP 地址结构模型的基础是每个 IP 地址均标识了一个网络的连接。Internet 的软件设计就是建立在这个前提之上的，而 NAT 使很多主机可能在使用相同的地址，如 10.0.0.1。

（2）NAT 使 IP 协议从面向无连接变成面向连接。NAT 必须维护专用 IP 地址与公用 IP 地址以及端口号的映射关系。在 TCP/IP 协议体系中，如果一个路由器出现故障，不会影响到 TCP 协议的执行。因为只要几秒收不到应答，发送进程就会进入超时重传处理。而当存在 NAT 时，最初设计的 TCP/IP 协议过程将发生变化，Internet 可能变得非常脆弱。

（3）NAT 违反了基本的网络分层结构模型的设计原则。因为在传统的网络分层结构模型中，第 N 层是不能修改第 N+1 层的报头内容的。NAT 破坏了这种各层独立的原则。

（4）有些应用是将 IP 地址插入正文的内容中，例如标准的 FTP 协议与 IP Phone 协议 H.323。如果 NAT 与这一类协议一起工作，那么 NAT 协议一定要做适当的修正。同时，网络的传输层也可能使用 TCP 与 UDP 协议之外的其他协议，那么 NAT 协议必须知道并且做相应的修改。由于 NAT 的存在，使 P2P 应用实现出现困难，因为 P2P 的文件共享与语音共享都是建立在 IP 协议的基础上的。

（5）NAT 同时存在对高层协议和安全性的影响问题。RFC 对 NAT 存在的问题进行了讨论。NAT 的反对者认为这种临时性的缓解 IP 地址短缺的方案推迟了 IPv6 迁移的进程，而并没有解决深层次的问题，他们认为是不可取的。

4.1.3　防火墙的体系结构

4.1.3.1　包过滤型防火墙

包过滤型防火墙也称为包（分组）过滤型路由器，是最基本、最简单的一种防火墙，位于内部网络与外部网络之间。内部网络的所有出入都必须通过包过滤型路由器，包过滤型路由器审查每个数据包，根据过滤规则决定允许或拒绝数据包。

包过滤型防火墙可以在一般的路由器上实现，也可以在基于主机的路由器上实现，其配置如图 4-7 所示。除具有路由器功能外，再装上分组过滤软件，利用分组过滤规则完成基本的防火墙功能。

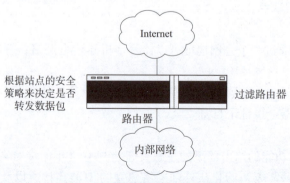

图 4-7　包过滤型防火墙的配置

包过滤型路由器的优点：

（1）一个过滤路由器能协助保护整个网络。绝大多数 Internet 防火墙系统只用一个包过滤路由器。

（2）过滤路由器速度快、效率高。执行包过滤所用的时间很少或几乎不需要什么时间，由于过滤路由器只检查报头相应的字段，一般不查看数据报的内容，而且某些核心部分是由专用硬件实现的，如果通信负载适中且定义的过滤很少，则对路由器性能没有多大影响。

（3）包过滤路由器对终端用户和应用程序是透明的。当数据包过滤路由器决定让数据包通过时，它与普通路由器没什么区别，甚至用户没有认识到它的存在，因此不需要专门的用户培训或在每主机上设置特别的软件。

包过滤型路由器的缺点：

（1）定义包过滤器可能是一项复杂的工作。因为网管员需要详细地了解 Internet 各种服务、包头格式和他们希望在各个域查找的特定的值。如果必须支持复杂的过滤要求，则过滤规则集可能会变得很长、很复杂，并且没有什么工具可以用来验证过滤规则的正确性。

（2）路由器信息包的吞吐量随过滤器数量的增加而减少。路由器被优化用来从每个包中提取目的 IP 地址、查找一个相对简单的路由表，而后将信息包顺向运行到适当转发接口。如果过滤可执行，路由器还必须对每个包执行所有过滤规则。这可能消耗 CPU 的资源，并影响一个完全饱和的系统性能。

（3）不能彻底防止地址欺骗。大多数包过滤路由器都是基于源 IP 地址、目的 IP 地址而进行过滤的，而 IP 地址的伪造是很容易、很普遍的。

（4）一些应用协议不适用于数据包过滤。即使是完美的数据包过滤，也会发现一些协议不是很适用于经由数据包过滤安全保护，如 RPC、X - Window 和 FTP。而且服务代理和 HTTP 的链接大大削弱了基于源地址和源端口的过滤功能。

（5）正常的数据包过滤路由器无法执行某些安全策略。例如，数据包说它们来自什么主机，而不是什么用户，因此，不能强行限制特殊的用户。同样地，数据包说它到什么端口，而不是到什么应用程序，当通过端口号对高级协议强行限制时，不希望在端口上有除指定协议之外的协议，而不怀好意的知情者能够很容易地破坏这种控制。

（6）一些包过滤路由器不提供任何日志能力，直到闯入发生后，危险的封包才可能检测出来。它可以阻止非法用户进入内部网络，但也不会告诉我们究竟都有谁来过，或者谁从内部进入了外部网络。

4.1.3.2　双宿主主机防火墙

这种防火墙系统由一种特殊的主机来实现，这台主机拥有两个不同的网络接口，一端接外部网络，另一端接需要保护的内部网络，并运行代理服务器软件，故被称为双宿主主机防火墙，如图 4-8 所示。它不使用包过滤规则，而是在外部网络和被保护的内部网络之间设置一个网关，隔断 IP 层之间的直接传输。两个网络中的主机不能直接通信，两个网络之间的通信通过应用层数据共享或应用层代理服务来实现。

图 4 – 8　双宿主主机防火墙

1. 双宿主主机防火墙的优点

双宿主主机防火墙将受保护网络与外界完全隔离，由于域名系统 DNS 的信息不会通过受保护系统传到外界，所以站点系统的名字和 IP 地址对 Internet 是隐蔽的。

由于双宿主主机防火墙本身是一台主机，因此可以使其具有多种功能。另外，代理服务器提供日志记录，有助于发现入侵记录。

2. 双宿主主机防火墙的缺点

代理服务器必须为每种应用专门设计，所有的服务依赖网关提供，在某些要求灵活的场合不太适用。

如果防火墙只采用双宿主主机的一个部件，一旦该部件出现问题，将使网络安全受到危害。如果重新安装操作系统而忘记关掉路由器，将失去安全性。

4.1.3.3　屏蔽主机防火墙

屏蔽主机防火墙由一台包过滤型路由器和一台堡垒主机组成，如图 4 – 9 所示。在这种结构下，堡垒主机配置在内部网络上，包过滤型路由器则放置在内部网络和外部网络之间。外部网络的主机只能访问该堡垒主机，而不能直接访问内部网络的其他主机。内部网络在向外通信时，必须先到堡垒主机，由该堡垒主机决定是否允许访问外部网络。这样堡垒主机成为内部网络与外部网络通信的唯一通道。

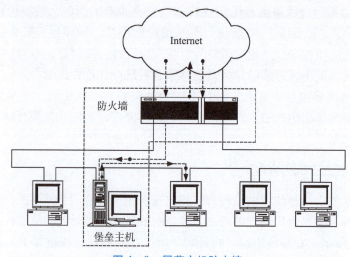

图 4 – 9　屏蔽主机防火墙

在内部网络和外部网络之间建立了两道安全屏障，既实现了网络层安全，又实现了应用层安全。来自 Internet 的所有通信都直接到包过滤型路由器，它根据所设置的规则过滤这些通信。在多数情况下，与应用网关之外的机器通信都将被拒绝。网关的代理服务器软件用自己的规则，将被允许的通信传送到受保护的网络上。在这种情况下，应用网关只有一块网络接口卡，因此它不是双宿主网关。

1. 屏蔽主机网关防火墙的优点

屏蔽主机网关比双宿主网关更灵活。屏蔽主机网关可以设置成使包过滤型路由器将某些通信直接传到 Internet 的站点，而不是传到应用网关。

屏蔽主机网关中的包过滤型路由器的规则比单独的包过滤型路由器防火墙要简单，这是因为多数的通信将直接到应用网关。

主机屏蔽网关具有双重保护、安全性更高的特点。

2. 屏蔽主机网关防火墙的缺点

屏蔽主机网关要求对两个部件认真配置，以便能协同工作。系统的灵活性可能会因为走捷径而破坏安全。

即使包过滤型路由器的规则较简单，配置防火墙的工作也会很复杂。一旦堡垒主机被攻破，内部网络将完全暴露。

4.1.3.4　屏蔽子网防火墙

屏蔽子网防火墙是在屏蔽主机网关防火墙的配置上加上另一个包过滤型路由器，如图 4-10 所示。堡垒主机位于两个包过滤型路由器之间，是整个防御体系的核心，可被认为是应用层网关，可以运行各种代理服务程序，对于出站服务，不一定要求所有的服务都经过堡垒主机代理，但对于入站服务，应要求所有服务都通过堡垒主机。

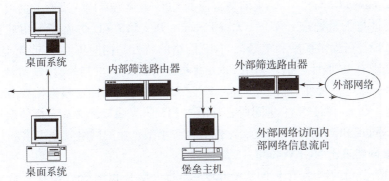

图 4-10　屏蔽子网防火墙（DMZ）

在屏蔽主机网关防火墙中，堡垒主机最易受到攻击，而且内部网络对堡垒主机是完全公开的，入侵者只要破坏了这一层的保护，那么入侵也就成功了。屏蔽子网防火墙就是在被屏蔽主机结构中再增加一台路由器的安全机制，这台路由器的意义就在于它能够在内部网络和外部网络之间构筑出一个安全子网，该子网又被称为非军事区（DMZ），从而使内部网络与外部网络之间有两层隔断。用子网来隔离堡垒主机与内部网络，就能减轻入侵者冲开堡垒主机后给内部网络带来的冲击力。

1. 屏蔽子网防火墙的优点

提供多层保护，一个入侵者必须通过两个包过滤型路由器和一个应用网关，是目前最为安全的防火墙系统，它可以对数据服务进行更为灵活的控制。

2. 屏蔽子网防火墙的缺点

屏蔽子网防火墙要求的设备和软件模块最多，整个系统的配置所需费用高且复杂，适合大、中型企业，以及对安全性要求高的单位。

4.1.4 防火墙的常见产品

1. NetScreen 108 防火墙

NetScreen 科技公司推出的 NetScreen 防火墙产品是一种新型的网络安全硬件产品。NetScreen 采用内置的 ASIC 技术，其安全设备具有低延时、高效率的 IPSec 加密和防火墙功能，可以无缝地部署到任何网络。设备安装和操控也非常容易，可以通过多种管理界面（包括内置的 WebUI 界面、命令行界面或 NetScreen 中央管理方案）进行管理。NetScreen 将所有功能集成于单一硬件产品中，它不仅易于安装和管理，而且能够提供更高的可靠性和安全性。由于 NetScreen 设备没有其他品牌产品对硬盘驱动器所存在的稳定性问题，所以它是对在线时间要求极高的用户的最佳方案。采用 NetScreen 设备，只需对防火墙、VPN 和流量管理功能进行配置和管理，不必配置另外的硬件和复杂性操作系统。这种做法缩短了安装和管理的时间，并在防范安全漏洞的工作上，省略设置的步骤。NetScreen-100 防火墙比较适合中型企业的网络安全需求。

2. Cisco Secure PIX 515-E 防火墙

Cisco Secure PIX 防火墙是 Cisco 防火墙家族中的专用防火墙措施。Cisco Secure PIX 515-E 防火墙系统通过端到端安全服务的有机组合，提供了很高的安全性，适合那些仅需要与自己企业网进行双向通信的远程站点，或由企业网在自己的企业防火墙上提供所有 Web 服务的情况。Cisco Secure PIX 515-E 防火墙与普通的 CPU 密集型专用代理服务器（对应用级的每个数据包都要进行大量处理）不同，Cisco Secure PIX 515-E 防火墙采用非 UNIX、安全、实时的内置系统，可提供扩展和重新配置 IP 网络的特性，同时不会引起 IP 地址短缺问题。NAT 既可利用现有 IP 地址，也可利用 Internet 指定号码机构（IANA）预留池（RFC. 1918）规定的地址来实现这一特性。Cisco Secure PIX 515-E 防火墙还可根据需要有选择性地允许地址进行转化。Cisco 保证 NAT 将同所有其他的 PIX 防火墙特性（如多媒体应用支持）共同工作。Cisco Secure PIX 515-E 防火墙比较适合中小型企业的网络安全需求。

3. 天融信网络卫士 NGFW4000-S 防火墙

北京天融信公司的网络卫士 NGFW4000-S 防火墙是我国第一套自主版权的防火墙系统，目前在我国电信、电子、教育、科研等单位广泛应用。它由防火墙和管理器组成。网络卫士 NGFW4000-S 防火墙是我国首创的核检测防火墙，更加安全、稳定。网络卫士 NGFW4000-S 防火墙系统集中了包过滤型路由器、应用代理、网络地址转换（NAT）、用户身份鉴别、虚拟专用网、Web 页面保护、用户权限控制、安全审计、攻击检测、流量控制与计费等功能，可以为不同类型的 Internet 接入网络提供全方位的网络安全服务。网络卫士防火墙系统是中国人自己设计的，因此管理界面完全是中文的，使管理工作更加方便。网络卫士 NGFW4000-S 防火墙的管理界面是所有防火墙中最直观的。网络卫士 NGFW4000-S 防火墙比较适合中型企业的网络安全需求。

4. 东软 NetEye 4032 防火墙

NetEye 4032 防火墙是 NetEye 4032 防火墙系列中的最新版本，该系统在性能、可靠性、管理性等方面有了大大提高。其基于状态包过滤的流过滤体系结构，保证从数据链路层到应用层的完全高性能过滤，可以进行应用级插件的及时升级、攻击方式的及时响应，实现动态的保障网络安全。NetEye 4032 防火墙对流过滤引擎进行了优化，进一步提高了性能和稳定性，同时丰富了应用级插件、安全防御插件，并且提升了开发相应插件的速度。网络安全本身是动态的，其变化非常迅速，每天都有可能有新的攻击方式产生。安全策略必须能够随着攻击方式的产生而进行动态的调整，这样才能够动态地保护网络的安全。基于状态包过滤的流过滤体系结构，具有动态保护网络安全的特性，使 NetEye 防火墙能够有效地抵御各种新的攻击，动态地保障网络安全。东软 NetEye 4032 防火墙比较适合中小型企业的网络安全需求。

4.2　入侵检测技术

4.2.1　入侵检测概述

入侵检测是监控计算机系统或网络中所发生的事件并分析这些事件，以查找可能的事故的过程，这些事故违反或者即将违反计算机安全策略、可接受使用策略或标准安全实践。入侵检测系统（Intrusion Detection System，IDS）是自动化入侵检测过程的软件和硬件的组合。

入侵检测系统的主要用途是识别可能的事故，然后向安全管理员报告事故，安全管理员将快速启动应急响应，以最小化事故的损害，也可以记录日志信息，供事故处理者使用。另外，可以监视文件传送并识别。入侵检测应用示意图如图 4-11 所示。

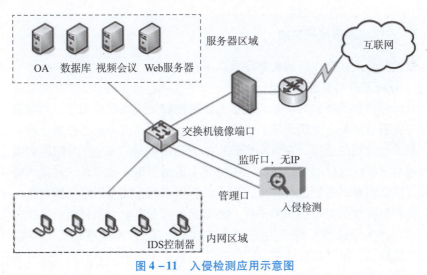

图 4-11　入侵检测应用示意图

4.2.2　入侵检测系统的技术实现

4.2.2.1　入侵检测系统的组成

入侵检测系统的组成如图 4-12 所示。

（1）事件发生器：入侵检测系统需要分析的数据统称为事件。可以是基于网络的入侵

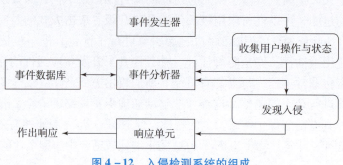

图 4－12　入侵检测系统的组成

检测系统中的数据，也可以是从系统日志或其他途径得到的信息。事件发生器的任务是从入侵检测系统之外的计算环境中收集事件，并将这些事件转换成 CIDF 的入侵检测对象（Generalized Intrusion Detection Objects，GIDO）格式传送给其他组件。

（2）事件分析器：事件分析器分析从其他组件收到的 GIDO，并将产生新的 GIDO 再传送给其他组件。

（3）事件数据库：用于存储 GIDO。

（4）响应单元：处理收到的 GIDO，并据此采取相应的措施。

四个组件只是逻辑实体，一个组件可能是某台计算机上的一个线程或进程，也可能是多个计算机上的多个进程，它们以统一 GIDO 格式进行数据交换。GIDO 是对事件进行编码的标准通用格式。GIDO 数据流可以是发生在系统中的审计事件，也可以是对审计事件的分析结果。

4.2.2.2　入侵检测系统的功能

一个入侵检测系统，至少应该能够完成以下功能。

1. 监控、分析用户和系统的活动

监控、分析用户和系统的活动是入侵检测系统能够完成入侵检测任务的前提条件。入侵检测系统通过获取进出某台主机的数据或整个网络的数据，或者通过查看主机日志等信息来实现对用户和系统活动的监控。获取网络数据的方法一般是"抓包"。即将数据流中的所有包都抓下来进行分析。这就对入侵检测系统的效率提出了更高的要求。如果入侵检测系统不能实时地截获数据包并对它们进行分析，那么就会出现漏包或网络阻塞的现象。如果是前一种情况，系统的漏报就会很多；如果是后一种情况，就会影响到入侵检测系统所在主机或网络的数据流速，使入侵检测系统成为整个系统的"瓶颈"，这显然是我们不愿意看到的结果。因此，入侵检测系统不仅要能控制、分析用户和系统的活动，还要使这些操作足够快。

2. 发现入侵企图或异常现象

发现入侵企图或异常现象是入侵检测系统的核心功能，主要包括两方面：一方面是入侵检测系统对进出网络或主机的数据流进行监控，看是否存在对系统的入侵行为；另一方面是评估系统关键资源和数据文件的完整性，看系统是否已经遭受了入侵。前者的作用是在入侵行为发生时及时发现，从而避免系统再次遭受攻击。对系统资源完整性的检查也有利于对攻击者进行追踪，以及对攻击行为进行取证。

对于网络数据流的监控，可以使用异常检测的方法，也可以使用误用检测的方法。目前

有很多新技术被提出来，但多数都还在理论研究阶段，现在的入侵检测产品使用的还主要是模式匹配技术。检测技术的好坏，直接关系到系统能否精确地检测出攻击。因此，对这方面的研究是 IDS 研究领域的主要工作。

3. 记录、报警和响应

入侵检测系统在检测到攻击后，应该采取相应的措施来阻止攻击或响应攻击。作为一种主动防御策略，它必然应该具备此功能。入侵检测系统首先应该记录攻击的基本情况，其次应该能够及时发出报警。合格的入侵检测系统，不仅应该能把相关数据记录在文件中或数据库中，还应该提供报表打印功能。必要时，系统还应该采取响应行为，如拒绝接收所有来自某台计算机的数据、追踪入侵行为等。实现与防火墙等安全部件的响应互动，也是入侵检测系统需要研究和完善的功能之一。

作为一个合格的入侵检测系统，除了具有以上基本功能外，还可以包括其他一些功能，如审计系统的配置和弱点、评估关键系统及数据文件的完整性等。另外，入侵检测系统应该为管理员和用户提供友好、易用的界面，方便管理员设置用户权限、管理数据库、手工设置和修改规则、处理报警、浏览和打印数据等。

4.2.2.3　入侵检测系统的工作原理

在安全体系中，IDS 是唯一通过数据和行为模式判断其是否有效的系统。防火墙就像一道门，它可以组织一类人群的进入，但无法阻止同一类人群中的破坏分子，也不能阻止内部的破坏分子；访问控制系统可以不让低级权限的人做越权工作，但无法保证高级权限的人做破坏工作，也无法保证低级权限的人通过非法行为获得高级权限。

如图 4-13 所示，入侵检测系统在网络连接过程中通过实时监测网络中的各种数据，并与自己的入侵规则库进行匹配判断，一旦发生入侵迹象，立即响应/报警，从而完成整个实时监测。入侵检测系统通过安全审计将历史事件一一记录下来，作为证据和为实施数据恢复做准备。图 4-14 所示为通用入侵监测系统模型（NIDS），主要由以下几个部分组成。

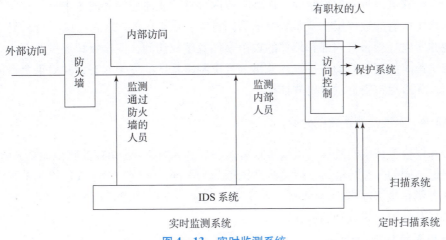

图 4-13　实时监测系统

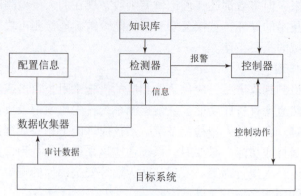

图 4 - 14　通用入侵监测系统模型（NIDS）

数据收集器：主要负责收集数据。

探测器：收集、捕获所有可能的与入侵行为有关的信息，包括网络数据包、系统或应用程序的日志和系统调用记录等。探测器将数据收集后，送到检测器进行处理。

检测器：负责分析和监测入侵行为，并发出警报信号。

知识库：提供必要的数据信息支持，如用户的历史活动档案、监测规则集等。

控制器：根据报警信号，人工或自动做出反应动作。

入侵检测的工作流程：

第一步：网络数据包的获取（混杂模式）；

第二步：网络数据包的解码（协议分析）；

第三步：网络数据包的检查（特征即规则匹配/误用检测）；

第四步：网络数据包的统计（异常检测）；

第五步：网络数据包的审查（事件生成）；

第六步：网络数据包的处理（报警和响应）。

这六个步骤可以将入侵检测的工作概括成两部分：实时监控和安全审计。实时监控实时地监视网络中所有的数据报文及系统中的访问行为，识别已知的攻击行为，分析异常访问行为，发现并实时处理来自内部和外部的攻击事件及越权访问；安全审计通过对 IDS 系统记录的违反安全策略的用户活动进行统计分析，得出网络系统的安全状态，并对重要事件进行记录和还原，为事后追查提供必要的证据。

4.2.2.4　入侵检测系统的分类

随着入侵检测技术的发展，出现了很多入侵检测系统，不同的入侵检测系统具有不同的特征。根据不同的分类标准，入侵检测系统可分为不同的类别。对于入侵检测系统，要考虑的因素（分类依据）主要有信息源、入侵事件生成、事件处理、检测方法等。下面就不同的分类依据及分类结果分别加以介绍。

1. 按体系结构进行分类

按照体系结构，IDS 可分为集中式和分布式两种。

1）集中式 IDS

引擎和控制中心在一个系统，不能远距离操作，只能在现场进行操作。优点是结构简单，不会因为通信而影响网络带宽和泄密。

2）分布式 IDS

引擎和控制中心在两个系统中，通过网络通信，可以远距离查看和操作。目前大多数 IDS 系统都是分布式的，优点为不是必须在现场操作，可以用一个控制中心管理多个引擎；可以统一进行策略编辑和下发，可以统一查看和集中分析上报的事件，可以通过分开时间显示和查看的功能来提高处理速度等。

2. 按检测原理进行分类

传统的观点是根据入侵行为的属性分为异常和误用两种，然后分别对其建立异常监测模型和误用检测模型。异常入侵检测是指能够根据异常行为和使用计算机资源情况检测出入侵的方法。它试图用定量的方式描述可以接受的行为特征，以区分非正常的、潜在的入侵行为。Anderson 做了通过识别"异常"行为来检测入侵的早期工作。他提出了一个威胁模型，将威胁分为外部闯入、内部渗透和不当行为。外部闯入是指用户虽然授权，但对授权数据和资源的使用不合法或滥用授权。误用入侵检测是指利用已知系统和应用软件的弱点攻击模式来检测入侵方法。异常入侵检测是检测出与正常行为相违背的行为。综上所述，可根据系统所采用的检测模型，将入侵检测分为两类：误用检测和异常检测。

1）误用检测（Misuse Detection）

误用检测是运用已知攻击方法，根据已定义好的入侵模式，通过判断这些入侵模式是否出现来检测。因为很大一部分的入侵是利用了系统的脆弱性，通过分析入侵过程的特征、条件、排列及事件间关系，能具体描述入侵行为的迹象。因为它匹配的是入侵行为特征，所以又存在以下几个特点：

- 如果入侵特征与正常的用户行为匹配，则系统会发生误报；
- 如果没有特征能与某种新的攻击行为匹配，则系统会发生漏报；
- 攻击特征的细微变化，会使误用检测无能为力。

误用检测模型误报率低，漏报率高。对于已知的攻击，它可以详细、准确地报告出攻击类型，但是对于位置攻击却效果有限，而且特征库还必须不断更新。误用检测模型如图 4 - 15 所示。

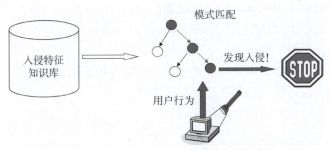

图 4 - 15　误用检测模型

2）异常检测（Anomaly Detection）

异常检测是首先总结正常操作应该具有的特征，在得出正常操作的模型之后，对后续的操作进行监视，一旦发现偏离正常统计学意义上的操作模式，即进行报警。因为它的特征库匹配的是正常操作行为，所以又存在以下几个特点：

- 异常检测系统的效率取决于用户轮廓的完备性和监控的频率；

- 因为不需要对每种入侵行为进行定义，因此能有效检测未知的入侵；

- 系统能针对用户行为的改变进行自我调整和优化，但随着检测模型的逐步精确，异常检测会消耗更多的系统资源。

异常检测模型漏报率低，误报率高。因为不需要对每种入侵行为进行定义，所以能有效检测未知的入侵。除了最常用的误用检测和异常检测技术外，IDS 还有一些辅助检测技术。比如，会话状态分析检测技术、智能协议分析检测技术等。

3. 按所能监控的事件以及部署方法进行分类

基于所能监控的事件以及部署方法，IDS 技术分为以下几种主要类别：

（1）网络 IDS：它监控特定网段或设备上的网络流量，分析网络和应用协议活动，以识别可以的活动，它可以识别不同类型的感兴趣的事件。它通常部署于边界和网络之间，例如靠近边界防火墙或路由器、虚拟专用网（VPN）服务器、远程接入服务器和无线网络。

（2）无线 IDS：它监控无线网络流量并分析无线网络协议，以识别包括协议本身的可疑活动，它不能识别无线网络流量所传输的更高层协议（TCP、UDP）或应用中的可疑活动。它通常部署于组织机构无线网络的范围中，以监视组织机构的无线网络，但它也可以部署在非授权无线网络可能出现的地方。

（3）主机 IDS：它监控单机以及发生于此主机上的特征，以识别可疑的活动。主机 IDS 所监控的特征类型包括网络流量、系统日志、运行进程、应用活动、文件上传和修改以及系统与应用配置修改。主机 IDS 通常部署在一些关键主机上，例如，公众可访问服务器和包含敏感信息的服务器。

4.2.3　入侵检测的局限性与发展方向

4.2.3.1　入侵检测系统的局限性

入侵检测系统只能对主机或网络行为进行安全审计，在应用入侵检测系统的时候，应注意以下几个问题：

（1）需要大量的资源来配置、操作、管理；

（2）分布式的感应器会产生大量的信息；

（3）告警信息的汇聚加剧；

（4）在特定情况下，许多告警可能无法与入侵行为相关联；

（5）需要大量的人力接入，尤其是在响应方面；

（6）感应器与控制台通信的安全性问题。

4.2.3.2　入侵检测系统的发展方向

1. 与防火墙联动

IDS 与防火墙的联动系统示意图如图 4 - 16 所示。

入侵检测系统（IDS）是一种主动的网络安全防护措施，它从系统内部和各种网络资源中主动采集信息，从中分析可能的网络入侵或攻击。入侵检测系统在发现入侵后，会及时做出一些相对简单的响应，包括记录事件和报警等。显然，这些入侵检测系统自动进行的操作

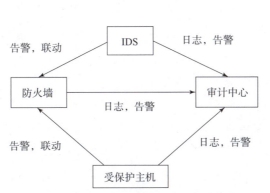

图 4 – 16 IDS 与防火墙联动系统示意图

对于网络安全来说远远不够。因此，入侵检测系统需要与防火墙进行协作，请求防火墙及时切断相关的网络连接。

防火墙是访问控制设备，安置在不同安全领域的接口处，其主要目的是根据网络的安全策略，控制经过的网络流量，而这种控制通常基于 IP 地址、端口、协议类型或应用代理。包过滤、网络地址转换、应用代理和日志审计是防火墙的基本功能。目前，防火墙已经成为企业网络安全的第一道屏障，保护企业网络免遭外部不信任网络的侵害。

IDS 则不同于防火墙，它不是网络控制设备，不对通信流量做任何限制。它采用的是一种动态的安全防护技术，通过监视网络资源（网络数据包、系统日志、文件和用户活动的状态行为），主动寻找分析入侵行为的迹象，一旦发现入侵，立即进行日志、告警和安全控制操作等，从而给网络系统提供对外部攻击、内部攻击和误操作的安全保护。

可以看到，防火墙不识别网络流量，只要是经过合法通道的网络攻击，防火墙无能为力。例如很多来自 ActiveX 和 JavaApplet 的恶意代码，通过合法的 Web 访问渠道，对系统形成威胁。虽然现在的开发商对防火墙进行了许多功能扩展，有些还具备了初步的入侵检测功能，但防火墙作为网关，极易成为网络的"瓶颈"，并不宜做太多的扩展。同样，IDS 也有自己的弱点。其自身极易遭受拒绝服务的攻击，其包捕捉引擎在突发的、海量的流量前能够迅速失效，而且还有一些攻击绕过它的检测。同时，IDS 对攻击的抵抗控制力也很弱，对攻击源一般只做两种处理：一种是发送 RST 包复位连接，另一种是发送回应包"HOST UNREACHABLE"欺骗攻击源。这两种方式都不可避免地增加了网络的流量，甚至拥塞网络。

综上所述，防火墙和 IDS 的功能特点及局限性决定了它们彼此非常需要对方，并且不可能相互取代，原因在于防火墙侧重于控制，IDS 侧重于主动发现入侵的信号，而且它们本身所具有的强大功效仍没有充分发挥。例如，IDS 检测到一种攻击行为，如不能及时有效地阻断或者过滤，这种攻击行为仍将对网络应用造成损害；没有 IDS，一些攻击会利用防火墙合法的通道进入网络。因此，防火墙和 IDS 之间十分适合建立紧密的联动关系，以将两者的能力充分发挥出来，相互弥补不足，相互提供保护。从信息安全整体防御的角度出发，这种联动是十分必要的，极大地提高了网络安全体系的防护能力。

2. IPS（入侵防御系统）

前面介绍的 IDS 只能旁路到网络中，可以记录攻击行为，但是无法有效地阻断攻击IDS，只能被动地检测网络遭到何种攻击，它的阻断攻击能力很有限，因此出现了 IPS。

1）IPS 定义

IPS 是一种基于应用层、主动防御的产品，它以在线方式部署于网络关键路径，通过对数据报文的深度检测，实时发现威胁并主动进行处理。目前已成为应用层安全防护的主流设备。IPS 在网络中的部署如图 4 - 17 所示。

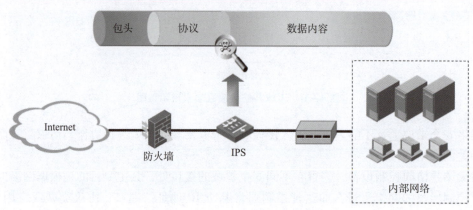

图 4 - 17 IPS 在网络中的部署

2）IPS 的基本原理

IPS 的基本原理就是对数据流重组后，进行协议识别分析和特征模式匹配，将符合特定条件的数据进行限流、整形，或进行阻断、重定向或隔离，从而对正常流量进行转发。IPS的基本原理如图 4 - 18 所示。

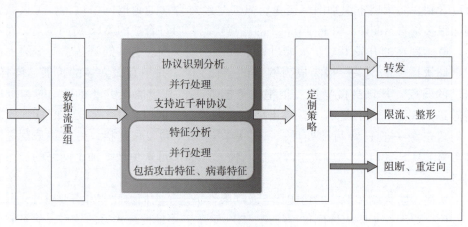

图 4 - 18 IPS 的基本原理

➢ 数据流重组

IPS 具有把数据流重组到连接会话中的能力，这个过程至关重要，因为这样 IPS 就可以把分散在不同报文中的表达这个会话的目的或行为的片段连接起来，在这个基础上，才能更有效地进行协议分析和特征/模式匹配。

➢ 协议分析

相当数量的协议在个别字段输入错误时，会造成处理错误，形成入侵攻击条件。协议分析最初的目的是对应用程序的正确性进行验证，以防止通过修改协议的字段而对网络构成威胁。

现在的协议分析，已不仅仅是检查协议正确性。它一方面可以作为应用控制，如限速、阻断等行为的依据；另一方面也可以通过解码对部分协议承载的内容进行分析，进而进行特征匹配。

➤ 特征/模式匹配

特征/模式匹配是检测攻击最常用的方法之一。IPS 通常将其捕获的数据包与预定义的攻击特征或模式进行匹配。

用来匹配的特征通常包括以下几大类：漏洞攻击、蠕虫/病毒、后门、木马、探测/扫描、恶意代码、间谍软件等。前面所描述的缓冲区溢出、SQL 注入、跨脚本等漏洞均包含在漏洞攻击中，在该环节匹配相应特征进行识别，再送主动处理环节做相应处理。

➤ 特征/模式更新

由于新的漏洞、攻击工具、攻击方式不断出现，作为主动入侵防御的系统，还具备特征/模式的更新机制，以保证对新出现的入侵做出匹配和响应。

➤ 主动处理

主动处理是 IPS 与 IDS 的最大区别之一，IPS 根据协议分析和特征匹配的结果进行处理，通常 IPS 设备均提供推荐处理方式，同时也支持用户针对不同特征指定处理方式。

3）IPS 的功能

➤ 针对漏洞的主动防御
➤ 针对攻击的主动防御
➤ 基于应用的带宽管理
➤ 报警及报表

4.2.4　入侵检测的常见产品

目前流行的 IDS 产品主要有 Cisco 公司 NetRanger，ISS 公司的 RealSesure，Axent 的 ITA、ESM，以及 NAI 的 CyberCop 等。

NetRanger 是一种企业级的实时 NIDS，可检测、报告和阻断网络中的未授权活动。NetRanger 可以在 Internet 网络环境和内部网络环境中进行工作，以提供对网络的整体保护。NetRanger 由两个部件构成：NetRanger Sensor 和 NetRanger Director。NetRanger Sensor 通过旁路的方式获取网络流量，因此不会对网络的传输性能造成影响，其通过分析数据包的内容和上下文（Context），判断流量是否未经授权。一旦检测到未经授权的网络行为，如 ping 攻击或敏感的关键字，NetRanger 可以向 NetRanger Director 控制台发出告警信息，并截断入侵行为的网络连接。

NetRanger 的显著特点是检测性能高且易于裁剪。NetRanger Director 可以监视网络的全局信息，并发现潜在的攻击行为。

NetRanger 是 ISS 公司研发的 HNIDS，包括基于主机的 System Agent 以及基于网络的 Network Engine 两个套件。Network Engine 负责监测网络数据包并生成告警，System Agent 接受警报并作为配置和生成数据库报告的中心点。这两部分均可以在 Linux、Windows NT、SunOS、Solaris 等操作系统上运行，且支持在混合的操作系统环境中使用。RealSesure 的最显著的优势在于应用的简洁和较低的价格，使用普通的商用计算机就可以运行 RealSesure。RealSesure 还支持与 CheckPoint 防火墙的交互式控制，支持由 Cisco 等主流交换机组成的交换环境监听，可以在需要时自动切断入侵连接。

ITA（IntruderAlert）是标准的 NIDS，全部支持分布式的监视和集中管理模式。在结构上，ITA 包含三个组成部分：管理器、控制台和代理。其支持的平台非常广泛，包括在 Windows NT、Windows 95、Windows 3.1 和 Netware 3.x、Netware 4.x，以及大多数的 UNIX 操作系统下都能运行。ITA 最大的特点是可以根据解决方案来灵活地裁剪，并根据操作系统、防火墙厂商、Web 服务器厂商、数据库及路由器厂商来定制解决方案。

Network Associates 公司是 1977 年由以做 Sniffer 类探测器闻名的 Network General 公司与专业生产反病毒产品的 McAfee Associates 公司合并而成的。Network Associates 从 Cisco 那里取得授权，将 NetRanger 的引擎和攻击模式数据库用在 CyberCop 中。

CyberCop 基本上可以认为是 NetRanger 的局域网管理员版。NAI 的 CyberCop 则可以同时在基于主机和基于网络两种模式下工作。这些局域网管理员正是 Network Associates 的主要客户群。

另外，CyberCop 被设计成一个网络应用程序，一般在 20 分钟内就可以安装完毕。它预设了 6 种通常的配置模式：WindowsNT 和 UNIX 的混合子网、UNIX 子网、NT 子网、远程访问、前沿网（如 Internet 的接入系统）和骨干网。它没有 Netware 的配置。

前端设计成浏览器方式主要是考虑易于使用，发挥 Network General 在提取包数据方面的经验，用户使用时也易于查看和理解。像在 Sniffer 中一样，它在帮助文档里结合了专家知识。CyberCop 还能生成可以被 Sniffer 识别的踪迹文件。与 NetRanger 相比，CyberCop 缺乏一些企业应用的特征，如路径备份功能等。

4.3　虚拟专用网技术

4.3.1　虚拟专用网概述

在现代社会，Internet 已经成为人类通信的重要方式，从根本上改变了人们的交往方式。与传统的通信方式一样，网络通信也有保密性要求。Internet 是开放的网络，通信系统易遭受攻击，如窃听、消息篡改、冒充、抵赖等，存在各种安全问题。军队、金融、交通等部门不得不使用专用网络来实现安全、保密的通信。一些企业随着自身的发展壮大，在不同的地方不断设立分公司，它们也需要构建专用网络来实现企业内部的安全通信。但使用专用网络的主要缺点是网络运营成本高，在这种情况下，虚拟专用网络技术应运而生。

4.3.1.1　VPN 的定义

VPN（Virtual Private Network）即虚拟专用网，被定义为通过一个公用网络（通常是因特网）建立一个临时的、安全的连接，是一条穿过非安全网络的安全、稳定的隧道。"虚拟"的意思是没有固定的物理连接，网络只有在需要时才建立；"专用"是指它利用公共网络设施构成的专用网，如图 4-19 的虚拟专用网所示。

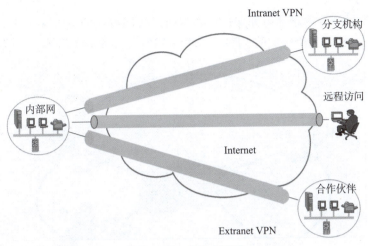

图 4 – 19　虚拟专用网

4.3.1.2　分类

VPN 的分类方式比较混乱。不同的生产厂家在销售它们的 VPN 产品时使用了不同的分类方式，主要从产品的角度来划分。不同的 ISP 在开展 VPN 业务时，也推出了不同的分类方式，主要从业务开展的角度来划分。而用户往往也有自己的划分方法，主要根据自己的需求来划分。

根据 VPN 的服务类型，VPN 业务大致分为三类：接入 VPN（Access VPN）、内联网 VPN（Intranet VPN）和外联网 VPN（Extranet VPN）。通常情况下，内联网 VPN 是专线 VPN。

1. 接入 VPN

该方式下，远端用户不再如传统的远程网络访问那样，通过长途电话拨号到公司远程接入端口，而是拨号接入用户本地的 ISP，利用 VPN 系统在公网上建立一个从客户端到网关的安全传输通道。这种方式适用于公司内部经常有流动人员远程办公的情况。如出差员工或在家办公、异地办公的人员拨号到本地的 ISP，就可以和公司的 VPN 网关建立私有的隧道连接。服务器可对员工进行验证和授权，保证连接的安全，同时负担的整体接入成本大大降低。Access VPN 如图 4 – 20 所示。

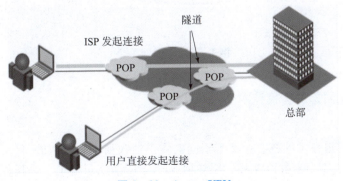

图 4 – 20　Access VPN

2. 内联网 VPN

内联网 VPN 是企业的总部与分支机构之间通过公网构筑的虚拟网，这是一种网络到网络以对等的方式连接起来所组成的 VPN。内联网 VPN 如图 4 – 21 所示。

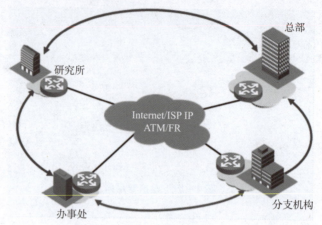

图 4 – 21　内联网 VPN

3. 外联网 VPN

外联网 VPN 是企业在发生收购、兼并或企业间建立战略联盟后，使不同企业间通过公网来构筑的虚拟网。这是一种网络到网络以不对等的方式连接起来所组成的 VPN（主要在安全策略上有所不同）。外联网 VPN 如图 4 – 22 所示。

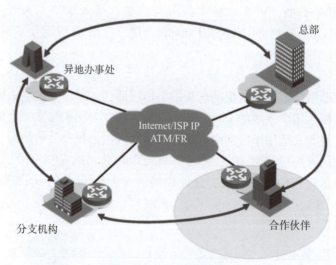

图 4 – 22　外联网 VPN

4.3.2　虚拟专用网的关键技术

1. 隧道技术

隧道协议是隧道技术的核心，基于不同的隧道协议所实现的 VPN 是不同的。VPN 按实现的层次可以分为二层隧道 VPN 和三层隧道 VPN。所谓二层隧道，是指先把各种网络层协议（如 IP、IPX 和 AppleTalk 等）封装到数据链路层的点到点协议（PPP）帧里，再把整个

PPP 帧装入隧道协议里，如 L2TP、PPTP 协议。三层隧道是指把各种网络层协议数据包直接装入隧道协议中，这种隧道封装的是网络层数据包，如 GRE、IPSec 协议。此外，还有直接将应用层数据包进行封装的隧道协议，如 SSL 协议。

2. 加密技术

数据加密的基本思想是通过变换信息的表示形式来伪装需要保护的敏感信息，使非授权者不能了解被保护的信息的内容。加密算法有 RC4、DES、三重 DES、AES、IDEA 等。

加密可以在协议栈的任意层进行；可以对数据或报文头进行加密。在网络层中的加密标准是 IPSec；在链路层中，目前还没有统一的加密标准，因此所有的链路层加密方案基本上都是生产厂家自己设计的，需要特别的加密硬件。

3. 密钥管理技术

密钥管理是数据加密技术中的重要一环，是整个加密系统中最薄弱的环节，密钥的泄露将直接导致明文内容的泄露。从密钥管理的途径窃取机密比用破译的方法花费的代价要小得多，所以对密钥的管理和保护格外重要。

密钥管理是处理密钥自产生到最终销毁的整个过程中的所有问题，包括系统的初始化，密钥的产生、存储、备份/装入、分配、保护、更新、控制丢失、吊销和销毁等。其中，分配和存储是最大的难题。密钥管理不仅影响系统的安全性，而且涉及系统的可靠性、有效性和经济性。当然，密钥管理也涉及物理、人事、规程和制度上的一些问题。

具体的密钥管理包括：

（1）产生与所要求安全级别相称的合适密钥。

（2）根据访问控制的要求，对每个密钥决定哪个实体应该接受密钥的复制。

（3）用可靠的办法使这些密钥对开发系统中的实体是可用的，即安全地将这些密钥分配给用户。

（4）某些密钥管理功能在网络应用实现环境之外执行，包括用可靠手段对密钥进行物理分配。

也就是说，密钥管理的目的是维持系统中各实体之间的密钥关系，以抗击各种可能的威胁，这些威胁主要有密钥的泄露、私钥的身份真实性丧失、未授权使用等。需要强调的是，密钥管理是对密钥的整个生成期的管理。整个管理过程是一个不可断裂的链条，在整个密钥生成期中，任何管理环节的失误都会危及密码系统的安全。

VPN 中的密钥分发与管理非常重要。密钥分发有两种方法：一种是通过手工配置；另一种是采用密钥交换协议动态分发。手工配置的方法由于密钥更新困难，只适用于简单网络的情况；密钥交换协议采用软件方式动态生成密钥，适用于复杂网络的情况且密钥可快速更新，可以显著提高 VPN 的安全性。目前常见的密钥管理协议包括互联网简单密钥交换协议（Simple Key Exchange Internet Protocol，SKEIP）与互联网密钥交换（Internet Key Exchange，IKE）。

SKEIP 协议由 SUN 公司提出，用于解决网络密钥交换问题，主要是利用 diffekellman 密钥交换算法通过网络进行密钥协商；IKE 属于一种混合型协议，由互联网安全关联和密钥管理协议（Internet Security Association and Key Management Protocol，ISAKMP）及 OAKLEY 与 SKEME 两种密钥交换协议组成。IKE 创建在由 ISAKMP 定义的框架上，沿用了 OAKLEY 的密钥交换模式以及 SKEME 的共享和密钥更新技术。

上述两种协议都要求一个既存的、完全可操作的公钥基础设施。SKIP 要求 Diffe – Hellman 证书，ISAKMP/OAKLEY 则要求 RSA 证书。

4. 用户认证技术

在正式的隧道连接开始之前，需要确认用户身份，以便系统进一步实施资源访问控制或用户授权。VPN 中常见的身份认证方式主要有安全口令和认证协议方式。

使用安全口令是最简单的一种认证方式。目前，计算机及网络系统中常用的身份认证方式主要有以下几种：

1）用户名/密码方式

用户名/密码是最简单也是最常用的身份认证方法，是基于 "what you know" 的验证手段。每个用户的密码都是由用户自己设定的，只有用户自己才知道。只要能够正确输入密码，计算机就认为操作者是合法用户。实际上，由于许多用户为了防止忘记密码，经常采用诸如生日、电话号码等容易被猜测的字符串作为密码，或者把密码抄在纸上放在一个自认为安全的地方，这样很容易造成密码泄露。即使能保证用户密码不被泄露，由于密码是静态的数据，在验证过程中需要在计算机内存中和网络中传输，而每次验证使用的验证信息都是相同的，很容易被驻留在计算机内存中的木马程序或网络中的监听设备截获。因此，从安全性上讲，用户名/密码方式是一种极不安全的身份认证方式。

2）智能卡认证

智能卡是一种内置集成电路的芯片，芯片中存有与用户身份相关的数据，智能卡由专门的厂商通过专门的设备生产，是不可复制的硬件。智能卡由合法用户随身携带，登录时必须将智能卡插入专用的读卡器读取其中的信息，以验证用户的身份。智能卡认证是基于 "what you have" 的手段，通过智能卡硬件不可复制性来保证用户身份不会被仿冒。然而由于每次从智能卡中读取的数据是静态的，通过内存扫描或网络监听等技术还是很容易截取到用户的身份验证信息，因此还是存在安全隐患。

3）动态口令

动态口令技术是一种让用户密码按照时间或使用次数不断变化、每个密码只能使用一次的技术。它采用一种叫作动态令牌的专用硬件，内置电源、密码生成芯片和显示屏。密码生成芯片运行专门的密码算法，根据当前时间或使用次数生成当前密码并显示在显示屏上。认证服务器采用相同的算法计算当前的有效密码。用户使用时，只需要将动态令牌上显示的当前密码输入客户端计算机，即可实现身份认证。由于每次使用的密码必须由动态令牌来产生，只有合法用户才持有该硬件，所以只要通过密码验证，就可以认为该用户的身份是可靠的。而用户每次使用的密码都不相同，即使黑客截获了一次密码，也无法利用这个密码来仿冒合法用户的身份。

动态口令技术采用一次一密的方法，有效保证了用户身份的安全性。但是如果客户端与服务器端的时间或次数不能保持良好的同步，就可能发生合法用户无法登录的问题。并且用户每次登录时，都需要通过键盘输入一长串无规律的密码，一旦输错，就要重新操作，使用起来非常不方便。

4）USB Key 认证

基于 USB Key 的身份认证方式是近几年发展起来的一种方便、安全的身份认证技术。它采用软硬件相结合、一次一密的强双因子认证模式，很好地解决了安全性与易用性之间的矛盾。USB Key 是一种 USB 接口的硬件设备，它内置单片机或智能卡芯片，可以存储用户的密钥或数字证书，利用 USB Key 内置的密码算法实现对用户身份的认证。基于 USB Key 的身份认证系统主要有两种应用模式：一种是基于冲击/响应的认证模式，另一种是基于 PKI 体系的认证模式。

以上几种认证方式的比较见表 4-1。

表 4-1　几种认证方式的比较

认证方式	特点	应用	主要产品
静态口令	简单易行	保护非关键性的系统，不能保护敏感信息	嵌入在各种应用软件中
动态口令	一次一密，较高安全性	使用烦琐，有可能造成新的安全漏洞	动态令牌等
USB Key 认证	安全可靠，成本低廉	依赖硬件的安全性	USB 接口的设备
生物特征认证	安全性最高	技术不成熟，准确性和稳定性有待提高	指纹认证系统等

使用认证协议有两种基本模式：有第三方参与的仲裁模式和没有第三方参与的基于共享密钥的认证模式。

1）仲裁认证模式

在仲裁认证模式下，通信双方的身份认证需要一个可信的第三方进行仲裁。这种方式灵活性高，易于扩充，即系统一旦建立，系统用户的数目的增加不会导致系统维护工作量的增加或显著增加。通过第三方机构之间建立信任关系，可以实现不同系统间的互操作，具有开放特性。仲裁认证模式的缺点是建立安全的认证系统很困难，而且作为系统核心的仲裁服务器，会成为对手攻击的主要目标。

2）共享认证模式

共享认证模式不需要第三方仲裁，进行认证时，在网上交换的信息量少，系统易于实现。但此方式灵活性差，不易于扩充，系统维护的工作量正比于系统中用户的总数，共享密钥必须定期或不定期地进行手工更新，而且单个用户密钥数据库的更新必然导致整个系统中所有用户密钥数据库的更新，在手工更新方式下，这意味着整个系统的维护工作是极其繁重的。另外，共享认证模式很难支持不同安全系统之间的互操作性，只能用于封闭的用户群环境。

远程用户拨号认证系统（Remote Authentication Dial In User Service，RADIUS）和质询握手协议（Challenge Handshake Authentiaction Protocol，CHAP）等都是 VPN 中常见的认证协议。

4.3.3　虚拟专用网常用隧道协议

常规的直接拨号连接与虚拟专网连接的不同点在于，在前一种情形中，PPP（点对点协议）数据流是通过专用线路传输的。在 VPN 中，PPP 数据包流由一个 LAN 上的路由器发出，通过共享 IP 网络上的隧道进行传输，再到达另一个 LAN 上的路由器。隧道代替了实实在在的专用线路。

VPN 具体实现是采用隧道技术，将企业网的数据封装在隧道中进行传输。隧道协议可分为第二层隧道协议 PPTP、L2F、L2TP 和第三层隧道协议 GRE、IPSec。它们的本质区别在于用户的数据包是被封装在哪种数据包中在隧道中传输的。

4.3.3.1 建立隧道的主要方式

建立隧道主要有两种方式：客户启动和客户透明。

1. 客户启动（Client – Initiated）

客户启动方式要求客户和隧道服务器（或网关）都安装隧道软件。

2. 客户透明（Client – Transparent）

客户透明方式通常都安装在公司中心站上。通过客户软件初始化隧道，隧道服务器中止隧道，ISP 可以不必支持隧道。客户和隧道服务器只需建立隧道，并使用用户 ID 和口令活用数字许可证鉴权。一旦隧道建立，就可以进行通信了，如同 ISP 没有参与连接一样。

另外，如果希望隧道对客户透明，ISP 的 POP 就必须具有允许使用隧道的接入服务器及可能需要的路由器。客户首先拨号进入服务器，服务器必须能识别这一连接，要与某一特定的远程点建立隧道，然后服务器与隧道服务器建立隧道，通常使用用户 ID 和口令进行鉴权。这样客户端就通过隧道与隧道服务器建立了直接对话。尽管这一方针不要求客户有专门的软件，但客户只能拨号进入正确配置的访问服务器。

4.3.3.2 几种主流 VPN 协议

下面就现在项目应用中的几种主流 VPN 协议进行阐述。

1. 点到点隧道协议（PPTP）

由微软、Ascend、3COM 等公司支持的 PPTP（Point to Point Tunneling Protocol，点对点隧道协议），在 Windows NT 4.0 以上版本中即有支持。

PPTP 提供 PPTP 客户机和 PPTP 服务器之间的加密通信。PPTP 客户机是指运行了该协议的 PC 机，如启动该协议的 Windows 95/98；PPTP 服务器是指运行该协议的服务器，如启动该协议的 Windows NT 服务器。PPTP 可看作 PPP 协议的一种扩展。它提供了一种在 Internet 上建立多协议的安全虚拟专用网（VPN）的通信方式。远端用户能够通过任何支持 PPTP 的 ISP 访问公司的专用网络。

通过 PPTP，客户可采用拨号方式接入公共 IP 网络 Internet。拨号客户首先按常规方式拨号到 ISP 的接入服务器（NAS），建立 PPP 连接；在此基础上，客户进行二次拨号建立到 PPTP 服务器的连接，该连接称为 PPTP 隧道，实质上是基于 IP 协议的另一个 PPP 连接，其中的 IP 包可以封装多种协议数据，包括 TCP/IP、IPX 和 NetBEUI。PPTP 采用了基于 RSA 公司 RC4 的数据加密方法，保证虚拟连接通道的安全性。对于直接连到 Internet 上的客户，则不需要第一重 PPP 的拨号连接，可以直接与 PPTP 服务器建立虚拟通道。PPTP 把建立隧道的主动权交给了用户，但用户需要在其 PC 机上配置 PPTP，这样做既增加了用户的工作量，又会造成网络安全隐患。另外，PPTP 只支持 IP 作为传输协议。

PPTP 本身并不提供数据安全功能，而是依靠 PPP 的身份认证和加密服务提供数据的安全性，例如，可以采用基于 RSA 公司的 RC4 等数据加密方法，保证虚拟连接通道的安全性。

2. 第二层转发协议（L2F）

L2F 是由 Cisco 公司提出的，可以在多种介质如 ATM、帧中继、IP 网络建立多协议的安全虚拟专用网（VPN）的通信方式。远端用户能够通过任何拨号方式接入公共 IP 网络，首先按常规方式拨号到 ISP 的接入服务器（NAS），建立 PPP 连接；NAS 根据用户名等信息发起第二重连接，通向 HGW 服务器。在这种情况下，隧道的配置和建立对用户是完全透明的。

3. 第二层隧道协议（L2TP）

L2TP 结合了 L2F 和 PPTP 的优点，可以让用户从客户端或访问服务器端发起 VPN 连接。L2TP 是把链路层 PPP 帧封装在公共网络设施如 IP、ATM、帧中继中进行隧道传输的封装协议。

Cisco、Ascend、Microsoft 和 RedBack 公司的专家们在修改了十几个版本后，终于在 1999 年 8 月公布了 L2TP 的标准 RFC2661。

目前用户拨号访问 Internet 时，必须使用 IP 协议，并且其动态得到的 IP 地址也是合法的。L2TP 的好处就在于支持多种协议，用户可以保留原有的 IPX、Appletalk 等协议或公司原有的 IP 地址。L2TP 还解决了多个 PPP 链路的捆绑问题，PPP 链路捆绑要求其成员均指向同一个 NAS。L2TP 可以使物理上连接到不同 NAS 的 PPP 链路，在逻辑上的终结点为同一个物理设备。L2TP 扩展了 PPP 连接，在传统方式中，用户通过模拟电话线或 ISDN/ADSL 与网络访问服务器（NAS）建立一个第 2 层的连接，并在其上运行 PPP。第 2 层连接的终结点和 PPP 会话的终结点在同一个设备上（如 NAS）。传统拨号接入如图 4－23 所示。L2TP 作为 PPP 的扩展提供更强大的功能，包括第 2 层连接的终结点和 PPP 会话的终结点可以是不同的设备。

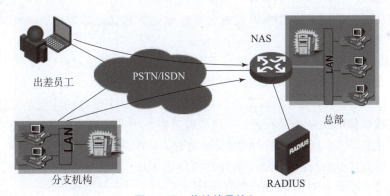

图 4－23　传统拨号接入

L2TP 主要由 LAC（L2TP Access Concentrator，L2TP 访问集中器）和 LNS（L2TP Network Server，L2TP 网络服务器）构成，LAC 支持客户端的 L2TP，用于发起呼叫、接收呼叫和建立隧道；LNS 是所有隧道的终点。在传统的 PPP 连接中，用户拨号连接的终点是 LAC，L2TP 使 PPP 协议的终点延伸到 LNS。L2TP 典型组网应用如图 4－24 所示。

L2TP 的建立过程是：

（1）用户通过公共电话网或 ISDN 拨号至本地的接入服务器 LAC；LAC 接收呼叫并进行基本的辨别，这一过程可以采用几种标准，如域名、呼叫线路识别（CLID）或拨号 ID 业务（DNIS）等。

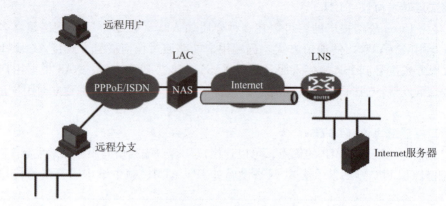

图 4 – 24 　L2TP 典型组网应用

（2）当用户被确认为合法企业用户时，就建立一个通向 LNS 的拨号 VPN 隧道。

（3）企业内部的安全服务器如 TACACS + 、RADIUS 鉴定拨号用户。

（4）LNS 与远程用户交换 PPP 信息，分配 IP 地址。LNS 可采用企业专用地址（未注册的 IP 地址）或服务提供商提供的地址空间分配 IP 地址。因为内部源 IP 地址与目的地 IP 地址实际上都通过服务提供商的 IP 网络在 PPP 信息包内传送，企业专用地址对提供者的网络是透明的。

（5）端到端的数据从拨号用户传到 LNS。

在实际应用中，LAC 将拨号用户的 PPP 帧封装后，传送到 LNS，LNS 去掉封装包头，得到 PPP 帧，再去掉 PPP 帧头，得到网络层数据包。

L2TP 这种方式给服务提供商和用户带来了许多好处。用户不需要在 PC 上安装专门的客户端软件，企业可以使用未注册的 IP 地址，并在本地管理认证数据库，从而降低了使用成本和培训维护费用。

与 PPTP 和 L2F 相比，L2TP 的优点在于提供了差错和流量控制；L2TP 使用 UDP 封装和传送 PPP 帧。面向非连接的 UDP 无法保证网络数据的可靠传输，L2TP 使用 Nr（下一个希望接收的消息序列号）和 Ns（当前发送的数据包序列号）字段控制流量与差错。双方通过序列号来确定数据包的次序和缓冲区，一旦数据丢失，根据序列号可以进行重发。

作为 PPP 的扩展，L2TP 支持标准的安全特性 CHAP 和 PAP，可以进行用户身份认证。L2TP 定义了控制包的加密传输，每个被建立的隧道生成一个独一无二的随机钥匙，以便抵抗欺骗性的攻击，但是它对传输中的数据并不加密。

4. 第三层隧道协议——通用路由封装协议（GRE）

GRE 是在任意一种网络协议上传送任意一种其他网络协议的封装方法。GRE 的隧道由两端的源 IP 地址和目的 IP 地址来定义，它允许用户使用 IP 封装 IP、IPX、AppleTalk，并支持全部的路由协议如 RIP、OSPF、IGRP、EIGRP。通过 GRE，用户可以利用公共 IP 网络连接 IPX 网络、AppleTalk 网络，还可以使用保留地址进行网络互连，或者对公网隐藏企业网的 IP 地址。GRE 封装包格式如图 4 – 25 所示。

GRE 在包头中包含了协议类型，这用于标明乘客协议的类型；校验和包括了 GRE 的包头及完整的乘客协议与数据；密钥用于接收端验证接收的数据；序列号用于接收端数据包的排序和差错控制；路由用于本数据包的路由。

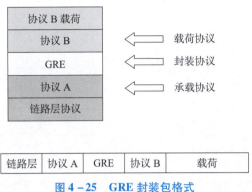

图 4 – 25   GRE 封装包格式

GRE 只提供了数据包的封装，它并没有加密功能来防止网络侦听和攻击。所以，在实际环境中，它常和 IPSec 在一起使用，由 IPSec 提供用户数据的加密，从而给用户提供更好的安全性。

5. IP 安全协议（IPSec）

IPSec（IPSecurity）是一种开放标准的框架结构，特定的通信方之间在 IP 层通过加密和数据摘要（Hash）等手段来保证数据包在 Internet 网上传输时的私密性（Confidentiality）、完整性（Dataintegrity）和真实性（Originauthentication）。IPSec 协议如图 4 – 26 所示。

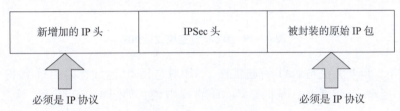

图 4 – 26   IPSec 协议

IPSec VPN 系统工作在网络协议栈中的 IP 层，采用 IPSec 协议提供 IP 层的安全服务。由于所有使用 TCP/IP 协议的网络在传输数据时，都必须通过 IP 层，所以提供了 IP 层的安全服务就可以保证端到端传递的所有数据的安全性。

虚拟私有网络允许内部网络之间使用保留 IP 地址进行通信。为了使采用保留 IP 地址的 IP 包能够穿越公共网络到达对端的内部网络，需要对使用保留地址的 IP 包进行隧道封装，加封新的 IP 包头。封装后的 IP 包在公共网络中传输，如果对其不做任何处理，在传递过程中有可能被"第三者"非法查看、伪造或篡改。为了保证数据在传递过程中的机密性、完整性和真实性，有必要对封装后的 IP 包进行加密和认证处理。通过对原有 IP 包加密，还可以隐藏实际进行通信的两个主机的真实 IP 地址，降低了它们受到攻击的可能性。IPSec 的框架结构如图 4 – 27 所示。

IPSec 支持两种封装模式：传输模式和隧道模式。传输模式不改变原有的 IP 包头，通常用于主机与主机之间，如图 4 – 28 所示。

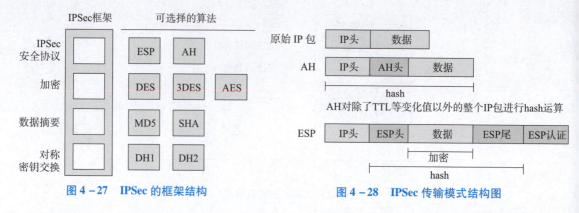

图 4-27　IPSec 的框架结构

图 4-28　IPSec 传输模式结构图

隧道模式增加新的 IP 头，通常用于私网与私网之间通过公网进行通信，如图 4-29 所示。

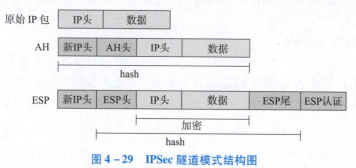

图 4-29　IPSec 隧道模式结构图

AH 模式下，ESP 无法与 NAT 一起工作，AH 对包括 IP 地址在内的整个 IP 包进行 hash 运算，而 NAT 会改变 IP 地址，从而破坏 AH 的 hash 值，如图 4-30 所示。

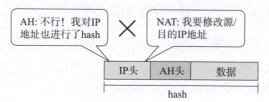

图 4-30　AH 模式下，ESP 无法与 NAT 一起工作

ESP 模式下，只进行地址映射时，ESP 可与 NAT 一起工作。进行端口映射时，需要修改端口，而 ESP 已经对端口号进行了加密和（或）hash 运算，所以将无法进行工作，如图 4-31 所示。

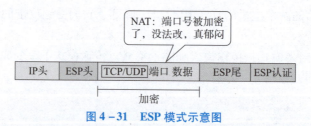

图 4-31　ESP 模式示意图

启用 IPSec NAT 穿越后，会在 ESP 头前增加一个 UDP 头，这样就可以进行端口映射了，如图 4 – 32 所示。

图 4 – 32　IPSec 转换示意图

6. 高层隧道协议——SSL 协议

SSL 的英文全称是"Secure Sockets Layer"，中文名为"安全套接层协议层"，是网景（NetScape）公司提出的基于 Web 应用的安全协议。最终版本为 3.0。IETF 将 SSL 标准化，即 RFC2246，并将其称为传输层安全（Transport Layer Security，TLS）协议，其最新版本是 RFC5246（版本 1.2）。SSL 协议位于 TCP/IP 与各种应用层协议之间，为数据通信提供安全支持。目前已被广泛应用于 Web 浏览器与服务器之间的身份认证和加密数据传输。

SSL 协议可分为两层。SSL 记录协议（SSL Record Protocol）：为 SSL 连接提供机密性和报文完整性两种服务。它建立在可靠的传输协议（如 TCP）之上，为高层协议提供数据封装、压缩、加密等基本功能的支持。SSL 握手协议（SSL Handshake Protocol）：建立在 SSL 记录协议之上，用于在实际的数据传输开始前，通信双方进行身份认证、协商加密算法、交换加密密钥等。

SSL VPN 是 SSL 协议的一种应用，可提供远程用户访问内部网络数据最简单的安全解决方案。SSL VPN 最大的优势在于使用简便，任何安装了浏览器的主机都可以使用 SSL VPN，这是因为浏览器都集成了对 SSL VPN 协议的支持，因此不需要像使用传统 IPSec VPN 那样，为每一台客户机都安装客户端软件。

SSL VPN 和 IPSec VPN 都支持先进的加密、数据完整性验证和身份验证技术。SSL VPN 实现原理如图 4 – 33 所示。

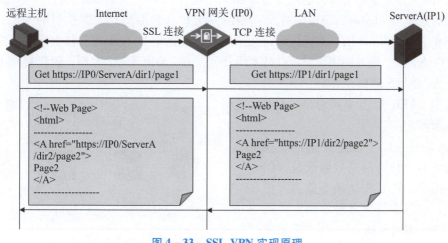

图 4 – 33　SSL VPN 实现原理

（1）远程主机向 VPN 网关发出 http 请求。

远程主机希望访问内网的 Web 服务器 ServerA，但 ServerA 使用的是内网地址 IP1，该地址在公网或者 Internet 上不可见。所以 SSL VPN 网关为内网每个可访问的网络资源建立了一个虚拟路径，该路径与内网资源一一对应。如将 Web 服务器 ServerA（IP1）映射为 VPN 网关上的虚拟路径"/ServerA"。

（2）SSL VPN 网关改写 http 请求中的目的 URL，并将报文转发给真实的服务器。

SSL VPN 网关接收到访问本机的"/ServerA"目录时，就知道该请求是要求访问内网的服务器 ServerA，它的 IP 地址是内网地址 IP1。于是 SSL VPN 网关就改写了 URL 请求，去掉了原请求中的目录"/ServerA"，并将该请求报文转发给内网服务器 ServerA 去处理。

（3）内网的服务器返回响应报文。

Web 服务器应答报文的实体部分一般是一个 Web 页面，在其中包含了指向其他页面的 URL。由于 Web 服务器在内网部署，在一般情况下，页面中的 URL 链接指向的都是内网地址。如图 6 - 33 所示，页面中包含了一个指向服务器 IP1 的 URL：http://IP1/dir2/page2。

（4）SSL VPN 网关改写 Web 页面中的 URL 链接，并将其返回给远程主机。

SSL VPN 网关解析 http 响应，将其中指向内网的 URL 链接进行改写，用相应的映射到网关上的虚拟路径替换。之后，网关将改写过的 http 响应返回给远程主机。

用户在远程主机上单击这些经过改写的链接，就会产生发向 SSL VPN 网关的 http 请求，从而可以实现从公网到内网的正常访问。

7. 多协议标记交换（MPLS）

因特网迅猛发展对 IP 的承载网提出各种挑战，比如路由问题、QoS 保障问题等。网络的发展正向宽带化、智能化和一体化的方向发展。未来的业务以突发性数据业务为主，ATM 对其显得效率不足，传输和交换成本较高，而 IP 又显得能力不足，在这种背景下，出现了 MPLS。

MPLS 属于第三代网络架构，是新一代的 IP 高速骨干网络交换标准，由 IETF（Internet Engineering Task Force，因特网工程任务组）提出，由 Cisco、Ascend、3Com 等网络设备大厂所主导。

MPLS 的核心概念是交换，也就是这里最后一个字母 S（Switching）的含义；重要概念是标记，即这里 L（Label）字母的含义；最后一层概念是多协议，即这里的 MP（Multi - Protocol）的含义。MPLS 的基本思想就是在三层数据包比如 IP 包头之前打上标签，根据这个标签实现快速交换。随着网络设备硬件技术的发展，如交换矩阵等的发展，速度提高主要依靠硬件来完成。MPLS 的概念图如图 4 - 34 所示。其中，LER 是边缘路由器，LSR 是核心路由器。

MPLS 是一种用于快速数据包交换和路由的体系，它为网络数据流量提供了目标、路由、转发和交换等能力。更特殊的是，它具有管理各种不同形式通信流的机制。MPLS 独立于第二层和第三层协议，诸如 ATM 和 IP。它提供了

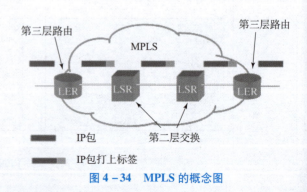

图 4 - 34　MPLS 的概念图

一种方式，将 IP 地址映射为简单的具有固定长度的标签，用于不同的包转发和包交换技术。它是现有路由和交换协议的接口，如 IP、ATM、帧中继、资源预留协议（RSVP）、开放最短路径优先（OSPF）等。

在 MPLS 中，数据传输发生在标签交换路径（LSP）上。LSP 是每一个沿着从源端到终端的路径上的结点的标签序列。现今使用着一些标签分发协议，如标签分发协议（LDP）、RSVP，或者建于路由协议之上的一些协议，如边界网关协议（BGP）及 OSPF。因为固定长度标签被插入每一个包或信元的开始处，并且可被硬件用来在两个链接间快速交换包，所以使数据的快速交换成为可能。图 4 – 35 所示为 MPLS 解决方案。其中包括几个组成部分：PE（Provider Edge Router），代表骨干网边缘路由器，存储 VRF（Virtual Routing Forwarding Instance，即为不同 VPN 实现不同的路由表，而不是通常路由器中只有一张路由表），负责为不同 VPN 的数据包打上不同的标记（label）；P（Provider Router），代表骨干网核心路由器，负责根据标记（label）转发；CE（Custom Edge Router），代表用户网边缘路由器；VPN 用户站点（site）。

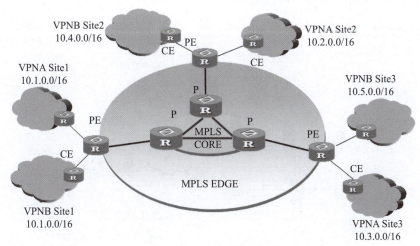

图 4 – 35　MPLS 解决方案

MPLS VPN 的特点：

（1）MPLS 与其他 VPN 解决方案的区别是它的实现是由运营商网络完成的，用户端设备可以是路由器、防火墙、三层交换机甚至是一台 PC，而这些设备都无须提供对 MPLS 的支持。

（2）MPLS VPN 提供了灵活的地址管理。由于采用了单独的路由表，允许每个 VPN 使用单独的地址空间，采用私有地址的用户不必再进行地址转换。NAT 只有在两个有冲突地址的用户需要建立 Extranet 进行通信时才需要。

（3）目前中国电信、中国网通等运营商在国内较大的城市内和城市之间提供了 MPLS VPN 业务，对于分支机构，主要分布在较大城市的企业集团，MPLS VPN 是一个较理想的选择。

（4）MPLS 主要设计用于解决网络问题，如网络速度、可扩展性、服务质量（QoS）管理以及流量工程，同时也为下一代 IP 中枢网络解决宽带管理及服务请求等问题。

8. 各种 VPN 的应用

表 4-2 对本节介绍的各种 VPN 技术的适用性和特点进行了总结。

表 4-2　各种 VPN 技术的适用性和特点

VPN 类型	适用性	特点
第二层 VPN 技术	现在已经很少应用	在认证、数据完整性以及密钥管理等方面存在不足
MPLS VPN	适合分支机构位于较大城市的企业集团采用	由运营商提供
IPSec VPN	得到了广泛的应用	较高的安全性、可实施性
SSL VPN	适用于任何基于 B/S 的应用	在实际应用中，SSL VPN 和 IPSec VPN 两种方案往往结合实行

4.3.4　虚拟专用网网络安全解决方案

网络安全解决方案如图 4-36 所示。

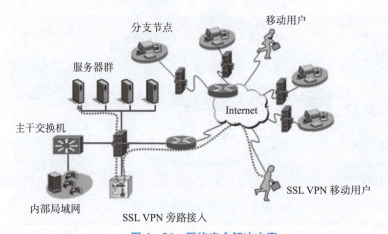

图 4-36　网络安全解决方案

在采用 VPN 技术解决网络安全问题时，不但要考虑到现有的网络安全问题，还要考虑到将来可能出现的安全问题、与不同操作平台之间的互操作性和新的加密算法之间的无缝连接等问题。在实际应用中，要注意以下 4 个关键问题：

（1）对 VPN 模型选取的考虑。在 VPN 的应用中，应根据具体的应用环境和用户对安全性的需求，采用相应的 VPN 模式，使网络安全性与实际需要相符合并留有一定的余地。

（2）对加密算法的选取。对 IP 数据包的加密传输，可以选取 DES、IDEA、RC4 等分组加密算法，要根据情况选择合适的加密算法，使网络的处理能力、安全性、传输性能达到一个最佳状态。

（3）对数据完整性和身份认证的考虑。在网络传输时，对数据完整性进行检查是必需的，可以采用 hash 函数进行消息认证和发送方的身份认证。

（4）对主密钥和包密钥的考虑。

（5）VPN 对解决网络通信、资源共享面临的威胁和提高网络通信的保密性、安全性方面具有现实意义。

4.3.5　虚拟专用网的发展方向

虚拟专用网的发展方向包括以下 3 个方面：

1）SSL VPN 发展加速

由于网络应用的 Web 化趋势明显，所以 SSL VPN 快速发展的形式将得到延续。SSL VPN 很可能在不久的将来成为和 IPSec/MPLS VPN 分庭抗礼的 VPN 架构。

2）服务质量有待加强

由于承载 VPN 流量的非专用网络通常不提供服务质量保障（QoS），所以 VPN 解决方案必须整合 QoS 解决方案，才能够提供满足不同用户需求的可用性。目前 IETF 已经提出了支持 QoS 的带宽资源预留协议（RSVP），而 IPv6 也提供了处理 QoS 的能力。这为 VPN 技术在服务质量上的进一步改善提供了足够的保障。

3）基础设施化趋势显现

随着 IPv6 的发展，VPN 技术有可能以 IP 中基础协议的形式出现。这样 VPN 将有机会被作为基础的网络安全组件嵌入各种系统中，从而使 VPN 成为完全透明的网络安全基础设施。

4.4　网络隔离技术

4.4.1　网络隔离技术概述

网络隔离（Network Isolation），主要是指把两个或两个以上可路由的网络（如 TCP/IP）通过不可路由的协议（如 IPX/SPX、NetBEUI 等）进行数据交换而达到隔离的目的，保护内部网络的安全和信息不致外泄。网络隔离结构如图 4-37 所示。

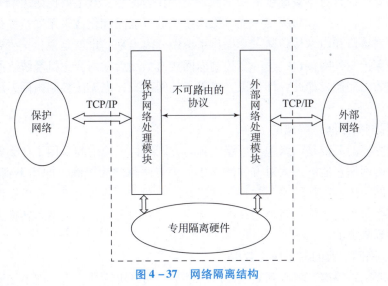

图 4-37　网络隔离结构

隔离的概念是在为了保护高安全度网络环境的情况下产生的，如涉密网、专用网。网络隔离的关键点在于任何时刻在保护网络和外部网络之间都不存在直接的物理连接，它是最高级别的安全技术。一般认为，网络隔离技术经历了 5 个发展阶段：

第一代隔离技术——完全隔离。此方法使网络处于信息孤岛状态，做到了完全的物理隔离。其需要至少两套网络和系统，更重要的是，信息交流的不便和成本的提高给维护与使用带来了极大的不便。

第二代隔离技术——硬件卡隔离。在客户端增加一块硬件卡，客户端硬盘或其他存储设备首先连接到该卡，然后转接到主板上，通过该卡能控制客户端硬盘或其他存储设备。而在选择不同的硬盘时，同时选择了该卡上不同的网络接口，连接到不同的网络。但是，这种隔离产品有的仍然需要网络布线为双网线结构，产品存在着较大的安全隐患。

第三代隔离技术——数据转播隔离。利用转播系统分时复制文件的途径来实现隔离，切换时间非常久，甚至需要手工完成，不仅明显地减缓了访问速度，更不支持常见的网络应用，失去了网络存在的意义。

第四代隔离技术——空气开关隔离。它是通过使用单刀双掷开关，使内外部网络分时访问临时缓存器来完成数据交换的，但在安全和性能上存在有许多问题。

第五代隔离技术——安全通道隔离。此技术通过专用通信硬件和专有安全协议等安全机制，来实现内外部网络的隔离和数据交换，不仅解决了以前隔离技术存在的问题，并有效地把内外部网络隔离开来，而且高效地实现了内外网数据的安全交换，透明支持多种网络应用，成为当前隔离技术的发展方向。

4.4.2　网络隔离技术的工作原理及关键技术

1. 网络隔离技术的特点

网络隔离技术的特点包括以下 5 个方面：

1）要具有高度的自身安全性

隔离产品要保证自身具有高度的安全性，至少在理论和实践上要比防火墙高一个安全级别。从技术实现上，除了和防火墙一样对操作系统进行加固优化或采用安全操作系统外，关键在于要把外网接口和内网接口从一套操作系统中分离出来。也就是说，至少要由两套主机系统组成，一套控制外网接口，另一套控制内网接口，然后在两套主机系统之间通过不可路由的协议进行数据交换，如此，即便黑客攻破了外网系统，也无法控制内网系统，从而达到了更高的安全级别。

2）要确保网络之间是隔离的

保证网间隔离的关键是网络包不可路由到对方网络，无论中间采用了什么转换方法，只要最终使一方的网络包能够进入对方的网络中，都无法称之为隔离，即达不到隔离的效果。显然，只是对网间的包进行转发，并且允许建立端到端连接的防火墙，是没有任何隔离效果的。此外，那些只是把网络包转换为文本，交换到对方网络后，再把文本转换为网络包的产品也是没有做到隔离的。

3）要保证网间交换的只是应用数据

既然要实现网络隔离，就必须做到彻底防范基于网络协议的攻击，即不能够让网络层的攻击包到达要保护的网络中，所以就必须进行协议分析，完成应用层数据的提取，然后进行数据交换，这样就把诸如 TearDrop、Land、Smurf 和 SYN Flood 等网络攻击包彻底地阻挡在可信网络之外，从而明显地增强了可信网络的安全性。

4）要对网间的访问进行严格的控制和检查

作为一套适用于高安全度网络的安全设备，要确保每次数据交换都是可信的和可控制的，严格防止非法通道的出现，以确保信息数据的安全和访问的可审计性。所以必须施加一定的技术，保证每一次数据交换过程都是可信的，并且内容是可控制的，可采用基于会话的认证技术和内容分析与控制引擎技术等来实现。

5）要在坚持隔离的前提下保证网络畅通和应用透明

隔离产品会部署在多种多样的复杂网络环境中，并且往往是数据交换的关键点，因此，产品要具有很高的处理性能，不能成为网络交换的"瓶颈"，要有很好的稳定性；不能出现时断时续的情况，要有很强的适应性，能够透明接入网络，并且透明支持多种应用。

2. 网络隔离技术工作原理

网络隔离技术的核心是物理隔离，并通过专用硬件和安全协议来确保两个链路层断开的网络能够实现数据信息在可信网络环境中进行交互、共享。一般情况下，网络隔离技术主要包括内网处理单元、外网处理单元和专用隔离交换单元三部分内容。其中，内网处理单元和外网处理单元都具备一个独立的网络接口和网络地址来分别对应连接内网与外网，而专用隔离交换单元则是通过硬件电路控制高速切换连接内网或外网。网络隔离技术的基本原理是通过专用物理硬件和安全协议在内网与外网之间架构起安全隔离网墙，使两个系统在空间上物理隔离，同时又能过滤数据交换过程中的病毒、恶意代码等信息，以保证数据信息在可信的网络环境中进行交换、共享，同时，还要通过严格的身份认证机制来确保用户获取所需数据信息。网络隔离系统的组成部分如图 4-38 所示。

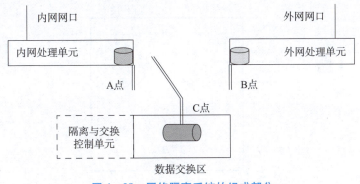

图 4-38　网络隔离系统的组成部分

3. 物理隔离技术类型

主要的隔离技术有以下几种类型：

1）双机双网

双机双网隔离技术方案是指通过配置两台计算机来分别连接内网和外网环境，再利用移动存储设备来完成数据交互操作，然而这种技术方案会给后期系统维护带来诸多不便，同时还存在成本上升、占用资源等缺点，而且通常效率也无法达到用户的要求。

2）双硬盘隔离

双硬盘隔离技术方案的基本思想是通过在原有客户机上添加一块硬盘和隔离卡来实现内

网和外网的物理隔离，并通过选择启动内网硬盘或外网硬盘来连接内网或外网网络。由于这种隔离技术方案需要多添加一块硬盘，所以对那些配置要求高的网络而言，就造成了成本浪费，同时频繁的关闭、启动硬盘容易造成硬盘的损坏。

3）单硬盘隔离

单硬盘隔离技术方案的实现原理是从物理层上将客户端的单个硬盘分割为公共和安全分区，并分别安装两套系统来实现内网和外网的隔离，这样就可具有较好的可扩展性，但是也存在数据是否安全界定困难、不能同时访问内外两个网络等缺陷。

4）集线器级隔离

集线器级隔离技术方案的一个主要特征是在客户端只需使用一条网络线就可以部署内网和外网，然后通过远端切换器来选择连接内外双网，避免了客户端要用两条网络线来连接内外网络。

5）服务器端隔离

服务器端隔离技术方案的关键内容是在物理上没有数据连通的内外网络下，如何快速分时地处理和传递数据信息，该方案主要是通过采用复杂的软硬件技术手段在服务器端实现数据信息过滤和传输任务，以达到隔离内外网的目的。

4. 网络隔离环境下的数据交换过程

网络隔离技术的重点是在网络隔离的环境下交换数据。基于网络隔离的数据交换系统如图4-39所示，此时为无数据交换的网络断开图。外网是安全性不高的互联网，内网是安全很高的内部专用网络。正常情况下，隔离设备和外网、隔离设备和内网、外网和内网是完全断开的。隔离设备可以理解为由纯粹的存储介质、一个单纯的调度和控制电路组成。

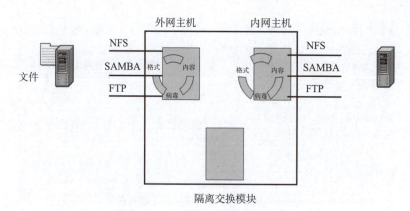

图4-39　无数据交换的网络断开图

当外网需要将数据送达内网的时候，如发送电子邮件，外部的服务器立即发起对隔离设备的非TCP/IP协议的数据连接，隔离设备将所有的协议剥离，并将原始的数据写入存储介质。该过程如图4-40所示。

根据应用的不同，有必要对数据进行完整性和安全性检查，以防病毒和恶意代码等。一旦数据完全写入隔离设备的存储介质，隔离设备立即中断与外网的连接，转而发起对内网的非TCP/IP协议的数据连接。此时隔离设备将存储介质内的数据推向内网，如图4-41所示。

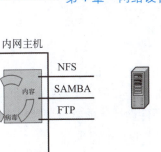

图 4 - 40　外部主机与固态存储介质交换数据示意图

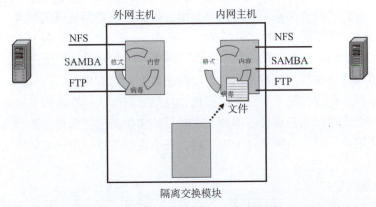

图 4 - 41　固态存储介质与内部主机数据交换示意图

内网收到数据后，立即进行 TCP/IP 的封装和应用协议的封装，并交给应用系统。这个时候内网电子邮件系统就收到了外网的电子邮件系统通过隔离设备转发的电子邮件。在控制台收到完整的交换信号后，隔离设备立即切断与内网的直接连接，恢复到图 4 - 42 所示的状态。

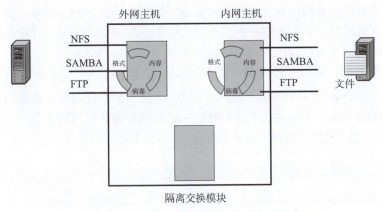

图 4 - 42　文件被传送到内网恢复断开状态

5. GAP 技术

1）定义

GAP 源于英文的"airgap"，GAP 技术是一种通过专用硬件使两个或者两个以上的网络在不连通的情况下，实现安全数据传输和资源共享的技术。GAP 中文名称为安全隔离网闸，它采用独特的硬件设计，能够显著地提高内部用户网络的安全强度。

2）GAP 技术的基本原理

目前主要有 3 类 GAP 技术：实时开关（Real Time Switch）、单向连接（One Way Link）和网络交换器（Network Switcher）。

实时开关指同一时刻内外网络没有物理上的数据连通，但又快速分时地处理并传递数据。通常实时开关连接一个网络去获得数据，然后开关转向另一个网络，并把数据放在上面，两个网络间的数据以很快的速度移动，就像实时处理一样。通常采取的方式是：终止网络连接并剥去 TCP 报头，然后把"原始"数据传入实时开关，这样就可除去网络协议漏洞带来的风险。同时，实时开关也可执行内容检测，以防止病毒所造成的损害。

单向连接指数据只能单向地从源网（source network）传输到目的网（destination network）。单向连接实际上建立了一个"只读"网络，即不允许数据反向传回到源网。同实时开关一样，单向连接必须用硬件来实现，以防止数据传错方向。

网络交换器指一台计算机上有两个虚拟机，先把数据写入一个虚拟机，然后通过开关把数据传输到另一个虚拟机，数据传输速度比实时开关和单向连接都慢，不是实时工作的。网络转换器通常可用带有双接口的硬件卡来实现，每个接口连接一个隔离的网络，但同一时刻只有一个是激活的。

3）网闸的应用定位

安全隔离网闸的优势在于它通过在不可信网络牺牲自己来积极有效地应对攻击，以充分保护可信网络避免受到基于操作系统和网络的各种攻击。它的应用包括以下几个方面。

（1）涉密网与非涉密网之间。

（2）局域网与互联网之间（内网与外网之间）。有些局域网络，特别是政府办公网络，涉及政府敏感信息，有时需要与互联网在物理上断开，用物理隔离网闸是一种常用的办法。

（3）办公网与业务网之间。由于办公网络与业务网络的信息敏感程度不同，例如，银行的办公网络和银行业务网络就是很典型的信息敏感程度不同的两类网络。为了提高工作效率，办公网络有时需要与业务网络交换信息。为解决业务网络的安全，比较好的办法就是在办公网与业务网之间使用物理隔离网闸，实现两类网络的物理隔离。

（4）电子政务的内网与专网之间。在电子政务系统建设中，要求政府内网与外网之间用逻辑隔离，在政府专网与内网之间用物理隔离。现常用的方法是用物理隔离网闸来实现。

（5）业务网与互联网之间。电子商务网络一边连接着业务网络服务器，一边通过互联网连接着广大民众。为了保障业务网络服务器的安全，在业务网络与互联网之间应实现物理隔离。

4.4.3 网络隔离常见产品

1. 国外网闸产品介绍

1）美国鲸鱼公司的网闸（e‑Gap）

e‑Gap 是典型的 SCSI 技术实现的网闸。e‑Gap 采用实时交换技术，固态介质存储设备是 RAM disk。鲸鱼公司形象地称自己的网闸为"应用巴士"。目前支持的应用有"文件巴士""Web 巴士""电子邮件巴士"和"数据库巴士"等。该产品的最大缺点是基于 Windows 平台。尽管可以对 Windows 平台进行加固，但 Windows 平台的安全性似乎先天不足。

2）美国矛头公司的网闸（NetGap）

矛头公司的网闸（NetGap）采用的是基于总线的网闸技术。通过采用双端口的静态存储器和低电压差分信号（LVDS）总线技术来实现内存数据的交换。矛头公司把该技术取名为基于硬件的反射技术。NetGap 第一代的产品采用了一路存储转发，第二代采用了两路非同时存储转发，效率提高了一倍。

2. 国内网闸产品介绍

天融信公司网闸（TopRules）是天融信公司于 2008 年推出的网络隔离与信息交换产品，该产品完善了安全隔离与信息交换的理念，提出了三机系统安全隔离模型，采用自主研发的安全操作系统 TOS、专用的硬件设计、内核级监测、完善的身份认证、严格的访问控制和安全审计等各种安全模块，有效地防止非法攻击、恶意代码和病毒渗入，同时防止内部机密信息的泄露，实现网间信息的安全隔离和可控交换。

国内的网闸产品，除了天融信公司网闸，还有中网公司的网闸（X - GAP）、国保金泰公司网闸（IGAP）和联网公司的网闸（SIS）等。

4.5　统一威胁管理系统

1. UTM 的定义

UTM（Unified Threat Management），即统一威胁管理，2004 年 9 月，IDC 首次提出统一威胁管理的概念，即将预防病毒、入侵检测和防火墙安全设备划归统一威胁管理的新类别。目前 UTM 常定义为由硬件软件和网络技术组成的具有专门用途的设备，它主要提供一项或多项安全功能，同时将多种安全特性集成在一个硬件设备里，形成标准的统一威胁管理平台。UTM 设备应该具备的基本功能包括网络防火墙、网络入侵检测、防御和网管预防病毒功能。

虽然 UTM 集成了多种功能，但却不一定要同时开启。根据不同用户的不同需求以及不用的网络规模，UTM 产品分为不同的级别，也就是说，如果用户需要同时开启不同的网络规模，则需要匹配性能比较高、功能比较丰富的产品。

2. 统一威胁管理系统的特点

（1）构建一个更高、更强、更可靠的墙。除了传统的访问控制之外，防火墙还应该对垃圾邮件、拒绝服务、黑客攻击等这些外部的威胁起到综合检测网络安全协议层防御。真正的安全不能只停留在底层，我们需要达到治理的目的，能实现 7 层协议保护，而不仅仅局限于 2~4 层。

（2）要有高检测技术来降低误报。作为一个串联接入的网关设备，一旦误报过高，对用户来说是灾难性的后果，IPS 就是一个典型例子。采用高技术门槛的分类检测技术可以大幅度降低误报率。

（3）要有高可靠、高性能的硬件平台支撑。对于 UTM 时代的防火墙，在保证网络安全的同时，也不能成为网络应用的"瓶颈"，防火墙/UTM 必须以高性能、高可靠性的专用芯片及专用硬件平台为支撑，以避免 UTM 设备在复杂的环境下由于其可靠性和性能不佳而对用户核心业务正常运行造成威胁。

3. UTM 的优点

（1）将多种安全功能整合在同一产品当中能够让这些功能组成统一的整体而发挥作用。比如，单个功能的累加功效更强。现在很多组织特别是中小企业用户受到成本限制而无法获得令人满意的安全解决方案。UTM 产品有望解决这一困境，购买包含多个功能的 UTM 安全设备的价格比单独购买这些功能要低，这使用户可以用较低的成本获得比以往更加全面的安全防御设施。

（2）降低信息安全工作强度。

由于 UTM 安全产品可以一次性地获得以往多种产品的功能，并且只要插接在网络上就可以完成基本的安全防御功能，所以在部署过程中可以大大降低工作强度。另外，UTM 安全产品的各个功能模块遵循同样的管理接口要求，并具有内建的联动能力，所以在使用上也远比传统的安全产品简单。同等安全需求条件下，UTM 安全设备的数量要低于传统安全设备。无论是厂商还是网络管理员，都可以减少服务和维护工作量。

（3）降低技术复杂度。

由于 UTM 安全设备中装入了很多的功能模块，所以为提高易用性进行了很多考虑。另外，这些功能的协同无形中减小了掌握和管理各种安全功能的难度以及用户误操作的可能，对于没有专业信息安全人员及技术力量相对薄弱的组织来说，使用 UTM 产品可以提高这些组织应用信息安全设施的质量。

4. UTM 的缺点

（1）过度集成带来的风险。

将所有功能集成在 UTM 设备当中使抗风险能力有所降低，一旦该 UTM 设备出现问题，将导致所有的安全防御措施失效。UTM 设备的安全漏洞也会造成相当严重的损失。

（2）性能和稳定性。

尽管使用了很多专门的软硬件技术来提供足够的性能，但是要在同一空间下实现更高的性能输出还是会对系统的稳定性造成影响，目前 UTM 安全设备的稳定程度比传统安全设备仍有不少可改进之处。

第5章

无线网络安全技术

5.1　无线网络安全概述

5.1.1　WLAN

1. 无线局域网

无线局域网（Wireless LAN，WLAN）是不使用任何导线或传输电缆连接的局域网，而使用无线电波作为数据传送的媒介，传送距离一般只有几十米。无线局域网的主干网络通常使用有线电缆，无线局域网用户通过一个或多个无线接入点接入无线局域网。无线局域网现在已经广泛应用在商务区、大学、机场及其他公共区域。

2. 802.11 协议集

无线局域网的发展已有二十多年的历史，可分为以下三个阶段。

起步阶段：1999 年，IEEE 802.11b(11 Mb/s) 和 IEEE 802.11a(54 Mb/s) 标准协议的相继问世，最大限度地将 WLAN 的网络接入速率提升到了 11 Mb/s 和 54 Mb/s，并将可用频段从 2.4 GHz 扩展至 5 GHz。

发展阶段：2003 年，有 3 种无线技术有效地推动了无线网络朝商业化市场迈进；802.11g 标准协议的发布，将 2.4 GHz 频段上的网络接入速率提升至 54 Mb/s，为市场提供了一种速率更高、价格更低、并且能向下兼容 802.11b 的产品；而 IEEE 802.3af 标准的发布，规范了以太网电缆电力检测和控制事项，简化了 Wi‐Fi 无线网络的安装部署和使用。

2004 年，IEEE 802.11i 安全标准协议的制定，增强了 802.11 链路的安全特性，为用户的数据安全性提供了更为重要的安全屏障。

飞跃阶段：2009 年，802.11n 作为新一代的 Wi‐Fi 标准，提供了 300 Mb/s 的连接速率，是 802.11g 速率的 6 倍；多进多出技术和智能天线技术提供了高速带宽和更好的信号覆盖距离；WMM(QoS) 协议为类似 PDA、iPAD、iPhone 4 等移动终端提供了基于数据/视频/语音的流畅的、优化的 Wi‐Fi 接入服务。见表 5‐1。

表 5 – 1　802.11 协议集

协议名称	主要特征
802.11	1997 年，原始标准（2 Mb/s，工作在 2.4 GHz）
802.11a	1999 年，物理层补充（54 Mb/s，工作在 5 GHz）
802.11b	1999 年，物理层补充（11 Mb/s，工作在 2.4 GHz）
802.11c	符合 802.1d 的媒体接入控制层（MAC）桥接
802.11d	根据各国无线电规定进行的调整
802.11e	对服务等级的支持
802.11f	基站的互连性
802.11g	物理层补充（54 Mb/s，工作在 2.4 GHz）
802.11h	无线覆盖半径的调整，室内和室外信道（5 GHz 频段）
802.11i	安全和鉴权方面的补充
802.11n	导入多重输入输出和 40 Hz 通道宽度（HT40）技术，基本上是 802.11 a/g 的延伸版

5.1.2　典型无线网络应用

与有线网络相比，无线网络省略了繁杂的物理线路设置，便于用户自由接入网络，深受用户喜欢。根据无线网络的应用范围，其典型的应用有以下几种。

1. 简单的家庭无线 WLAN

随着笔记本电脑、掌上电脑、智能手机的普及，用户迫切需要在家庭中能随时随地连接 Internet 网络。区别于传统的有线网络，利用无线路由器组建简单的家庭无线局域网是当前最普遍的应用，如图 5 – 1 所示。

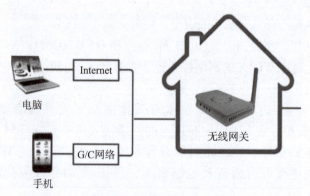

图 5 – 1　家庭无线 WLAN

家庭的无线组网，摒弃了繁杂的网络布线，并且采用了 802.11g 标准，提供 54 MHz 的带宽，保证了家庭网络的各种应用。无线网络中提供了多种加密机制，保证了家庭网络的安全。打印服务器则解放出专门用于和打印机连接的 PC。数字媒体适配器 DMA 则把共享于整个局域网内的视频、音频资料通过 TV 进行播放。

2. 无线桥接

无线网络的传播距离在室外环境最远达到 300 m，在室内环境最远能达到 100 m，但由于自然环境存在各种干扰源和障碍物，因此无线信号的实际有效距离要短得多。为了解决这一问题，可以采取无线桥接技术，如图 5 – 2 所示。

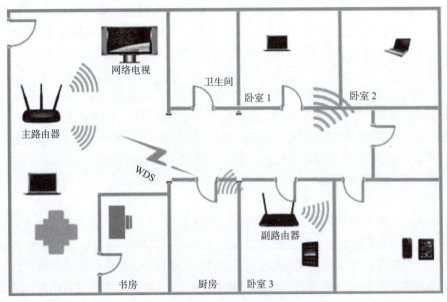

图 5 – 2　无线桥接网

目前市场上主流的无线路由器都支持无线桥接，在设置无线桥接网络时，至少需要 2 台无线路由，也可以用多台覆盖更大的网络环境。

3. 中型 WLAN

随着无线网络技术的不断发展，特别是 802.11n 300 Mb/s 标准的无线网络产品已成为市场主流。2012 年，IEEE 进行 802.11ac 标准的制定工作。这是一个基于 802.11a 5 GHz 频段，理论传输速度最高达到 1 Gb/s 的无线技术，速率是 802.11n 300 Mb/s 的 3 倍多；频宽从 20 MHz 增至 40 MHz 或者 80 MHz，甚至能达到 160 MHz。随着基于 802.11ac 标准的产品不断推出，无线网络在中小型企业、政府机构、学校、酒店、医院和工厂等应用环境中更加普及，如图 5 – 3 所示。

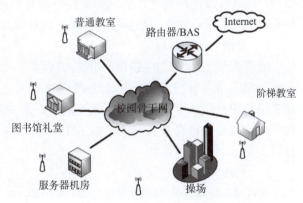

图 5 – 3　中型无线网络覆盖

1. 无线局域网的安全隐患

1）信号传输

无线网络通过电磁波传输信息，电磁波属于向四周发散的不可视的网络介质，与有线网络传输介质的固定性、可视性和可监控性截然相反。电磁波的发散范围和区域是不受人为控制的，一些"不应当"接收到无线网络信号的区域也同样可以接收到信号。

2）SSID

SSID 广播是指无线接入点为了向外界告知自身存在而发出的广播信息。无线网络终端进入一个新的环境中，无线网卡之所以能够"查看"到周围的无线网络信息，是因为 SSID 在将自身进行广播，将其"存在"的信息告知周围的无线网卡。无线网卡根据 SSID 广播查看到无线网络信息，连接到相应的 SSID 并通过身份验证后，即可接入无线网络。

3）加密方式

按照无线网络加密技术的发展历程，大致可以将无线网络的加密方式分为三种，即 WEP 加密方式、WPA 加密方式、WPA2 加密方式。实践证明，三种加密方式都存在被破解的可能。特别是 WEP 加密方式，被破解的可能性几乎达到了 100%，并且破解耗时非常少。WPA 和 WPA2 虽然安全程度提高了很多，但是也存在被破解的可能。

2. 无线局域网的安全威胁

1）无线网络被盗用

无线网络被盗用是指用户的无线网络被非授权的计算机接入，这种行为被人们形象地称为"蹭网"。无线网络被盗用会对正常用户造成很恶劣的影响。一是会影响到正常用户的网络访问速度；二是对按照网络流量缴纳上网服务费用的用户会造成直接经济损失；三是无线网络被盗用会增加正常用户遭遇攻击和入侵的概率；四是如果黑客利用盗用的无线网络进行黑客行为造成安全事件，正常用户可能会受到牵连。

2）网络通信被窃听

网络通信被窃听是指用户在使用网络过程中产生的通信信息为局域网中的其他计算机所捕获。由于大部分网络通信都是以明文（非加密）的方式在网络上进行传输的，因此，通过观察、监听、分析数据流和数据流模式，就能够得到用户的网络通信信息。例如，A 计算机用户输入百度的网址就可能被处于同一局域网的 B 计算机使用监视网络数据包的软件所捕获，并且在捕获软件中能够显示出来，同样可以捕获的还有 MSN 聊天记录等。

3）遭遇无线钓鱼攻击

遭遇无线钓鱼攻击是指用户接入"钓鱼"无线网络接入点而遭到攻击的安全问题。无线钓鱼攻击者首先会建立一个无线网络接入点，"欢迎"用户接入其无线接入点。但是，一旦用户接入了其所建立的无线网络，用户使用的系统就会遭遇扫描、入侵和攻击，部分用户的计算机会被其控制，被控计算机可能遭遇机密文件被盗取、感染木马等安全威胁。

4）无线 AP 遭遇控制

无线 AP 是指无线网络接入点，例如家庭中常用的无线路由器就是无线 AP。无线 AP 为他人所控制就是无线路由器的管理权限为非授权的人员所获得。当无线网络盗取者盗取无线网络并接入后，就可以连接访问无线 AP 的管理界面，如果恰好用户使用的无线 AP 验证密码非常简单，比如使用的是默认密码，那么非授权用户即可登录进入无线 AP 的管理界面随意进行设置。

无线 AP 为他人所控制可能造成的后果很严重：一是盗用者在控制无线 AP 后，可以任意修改用户 AP 的参数，包括断开客户端连接；二是在无线路由器管理界面中，存放着用户

ADSL 的上网账号和口令，通过密码查看软件可以很轻松地查看以星号或者点号显示的口令。

5.2　802.11 安全简介

5.2.1　802.11 发展历程

IEEE 802.11 是现今无线局域网通用的标准，它是由国际电气和电子工程学会（IEEE）所定义的无线网络通信的标准。虽然有人将 Wi–Fi 与 802.11 混为一谈，但两者并不一样。IEEE 802.11 是无线局域网的一个标准，如图 5–4 所示，而 Wi–Fi 是 Wi–Fi 联盟的一个商标，该商标仅保障使用该商标的商品互相之间可以合作，与标准本身实际上没有关系。

图 5–4　Wi–Fi

随着无线网络技术的发展，在 802.11 基础上又发展出了 802.11b、802.11a、802.11g 和 802.11n 等，这些协议成员具体工作频段及速率见表 5–2。

表 5–2　802.11 家族

协议	频率/GHz	速率
802.11	2.4	2 Mb/s
802.11a	5	54 Mb/s
802.11b	2.4	11 Mb/s
802.11g	2.4	54 Mb/s
802.11n	2.4 或 5	540 Mb/s
802.11ac	5	1 Gb/s

随着扩展协议的发展和普及，802.11 协议已经逐渐淘汰。802.11b 是继 802.11 协议后形成的无线网络协议，盛行一时，但是它仅仅具备 11 Mb/s 带宽，不能满足很多局域网内特殊业务要求。之后出现了 802.11a，这个协议支持速率高达 54 Mb/s，可以满足多数业务需要，但是其工作在 5 GHz，与 802.11 和 802.11b 在硬件上得不到兼容，很难抢占 802.11b 已

有客户群，没有得到普及。

为了保持 802.11a 高速率和 802.11b 兼容性，于是在 802.11b 基础上经过优化，编制出 802.11g 协议，它既保持 54Mb/s 速率，又兼容 802.11b 2.4 GHz 工作频段，对 802.11b 客户群有着良好的硬件兼容性。在 802.11g 协议之后，又提出了更高的无线网络速率和更好的频段兼容性协议——802.11n。尽管 802.11n 的无线产品已经全面普及，传输速率也从最初的 150 Mb/s 提升到了 300 Mb/s 和更高的 450 Mb/s 与 600 Mb/s，但是，802.11n 标准被更先进的 802.11ac 标准所替代。

802.11ac 是 802.11n 的继承者。它能够提供最少 1 Gb/s 带宽进行多站式无线局域网通信，或是最少 500 Mb/s 的单一连接传输带宽。

5.2.2　802.11 安全技术体系

1997 年，IEEE 颁布了无线局域网最早的标准 802.11，WEP 是 IEEE 802.11 标准定义的加密规范。该标准主要是对网络的物理层（PH）和媒体访问控制层进行了规定，其中，对 MAC 层的规定是重点。在该标准的框架下，可以采用开放系统认证和共享密钥认证两种认证方式、基于 MAC 地址访问控制以及基于 RC4 流加密算法的 WEP 协议。

WEP 主要包括以下几个方面的技术：

1. 认证技术

1）开放式认证

STA 和 AP 间只是发送认证请求和回应报文，没有真正的认证。

2）共享密钥认证

AP 向 STA 发送明文的 challenge text，STA 用本地的 WEP key 加密 challenge text 并发给 AP。AP 解密该 challenge text，如果和自己发送的 challenge text 一致，则用户认证通过，如图 5-5 所示。

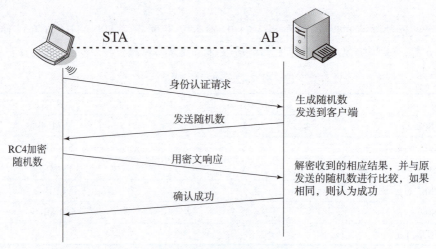

图 5-5　共享密钥认证过程

风险：入侵者只要将明文 challenge text 和加密后的 challenge text 截获到，并进行 XOR，就可以得到 WEP key。

2. 加密技术

1）RC4 加密

802.11 协议采用 RC4 进行加密：RC4 是流（Stream）加密，通过将 Key Stream 和明文流 XOR 得到密文。

块（block）加密：是将明文分割为多个 block，再和 Key Stream XOR 得到密文，如图 5 - 6 所示。

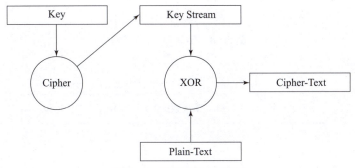

图 5 - 6　RC4 流加密过程

块加密和流加密统称为 Electronic Code Book（ECB）方式，其特征是相同的明文将产生相同的加密结果，如图 5 - 7 所示。如果能够发现加密的规律，破解并不困难。

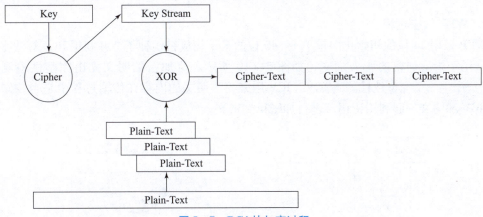

图 5 - 7　RC4 块加密过程

2）初始化向量（IV）

为了破坏规律性，802.11 引入了 IV，IV 和 Key 一起作为输入来生成 Key Stream，所以相同密钥将产生不同加密结果，如图 5 - 8 所示。IV 在报文中明文携带，这样接收方可以解密。

IV 虽然逐包变化，但是 24 bit 的长度，使一个繁忙的 AP 在若干小时后就出现 IV 重用。所以 IV 无法真正破坏报文的规律性。

3. 完整性检验技术

如图 5 - 9 所示，802.11 使用（CRC - 32）checksum 算法计算报文的 ICV，附加在 MSDU 后，ICV 和 MSDU 一起被加密保护。CRC - 32 本身很弱，可以通过 bit - flipping attack 篡改报文。

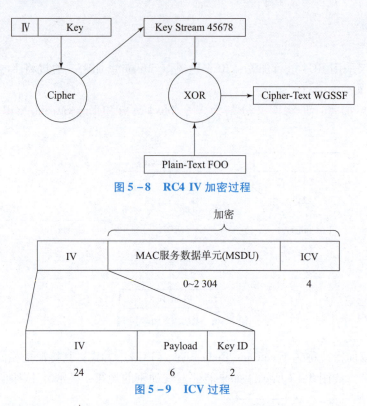

图 5 - 8　RC4 IV 加密过程

图 5 - 9　ICV 过程

4. WEP 加密过程

WEP 采用 24 位的初始化向量 IV 和 40 位的 Key 构成密钥种子，并利用 RC4 算法生成密钥流，用于给待加密的明文加密，如图 5 - 10 所示。待加密的明文先由完整性检测算法（CRC）产生一个完整性检测码 ICV（ICV 用来检测明文的内容在传输过程中是否被修改），然后 ICV 和明文一起利用密钥流进行加密得到密文。

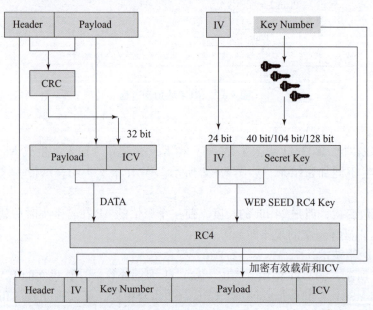

图 5 - 10　WEP 加密原理

5. MAC 地址过滤

接入点通过设置 MAC 地址列表，只允许 MAC 地址列表中的工作站访问无线网络，并对访问无线网络的工作站进行访问控制。

5.2.3　802.11i 标准

1. IEEE 802.11i 框架结构

如图 5－11 所示，为了增强 WLAN 的数据加密和认证性能，定义了 RSN（Robust Security Network）的概念，并且针对 WEP 加密机制的各种缺陷做了多方面的改进。

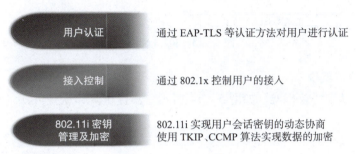

用户认证　　　通过 EAP-TLS 等认证方法对用户进行认证

接入控制　　　通过 802.1x 控制用户的接入

802.11i 密钥　802.11i 实现用户会话密钥的动态协商
管理及加密　　使用 TKIP、CCMP 算法实现数据的加密

图 5－11　802.11i 协议

2. IEEE 802.11i 认证过程

（1）安全能力发现过程。

（2）802.11i 认证过程，如图 5－12 所示。

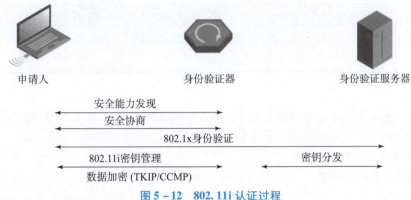

申请人　　　　　　　身份验证器　　　　　　　身份验证服务器

安全能力发现

安全协商

802.1x 身份验证

802.11i 密钥管理　　　　　　　　　　密钥分发

数据加密 (TKIP/CCMP)

图 5－12　802.11i 认证过程

（3）802.11i 密钥管理和密钥分发过程。

（4）数据加密传输过程。

3. 802.1x 认证协议

（1）802.1x（Port－Based Network Access Control）是一个基于端口的网络访问控制标准。

（2）802.1x 利用 EAP（Extensible Authentication Protocol）链路层安全协议，在通过认证以前，只有 EAPOL 报文（Extensible Authentication Protocol over LAN）可以在网络上通行。认证成功后，如图 5－13 所示，通常的数据流便可在网络上通行。

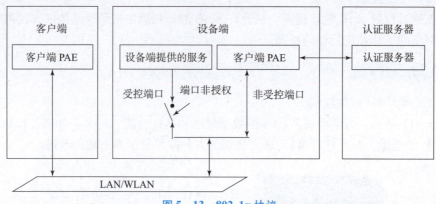

图 5 – 13　802.1x 协议

4. 802.1x 协议架构

（1）EAP 是认证协议框架，如图 5 – 14 所示，不提供具体认证方法，可以实现多种认证方法。

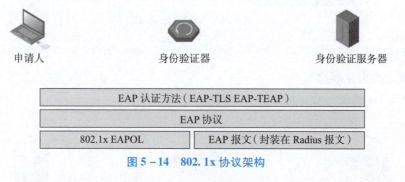

图 5 – 14　802.1x 协议架构

（2）802.1x 报文（EAP 认证方法）在特定的链路层协议传递时，需要一定的报文封装格式。

（3）EAP 报文传输。身份验证器将把 EAPOL 报文中的认证报文 EAP 封装到 Radius 报文中，通过 Radius 报文和身份验证服务器进行交互。

5. IEEE 802.1x 认证过程

（1）申请人客户端将通过 EAPOL – Start 来触发 EAP 认证开始。

（2）除了第一个和最后一个 EAP 消息，其他 EAP 消息都以 Request/Response 方式由身份验证服务器驱动。

- EAP 是"stop – and – wait"协议。
- EAP Server 不主动发送 Request 消息直到 Peer 回应了上次的 Request。

（3）在 Server 给 Peer 的第一个 Request 消息中指出认证方法。

- 如果不可接受（如不支持该认证方法），Peer 将中止通信。

（4）认证方法通过多个 Request/Response 消息对在服务器和 Peer 间交互，直到认证成功或失败。

（5）如果认证过程中 Server 发送 EAP 成功消息，Server 根据 MSK 计算出 PMK，并通知给身份验证器。PMK 为下一阶段安全协商（802.11i 的 4 次握手）提供了基础。

802.1x 提供了控制接入框架，依赖 EAP 协议完成认证。EAP 协议给诸多认证协议提供了框架，EAP 协议前端依赖 EAPOL，后端依赖 Raduis 完成协议交换，如图 5-15 所示。

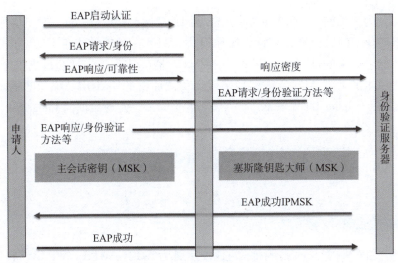

图 5-15 802.1x 协议认证

6. 802.11i 协议密钥管理

802.11i 协议重点解决用户密钥协商密钥的分发、使用密钥对数据进行加密过程，如图 5-16 所示。

- 继承 802.1x 产生的 PMK。
- 通过 4 次握手的过程完成用户密钥的动态协商。
- 密码加密方式有 TKIP 和 AES-CCM。

图 5-16 802.11i 密钥管理

1）加密协议 TKIP（Temporal Key Integrity Protocol）

- 使用 RC4 来实现数据加密，这样可以重用用户原有的硬件而不增加加密成本。
- 使用 Michael 来实现 MIC（Message Integrity Code）。结合 MIC，TKIP 采用了 counter-measures 方式，一旦发现攻击（MIC Failure），就中止该用户接入。

- 将 IV size 从 24 bit 增加到 48 bit，减少了 IV 重用。
- 使用了 Per – Packet Key Mixing 方式来增加密钥的安全性。

2）加密协议 AES – CCM

AES – CCM 为块加密，802.11i 要求 AES 为 128 bit，每块 128 bit。对于块加密，需要将待加密的消息转化为块，这个过程称为操作模式。AES – CCM 使用了 CCM 方式作为操作模式。为了破坏加密结果的规律性，CCM 采用了计数器模式：首先计算得到一个计数器（初始值随机，然后累加 1），AES 后得到加密值，和被加密的块 XOR。除了数据加密，AES – CCM 还使用 CBC（cipher block chaining）来产生 MIC，以实现数据的 Integrity。

<h2>5.3　WEP 与 WPA 简介</h2>

5.3.1　WEP 加密

Wi – Fi 无线网络的 3 种无线加密技术分别为 WEP、WPA、WPA2。有线等效加密（Wired Equivalent Privacy），又称无线加密协议（Wireless Encryption Protocol），简称 WEP，是首个保护无线网络（Wi – Fi）信息安全的体制。WEP 是 1999 年 9 月通过的 IEEE 802.11 标准的一部分，使用 RC4（Rivest Cipher）串流加密技术达到机密性。

1. WEP 的发展历史

IEEE 802.11 的 WEP 模式是在 20 世纪 90 年代后期设计的，当时的无线安全防护效果非常出色。

2. WEP 加密特点

目前常见的是 64 bit WEP 加密和 128 bit WEP 加密。

标准的 64 bit WEP 使用 40 bit 的钥匙加上 24 bit 的 IV，成为 RC4 用的钥匙。

用户输入 128 bit WEP 钥匙的方法一般都是用含有 26 个十六进制数的字串来表示，每个字符代表钥匙中的 4 bit，$4 \times 26 = 104$（bit），再加上 24 bit 的 IV 就成为"128 bit WEP 钥匙"。有些厂商还提供 256 bit 的 WEP 系统，就像上面讲的，24 bit 是 IV，剩下 232 bit 用于保护，典型的做法是用 58 个十六进制数来输入，（58×4 bit = 232 bit）+ 24 个 IV bit = 256 个 WEP bit。

3. WEP 加密安全隐患

在 2001 年 8 月，Fluhrer 等发表了针对 WEP 的密码分析，利用 RC4 加解密和 IV 的使用方式的特性，在无线网络上偷听几个小时之后，就可以把 RC4 的钥匙破解出来。这个攻击方式迅速被传播，而且自动化破解工具也相继推出，WEP 加密变得岌岌可危。

钥匙长度不是 WEP 安全性的主要因素，破解较长的钥匙需要拦截较多的封包，但是有某些主动式的攻击可以激发所需的流量。

5.3.2　WPA 加密

1. WPA 加密

目前最佳的无线加密技术。

因为 WEP 的安全性较低，IEEE 802.11 组织开始制定新的安全标准，也就是 802.11i 协议。但由于新标准从制定到发布需要较长的周期，而且用户也不会仅为了网络的安全性就放弃原来的无线设备，所以无线产业联盟在新标准推出之前，又在 802.11i 草案的基础上制定了 WPA。

WPA 使用 TKIP（Temporal Key Integrity Protocol，临时密钥完整性协议），它的加密算法依然是 WEP 中使用的 RC4 加密算法，所以不需要修改原有的无线设备硬件。WPA 针对 WEP 存在的缺陷，例如 IV 过短、密钥管理过于简单、对消息完整性没有有效的保护等问题，通过软件升级的方式来提高无线网络的安全性。

WPA 为用户提供了一个完整的认证机制，AP/无线路由根据用户的认证结果来决定是否允许其接入无线网络，认证成功后，可以根据多种方式（传输数据包的多少、用户接入网络的时间等）动态地改变每个接入用户的加密密钥。此外，它还会对用户在无线传输中的数据包进行 MIC 编码，确保用户数据不会被其他用户更改。作为 802.11i 标准的子集，WPA 的核心就是 IEEE 802.1x 和 TKIP。

对于一些中小型的企业网络或者家庭用户来说，"WPA 预共享密钥（WPA – PSK）"模式更加适合，它不需要专门的认证服务器，仅要求在每个 WLAN 节点（AP、无线路由器、网卡等）预先输入一个密钥即可。需要注意的是，这个密钥仅仅用于认证过程，而不是用于传输数据的加密。数据加密的密钥是在认证成功后动态生成的，系统将保证"一户一密"，不存在像 WEP 那样全网共享一个加密密钥的情形，所以无线网络的安全性较 WEP 有大幅提升。

2. WPA2 加密

目前最强的无线加密技术。

当 IEEE 完成并公布 IEEE 802.11i 无线局域网安全标准后，Wi – Fi 联盟也随即公布了 WPA 第 2 版——WPA2。WPA2 支持 AES（高级加密算法），安全性更高；但与 WPA 不同的是，WPA2 需要新的硬件才能支持。

WPA2 是 Wi – Fi 联盟验证过的 IEEE 802.11i 标准的认证形式，WPA2 实现了 802.11i 的强制性元素，特别是 Michael 算法被公认为彻底安全的 CCMP 信息认证码所取代，而 RC4 加密算法也被 AES 所取代。

在 WPA/WPA2 中，PTK 的生成依赖于 PMK，而 PMK 的方式有两种：一种是 PSK 方式，也就是预共享密钥模式（Pre – Shared Key，PSK，又称为个人模式），在这种方式中，PMK = PSK；而另一种方式则需要认证服务器和站点进行协商来产生 PMK。下面通过公式来看看 WPA 和 WPA2 的区别：

$$WPA = IEEE\ 802.11i\ 第三版草案 = IEEE\ 802.1x/EAP + WEP(选择性项目)/TKIP$$

$$WPA2 = IEEE\ 802.11i = IEEE\ 802.1x/EAP + WEP(选择性项目)/TKIP/CCMP$$

目前 WPA2 加密方式的安全防护能力非常出色，但在一些无线路由的无线网络加密模式中还有一个 WPA – PSK(TKIP) + WPA2 – PSK(AES) 选项，它是比 WPA2 更强的加密方式。但由于这种加密模式的兼容性存在问题，设置完成后很难正常连接，因此不推荐普通用户选择这种加密方式。

5.4　移动通信安全

5.4.1　4G 移动通信技术

1. 4G 移动通信技术简介

从我国移动通信技术和产业的发展历程看，20 世纪 80 年代第一代移动通信时期我国没有任何自主的技术和产业；20 世纪 90 年代第二代移动通信时期，我国采用 GSM、CMDA 国外技术标准，逐步实现自主研发设备和产品。

20 世纪末 21 世纪初进入第三代移动通信发展阶段，我国把握机遇，较早参与国际标准制定和研究开发，提出了我国拥有自主知识产权的 TD – SCDMA 国际标准，建立了自主的产业链和体系，产业创新能力不断提升。

2012 年 1 月 18 日 17 时，在日内瓦举行的国际电联 2012 年无线电通信全体会议上，Wireless MAN – Advanced（802. 16m）和 LTE – Advanced 技术规范通过审议，正式被确立为 IMT – Advanced（俗称"4G"）国际标准。我国主导制定的 TD – LTE – Advanced 同时成为 IMT – Advanced 国际标准。4G 网络的下行速率能达到 100 Mb/s，比拨号上网快 2 000 倍，比 3G 快 20 倍，上传的速率也能达到 20 Mb/s。

截至 2018 年 7 月末，三家运营商的移动用户总数近 15. 2 亿户，同比增长 11. 1%。其中，移动宽带用户总数达 12. 7 亿户，占移动电话用户的 83. 4%；4G 用户总数达到 11. 3 亿户，占移动电话用户的 73. 9%。

2. 4G 通信系统的特点

4G 通信系统主要具有以下 5 个方面特点。

（1）容量、速率更高。

最低数据传输速率为 2 Mb/s，最高可达 100 Mb/s。

（2）兼容性更好。

4G 系统开放了接口，能实现与各种网络的互联，同时能与二代、三代手机兼容。它能在不同系统间进行无缝切换，并提供多媒体高速传送业务。

（3）数据处理更灵活。

智能技术在 4G 系统中应用时，能自适应地分配资源。智能信号处理技术将实现任何信道条件下的信号收发。

（4）用户共存。

4G 系统会根据信道条件、网络状况自动进行处理，实现高速用户、低速用户、用户设备的互通与并存。

（5）自适应网络。

针对系统结构，4G 系统将实现自适应管理，它可根据用户业务进行动态调整，从而最大限度地满足用户需求。

3. 4G 在我国移动通信行业应用现状

根据中国产业信息网的调查数据，我国 4G 用户增长迅猛，2017 年中国联通 4G 用户净增 7 033 万户，年底达到 1.75 亿户。在这两个动力的驱动下，2017 年年底联通的网络利用率达到 57%。联通通过不限流量套餐吸引用户的效果"立竿见影"，在国内移动用户存量竞争的背景下，电信和移动逐步试探性地跟进。

随着 4G 技术在我国融合发展和 5G 技术的快速崛起，通信行业将迎来新一轮的投资高峰。通信行业高速增长的大背景将会驱动通信网络技术服务进入新一轮的增长期，为通信网络技术服务行业带来新的发展契机。近几年来的通信网络技术服务行业市场规模稳步增长，2017 年达到 2 669 亿元，同比增长 16%。

2017 年，我国电信业务总量达到 27 557 亿元（按照 2015 年不变单价计算），比上年增长 76.4%。电信业务收入 12 620 亿元，比上年增长 6.4%。随着 4G 应用的不断发展以及 5G 的商用、三网融合快速推进、物联网应用场景逐步落地，电信行业整体上繁荣发展，业务收入持续增加。在整个大背景下，通信技术服务行业的规模也将越做越大。

5.4.2　4G 移动通信的无线网络安全防护措施

1. 保护好移动终端的防护措施

对于 4G 移动通信无线网络的移动终端的安全保护，主要包括两个方面。一方面，要保护好无线网络系统的硬件。对硬件的保护，首先要对 4G 网络的操作系统进行加固，即通过使用安全可靠的操作系统，从而支持实现系统的诸多功能，具体包括访问混合控制功能、验证远程功能等；其次要改进系统的物理硬件集成方式，确保可以减少可能遭受攻击的物理接口数量。另一方面，通过电压以及电流检测电路的增设，以达到检测并保护网络电路的目的。与此同时，通过使用存储保护、完整性测试及可信启动等方式实现对移动终端的保护。

2. 保护好无线接入网的安全措施

（1）安全传输。可以通过结合 4G 移动通信的无线网络的业务需求，并采用对无线接入网和移动终端设置加密传输功能的方式，在用户的计算机和无线网络中自动选择通信模式，从而提高无线网络的安全传输性能。

（2）安全访问。利用辅助安全设备以及有针对性的安全措施，以防未经验证的移动终端连接到 4G 无线网络。

（3）统一审计和监控。根据实际情况建立统一的审计监控系统，随时监控和记录移动终端的异常行为，以确保无线网络的可靠性。

（4）安全数据过滤。对包括视频媒体等数据进行过滤，从而保证内部网络系统的安全。

（5）身份认证。通过构建无线接入网与移动终端之间的双向身份认证来提高安全系数。

3. 建立安全体系机制

通过充分考虑 4G 移动通信的无线网络系统的安全性、可扩展性等特性，从而建立 4G 无线通信安全体系机制。具体的操作如下：首先，基于多策略机制，采用不同的无线网络安全防护方法应用在不同的使用场合；其次，建立适当的配置机制，确保移动终端配置安全，换句话说，用户可以根据个人需要选择合适的移动终端安全措施；再次，建立可协商措施，使网络使用更加流畅；最后，在整合部分安全机制的情况下，还能够以构建混合策略系统的方式保护网络通信安全。

5.4.3　5G 时代展望

1. 5G 技术的基本特点

从 4G 到 5G 的演进，其相关通信技术的特点主要表现在以下几个方面。

1）频谱使用率高

5G 技术带来了广阔的应用前景，促使了有线和无线宽带技术的高速发展，也让业务形成一体化。5G 也具备更大的容量、更快的处理速度，并在可移动设备中延伸出更多的服务。

2）5G 系统具备的应用性能

5G 移动通信技术将多点、多天线、多用户、多社区合作和互助网络作为重点，提高通信系统的性能。室内通信业务主要是商务交际、5G 移动通信系统室内无线网络覆盖性能和业务支持扩宽地区的移动通信系统的覆盖范围。

3）双向信号传输

由于 5G 无线技术的优点，促使人类发展了更先进的通信技术。通过双向的无线电传导，可移动的设备发出的信息将被转换成电子信号，先传输到离终端用户最近的无线电子信号塔，然后辐射出反射信号，实现呼叫连接。

4）低功耗、低成本

将来开发的重点将是无线网络的软配置设计。运营商可以根据业务流量的变化及时调整网络资源，实现低能耗、低成本。

2. 5G 移动通信技术关键技术

由于 2G、3G、4G 的高速发展，为发展和开发 5G 技术打下了牢固的基础，具体技术主要如下。

1）高频传输技术

移动网络逐渐积累了大量的终端客户，造成频带资源越来越短缺，高频传输能够提高频谱资源的利用效率，在 3 GHz 频段的蜂窝移动通信系统中，假若频率带宽伸展到 273.5 GHz，则可以实现信息的短距离高速传输，满足用户的容量、速度和其他方面的要求。

2）多天线传输技术

多天线传输技术是 5G 领域最重要的也不可或缺的技术。它能提高频谱利用率 10 倍以上，从而实现从二维到三维、从无源到有源、从高阶多重输入与多重输出到一系列阵列的转换。

同时，同频全双工技术可以在相同的物理信道上双向传输信号，所以同频全双工技术被认为是一项有效提高频谱效率的技术，该技术实现了两个方向信号在同一物理信道上的传输，即在双工节点的接收机处消除发射机信号的干扰，并在发射机信号处同时从另一节点接收相同频率的信号。这样可以有效提高频谱效率，使移动通信网络灵活、稳定。

3）设备间直接通信技术

在 5G 计算机网络设备间的直接通信，使客户规模、计算机数据流量大幅增加。

4）密集网络技术

5G 是一个综合智能全方面型网络，数据流量相当于 1 000 个 4G，但要实现两种技术：一是在宏基站安排大型天线，二是安排密集的网络，目的在于获得室外空间收益和满足室内室外的需求。

5）智能化技术

　　5G 中央网络是在一个大的由服务器组成的云计算平台、路由器和基站之间互相切换。通过开关网络和数据链路，以及智能的自动切换模式，无论企业选择什么频率，怎样连接天线，只要把网络需要处理的数据提交到云计算机中心，就能得到完好的结果。

3. 5G 的产业应用前景

　　2019 年 6 月，工信部向中国电信、中国移动、中国联通以及中国广电发布了 5G 商用牌照，这也标志着中国 5G 时代正式开启。我国首批 5G 试点城市包括北京、雄安、沈阳、天津、青岛、南京、上海、杭州、福州、深圳、郑州、成都、重庆、武汉、贵阳、广州、苏州、兰州 18 个城市。

　　5G 作为社会信息流动的主动脉、产业转型升级的加速器、构建数字社会的新基石，已成为社会的广泛共识。中国移动同全球电信运营企业一起，期待 5G 在更广范围、更多领域得到应用，更加高效推动万物智联发展，在促进经济转型升级、社会发展进步、人民生活改善方面发挥更大作用。

　　一是加速技术融合、产业融通，激发经济增长新动能。中国移动将持续深耕重点垂直领域和通用场景，不断强化云和 DICT 能力，打造 5G + X 的跨行业融合应用，支撑传统产业网络化、数字化、智能化转型。

　　二是推进数据汇聚、资源共享，创造社会发展新机遇。中国移动将充分发挥自身资源禀赋优势，促进信息资源融合共享、业务应用智能协同，完善智慧城市建设、管理、运营、服务体系，努力成为领先的新型智慧城市运营商。

　　三是推动连接泛在、感知泛在，提供数字生活新体验。中国移动将大力推广 5G 高品质智能硬件，不断创新可穿戴设备、智能网关、家庭安防、车载终端等产品应用，为人民带来全新数字生活体验。

　　四是优化智能网络、定制服务，实现智慧运营新模式。中国移动将努力把握运营转型的方向路径，积极构建基于规模的融合、融通、融智价值运营体系，利用融合加快商业、产品模式创新，利用融通加快资源、能力组合创新，充分整合基础设施、数据、渠道等资源能力，实现对内的灵活支撑和对外的开放赋能；利用融智打造生产经营全流程、全环节的智能闭环管理体系，不断提升全要素生产率。

第6章

网络操作系统安全防护与实施

6.1　Windows 操作系统安全概述

6.1.1　Windows 安全概述

Microsoft Windows，中文译作微软视窗或微软窗口，是微软公司推出的一系列操作系统。它问世于 1985 年，起初仅是 MS – DOS 之下的桌面环境，而其后续版本逐渐发展成为个人电脑和服务器用户设计的操作系统，并最终获得了世界个人电脑操作系统软件的垄断地位。视窗操作系统可以在几种不同类型的平台上运行，如个人电脑、服务器和嵌入式系统等，其中，在个人电脑领域的应用内最为普遍。

当前，最新的个人电脑版本是 Windows 10，最新的服务器版本是 Windows Server 2019 R2。

6.1.1.1　Windows 典型操作系统

1. Windows 2000

Windows 2000 是一个由微软公司发行于 1999 年 12 月 19 日的 32 位图形商业性质的操作系统，内核版本号为 NT5.0。Windows 2000 有四个版本：Professional、Server、Advanced Server 和 Datacenter Server。其中，Professional 有 5 次大的更新，SP1、SP2、SP3、SP4 以及一个 SP4 后累积性更新。Windows 2000 Server 是服务器版本，它的前一个版本是 Windows NT4.0 Server 版。所有版本的 Windows 2000 都有一些共同的新特征：NTFS5，新的 NTFS 文件系统；EFS，允许对磁盘上的所有文件进行加密；WDM，增强对硬件的支持。

2. Windows Server 2003

Windows Server 2003 是目前微软推出的使用最广泛的服务器操作系统，其内核版本号为 NT5.2。Windows Server 2003 有多种版本，每种适合不同的商业需求。

➢ Windows Server 2003 Web 版

➢ Windows Server 2003 标准版

➢ Windows Server 2003 企业版

➢ Windows Server 2003 数据中心版

➢ Windows Server 2003 R2

Windows Server 2003 R2 的新功能如下。

• 分支办事处服务器管理：文档和打印机集中管理工具、增强的分布式文件系统（DFS）命名空间管理界面、使用远程差别压缩的更有效的广域网数据复制。

• 身份和权限管理：外网单点登录和身份联合、对外网应用访问的集中式管理、根据活动目录账户信息自动禁止外网访问、用户访问日志、跨平台的网页单点登录和密码同步、采用网络信息服务（NIS）。

• 存储管理：文档服务器资源管理器、增强的配额管理虚拟服务器。

3. Windows Server 2008

Microsoft Windows Server 2008 代表了下一代 Windows Server，内核版本号为 NT6.0。使用 Windows Server 2008，IT 专业人员对其服务器和网络基础结构的控制能力更强，从而可重点关注关键业务需求。Windows Server 2008 通过加强操作系统和保护网络环境，提高了安全性；通过加快 IT 系统的部署与维护，使服务器和应用程序的合并与虚拟化更加简单。

Windows Server 2008 操作系统中的安全性也得到了增强。Windows Server 2008 提供了一系列新的和改进的安全技术，这些技术增强了对操作系统的保护，为企业的运营和发展奠定了坚实的基础。Windows Server 2008 提供了减小内核攻击面的安全创新，使服务器环境更安全、更稳定。通过保护关键服务器，使其免受文件系统、注册表或网络中异常活动的影响。Windows 服务强化有助于提高系统的安全性。

4. Windows 7

Windows 7 是微软于 2009 年发布的，支持触控技术的 Windows 桌面操作系统，其内核版本号为 NT6.1。到 2012 年 9 月，Windows 7 已经超越 Windows XP，成为世界上占有率最高的操作系统。Windows 7 帮助企业优化它们的桌面基础设施，具有无缝操作系统、应用程序和数据移植功能。

5. Windows Server 2008 R2

Windows Server 2008 R2 为 Windows 7 的服务器版本，系统内核号为 NT6.1，于 2009 年发售。同 2008 年 1 月发布的 Windows Server 2008 相比，Windows Server 2008 R2 继续提升了虚拟化、系统管理弹性、网络存取方式，以及信息安全等领域的应用，其中有不少功能需搭配 Windows 7。

这是微软第一个仅支持 64 位的操作系统。其支持多达 64 个物理处理器或最多 256 个系统的逻辑处理器。

6. Windows 8

Windows 8 是由微软公司开发的，第一款带有 Metro 界面的桌面操作系统，内核版本号为 NT6.2。该系统旨在让人们日常的平板电脑操作更加简单和快捷。2012 年 8 月 2 日，微软宣布 Windows 8 开发完成，正式发布 RTM 版本；10 月 25 号正式推出 Windows 8，微软自称触摸革命将开始。

7. Windows Server 2012

Windows Server 2012 是微软的一个服务器系统。这是 Windows 8 的服务器版本，并且是

Windows Server 2008 R2 的继任者。该操作系统已经在 2012 年 8 月 1 日完成编译 RTM 版，并且在 2012 年 9 月 4 日正式发售。Windows Server 2012 包含了一种全新设计的文件系统，名为 Resilient File System（ReFS），以 NTFS 为基础构建而来，不仅保留了与最受欢迎的文件系统的兼容性，同时可支持新一代存储技术与场景。

8. Windows 10

Windows 10 是由微软公司开发的操作系统，应用于计算机和平板电脑等设备。2015 年 11 月，Windows 10 的 1511 版本发布。

Windows 10 在易用性和安全性方面有了极大的提升，除了针对云服务、智能移动设备、自然人机交互等新技术进行融合外，还对固态硬盘、生物识别、高分辨率屏幕等硬件进行了优化完善与支持。

9. Windows Server 2016

Windows Server 2016 是微软公司研发的服务器操作系统，于 2016 年 10 月 13 日发布。

Windows Server 2016 基于 Long – Term Servicing Branch 1607 内核开发，引入了新的安全层来保护用户数据、控制访问权限，增强了弹性计算能力，降低了存储成本并简化了网络，还提供新的方式进行打包、配置、部署、运行、测试和保护应用程序。

Windows Server 2016 提供的虚拟化区域包括适用于 IT 专业人员的虚拟化产品和功能，以设计、部署和维护 Windows Server。Windows Server 2016 身份标识中的新功能提高了组织保护 Active Directory 环境的能力，其中某些应用程序和服务托管在云中，其他的则托管在本地。

10. Windows Server 2019

Windows Server 2019 是微软公司研发的服务器操作系统，于 2018 年 10 月 2 日发布，于 2018 年 10 月 25 日正式商用，如图 6 – 1 所示。

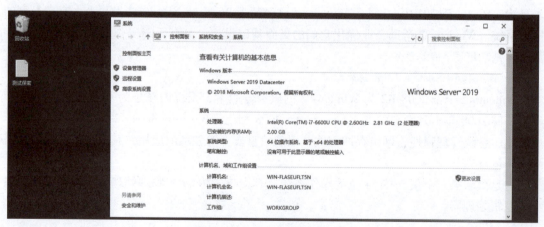

图 6 – 1   Windows Server 2019

Windows Server 2019 基于 Long – Term Servicing Channel 1809 内核开发，相较于之前的 Windows Server 版本，其主要围绕混合云、安全性、应用程序平台、超融合基础设施（HCI）四个关键主题实现了很多创新。

Windows Server 2019 增强了安全性，安全性方法包括三个方面：保护、检测和响应。Windows Server 2019 集成的 Windows Defender 高级威胁检测可发现和解决安全漏洞。Windows Defender 攻击防护可帮助防止主机入侵。该功能会锁定设备，以避免攻击媒介的攻击，并阻止恶意软件攻击中常用的行为。而保护结构虚拟化功能适用于 Windows Server 或 Linux 工作负载的受保护虚拟机，可保护虚拟机工作负载免受未经授权的访问。打开具有加密子网的交换机的开关，即可保护网络流量。Windows Server 2019 将 Windows Defender 高级威胁防护（ATP）嵌入操作系统中，该功能可提供预防性保护、检测攻击和零日漏洞利用，以及其他功能。这使客户可以访问深层内核和内存传感器，从而提高性能和防篡改，并在服务器计算机上启用响应操作。

6.1.1.2　32 位、64 位

1. 32 位（x86）操作系统

32 位（x86）操作系统包括 Windows NT3.1/3.5/3.51/4.0、Windows 2000、Windows XP、Windows Server 2003、Windows Vista、Windows Server 2008、Windows 7、Windows Thin PC、Windows Developer Preview、Windows 8 Consumer Preview、Windows 8 Release Preview、Windows 8 RTM。

2. 32 位（ARM）操作系统

这个系列目前只有 Windows RT。

3. 64 位（x86 - 64）操作系统

这个系列的产品包括 Windows XP Professional x64 Edition、Windows Server 2003 64 位版、Windows Server 2003 R 264 位版、Windows Vista 64 位版、Windows Server 2008、Windows 7 64 位版、Windows Server 2008 R2、Windows 8 64 位版、Windows Server 2012。

4. 64 位（安腾）操作系统

这个系列包括 Windows XP 64 位版、Windows Server 2003 安腾版、Windows Server 2008 安腾版、Windows Server 2008 R2 安腾版。

6.1.2　身份认证技术

身份认证是系统安全的一个基础方面，它用来确认尝试登录域或访问网络资源的任何用户的身份。Windows 服务器系统身份认证针对所有网络资源启用"单点登录"（Single Sign - on，SSO）。采用单点登录后，用户可以使用一个密码或智能卡一次登录到域，然后向域中的任何计算机验证身份。身份认证的重要功能就是支持单点登录。

单点登录是一种方便用户访问多个系统的技术，用户只需在登录时进行一次注册，就可以在一个网络中自由访问，不必重复输入用户名和密码来确定身份。单点登录的实质就是安全上下文（Security Context）或凭证（Credential）在多个应用系统之间的传递或共享。当用户登录系统时，客户端软件根据用户的凭证（例如用户名和密码）为用户建立一个安全上下文，安全上下文包含用于验证用户的安全信息，系统用这个安全上下文和安全策略来判断用户是否具有访问系统资源的权限。Kerberos V5 身份认证协议提供一个在客户端跟服务器端之间，或者服务器与服务器之间的双向身份认证机制。

单点登录在安全性方面提供了两个主要优点：

- 对用户而言，单个密码或智能卡的使用减少了混乱，提高了工作效率。
- 对管理员而言，由于管理员只需要为每个用户管理一个账户，因此域用户所要求的

管理支持减少了。

6.1.2.1 单点登录身份认证执行方式

包括单点登录在内的身份认证，分两个过程执行：交互式登录和网络身份认证。成功的用户身份认证取决于这两个过程。

1. 交互式登录

交互式登录过程向域账户或本地计算机确认用户的身份。这一过程根据用户账户的类型而不同。

● 使用域账户：用户可以通过存储在 Active Directory 目录服务中的单一注册凭据使用密码或智能卡登录到网络。如果使用域账户登录，被授权的用户可以访问该域及任何信任域中的资源；如果使用密码登录到域账户，将使用 Kerberos V5 进行身份认证；如果使用智能卡，则将结合使用 Kerberos V5 身份认证和证书。

● 使用本地计算机账户：用户可以通过存储在安全账户管理器（本地安全账户数据库，SAM）中的凭据登录到本地计算机。任何工作站或成员服务器均可存储本地用户账户，但这些账户只能用于访问该本地计算机。

2. 网络身份认证

网络身份认证向用户尝试访问的任何网络服务确认用户的身份证明。为了提供这种类型的身份认证，安全系统支持多种不同的身份认证机制，包括 Kerberos V5、安全套接字层/传输层安全性（SSL/TLS），以及为了与 Windows NT 4.0 兼容而提供的 NTLM。

网络身份认证对于使用域账户的用户来说不可见。使用本地计算机账户的用户每次访问网络资源时，必须提供凭据（如用户名和密码），而使用域账户，则用户就具有了可用于单一登录的凭据。

6.1.2.2 主要的身份认证类型

在尝试对用户进行身份认证时，根据各种因素的不同，可使用多种行业标准类型的身份认证。表 6 – 1 列出了 Windows Server 2003 家族支持的身份认证类型。

表 6 – 1　Windows Server 2003 家族支持的身份认证类型

身份认证类型	描述
Kerberos V5 身份认证	与密码或智能卡一起使用的用于交互式登录的协议。它也适用于服务的默认网络身份认证方法
TLS/SSL 身份认证	用户尝试访问安全的 Web 服务器时使用的协议
NTLM 身份认证	客户端或服务器使用早期版本的 Windows 时使用的协议
摘要式身份认证	摘要式身份认证将凭据作为 MD5 哈希或消息摘要在网络上传递
Passport 身份认证	Passport 身份认证是提供单一登录服务的用户身份认证服务

6.1.2.3　Kerberos V5 身份认证机制

Kerberos 身份认证协议的当前版本是 Kerberos V5。Kerberos V5 是域内主要的安全身份认证协议。Kerberos V5 协议可验证请求身份认证的用户标识（也就是对客户端身份进行认证），以及提供请求身份认证的服务器（也就是对服务器身份进行认证）。这种双重认证也就是通常所说的"相互身份认证"（在 NTLM 身份认证机制中，它只是对客户端进行单向的身份认证）。Kerberos V5 身份认证协议提供了一种在客户机和服务器之间，或者一个服务器与其他服务器之间进行相互身份认证的机制。

客户端与服务器端相互认证步骤如图 6 – 2 所示。

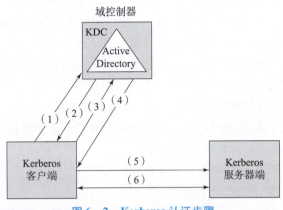

图 6 – 2　Kerberos 认证步骤

详细的认证步骤说明如下，对应图 6 – 2 中的（1）~（6）步。

（1）客户端从 KDC 请求 TGT。

在用户试图通过提供用户凭据登录到客户端时，如果已启用了 Kerberos 身份认证协议，则客户端计算机上的 Kerberos 服务向密钥分发中心（KDC）发送一个 Kerberos 身份认证服务请求，以期获得 TGT（Ticket – Granting Ticket，票证许可票证）。

在 Kerberos V5 中主要有两类密钥：一是长效密钥（Long – term Key），二是短效密钥（Short – term Key）。长效密钥通常是指密码，一般来说不会经常更改密码；短效密钥一般是指具体会话过程中使用的会话密钥。

（2）KDC 发送加密的 TGT 和登录会话密钥。

KDC 为来自 Active Directory 的用户获取长效密钥（即密码），然后解密，随 Kerberos 身份认证请求一起传送的时间戳。如果该时间戳有效，则用户是有效用户。KDC 身份认证服务创建一个登录会话密钥，并使用用户的长效密钥对该副本进行加密。然后 KDC 身份认证服务创建一个 TGT，它包括用户信息和会话密钥。最后 KDC 身份认证服务使用自己的密钥加密 TGT，并将加密的登录会话密钥副本和加密的 TGT 传递给客户端。

时间戳的解密也是使用用户长效密钥，登录会话密钥是由用户的长效密钥（通常是指用户密码）进行加密的，TGT 是由 KDC 密钥进行加密的。

（3）客户端向 KDC TGS 请求 ST。

客户端使用其长效密钥（即密码）解密登录会话密钥，并在本地缓存它。同时，客户端还将加密的 TGT 存储在它的缓存中。这时还不能访问网络服务，因为它仅获得了票证许可票证（TGT）和登录会话密钥，仅完成了网络登录的过程，还没有获得访问相应网络服务器所需的服务票证（Service Ticket，ST）。客户端向 KDC 票证许可服务（Ticket – Granting Service，TGS）发送一个服务票证请求（ST 是由 TGS 颁发的），请求中包括用户名、使用用户登录会话密钥加密的认证符、TGT，以及用户想访问的服务（和服务器）名称。

认证符是由用户登录会话密钥进行加密的。

（4）TGS 发送加密的服务会话密钥和 ST。

KDC 使用自己创建的登录会话密钥解密认证符（通常是时间戳）。如果验证者消息成功解密，则 TGS 从 TGT 提取用户信息，并使用用户信息创建一个用于访问对应服务的服务会话密钥。它使用该用户的登录会话密钥对该服务会话密钥的一个副本进行加密，创建一个具有服务会话密钥和用户信息的服务票证（ST），然后使用该服务的长效密钥（密码）对该服务票证进行加密，并将加密的服务会话密钥和服务票证返回给客户端。

认证符是由登录会话密钥解密的，服务会话密钥是由用户登录会话密钥加密的，服务票证是用服务的长效密钥加密的。

（5）客户端发送访问网络服务请求。

客户端访问服务时，向 Kerberos 服务器发送一个请求。该请求包含身份认证消息（时间戳），并用服务会话密钥和服务票证进行加密。

服务请求消息是由服务会话密钥和服务票证加密的。

（6）服务器与客户端进行相互验证。

Kerberos 服务器使用服务会话密钥和服务票证解密认证符，并计算时间戳。然后与认证符中的时间戳进行比较，如果误差在允许的范围内（通常为 5 min），则通过测试，服务器使用服务会话密钥对认证符（时间戳）进行加密，然后将认证符传回到客户端。客户端用服务会话密钥解密时间戳，如果该时间戳与原始时间戳相同，则该服务是真的，客户端继续连接。注意，这是一个双向、相互的身份认证过程。

认证符是由服务会话密钥和服务票证解密的，而返回给客户端的时间戳是用服务会话密钥加密的，在客户端同样是用服务会话密钥解密时间戳的。

6.1.2.4 Kerberos V5 身份认证的优点与缺点

Kerberos V5 相对以前的 NTLM 身份认证方式来讲，具有明显的优势，但与其他身份认证方式相比，又具有一定的缺点。

1. Kerberos V5 身份认证的优点

Kerberos V5 协议比 NTLM 身份认证方式更安全、更具弹性、更有效率。Kerberos 身份认证方式具有以下优点。

- 支持相互身份认证。
- 支持委派身份认证。
- 简化的信任管理。

2. Kerberos V5 身份认证的缺点

Kerberos 身份认证协议的缺点主要体现在以下几个方面。

（1）Kerberos 身份认证采用的是对称加密机制，加密和解密使用的是相同的密钥，交换密钥时的安全性比较难以保障。

（2）Kerberos 服务器与用户共享的服务会话密钥是用户的口令字，服务器在响应时，不需要验证用户的真实性，而是直接假设只有合法用户拥有了该口令字。如果攻击者截获了响应消息，就很容易形成密码攻击。

（3）Kerberos 中的 AS（身份认证服务）和 TGS 是集中式管理，容易形成"瓶颈"，系统的性能和安全也严重依赖 AS 与 TGS 的性能和安全。在 AS 和 TGS 前应该有访问控制，以增强 AS 和 TGS 的安全。

（4）随用户数量增加，密钥管理较复杂。Kerberos 拥有每个用户的口令字的散列值，AS 与 TGS 负责用户间通信密钥的分配。假设有 n 个用户想同时通信，则需要维护 n×(n−1)/2 个密钥。

6.1.3 文件系统安全

6.1.3.1 Windows 文件系统简介

1. 簇

新硬盘在使用之前，首先要创建分区或卷，然后格式化才可以使用。格式化就好像在一张纸上打格子，这些打好的格子就是簇。簇的特点是：每一个文件存储时，都必须要以一个新簇开头。

2. FAT32

FAT32 是 32 位文件系统，推荐 FAT32 每个分区小于 32 GB，这样每个簇的大小小于 4 KB，节约空间。

3. NTFS

每个簇最大 4 KB，并且在格式化的时候，可选择簇的大小，非常节约空间。

NTFS 文件系统的特点：①安全性好；②簇小，节约空间；③支持活动目录（AD）；④支持文件加密系统（EFS）；⑤不支持软盘；⑥支持文件许可（Permission）。

4. Refs

ReFS（Resilient File System，弹性文件系统）是在 Windows Server 2012 中引入的一个文件系统。其只能用于存储数据，不能引导系统，并且在移动媒介上也无法使用。ReFS 与 NTFS 大部分兼容，其主要目的是保持较高的稳定性，可以自动验证数据是否损坏，并尽力恢复数据。

6.1.3.2 NTFS 文件系统特点

1. 文件许可（Permission）

许可又称权限，是基于资源（Resource）的。它和用户的权力（Right）是不同的。

权力是为用户设置的。它存储在系统中，对用户权利所做的修改，需用户重新登录才可生效。可通过组策略编辑器（gpedit. msc）→计算机配置→Windows 设置→安全设置→本地策略→用户权利分配，来查看与修改本地用户和组的权利。

许可是基于资源的（如文件、打印机等）。它记录在资源的访问控制列表（ACL）中。对资源许可的修改是即时生效的，它不需要用户重新登录系统。（注：对资源的许可，记录的是用户的安全标识符 SID，而不是单纯的用户名。）

2. 许可的继承

许可是可以继承的，默认状态下，子目录或文件都会继承父目录的许可。许可实际上是被复制到底层的所有对象上的。当然，也可以修改文件或目录对许可的继承。

3. NTFS 文件系统许可的种类

（1）读（Read）。

（2）读和运行（Read&Execute）。

（3）写（Write）。

（4）修改（Modify）。

（5）完全控制（Full Control）。

（6）特殊的许可。

它们对应的许可操作如下：

读：可以读取文件，查看文件属性，查看文件所有者及许可内容。

读和运行：除了具有读的许可外，还可以运行程序。

写：改写文件，改变文件属性，查看文件所有者和许可内容。如果是文件夹，还可创建文件及子文件夹，但不可以删除文件。

修改：除了具有读和运行及写的许可外，还可以修改和删除文件。

完全控制：除具有以上全部许可外，还可以修改许可的内容及获取文件所有权。

4. ACL 和 ACE

ACL，即 Access Control List，访问控制列表；ACE，即 Access Control Entry，访问控制记录。修改文件许可时，其中有许多的细节，如单击文件属性安全页中的高级按钮就可以看到许多详细内容，这就是访问控制列表。文件的许可就是体现在 ACL 和 ACE 上的。对许可进行修改时，其实就是在修改 ACL 和 ACE。如果许可发生冲突，怎么办？这就是 ACL 原则，它的内容是：

（1）NTFS Permission are Cumulative，即多个用户组被赋予不同的许可且是累加的。

（2）File Override Folder Permission，即文件的许可优先于目录的许可，也就是说，底层许可优先。

（3）Deny Override Other Permission，即拒绝访问许可优先。

6.1.3.3 NTFS 文件加密（EFS）

NTFS 文件许可有其自身缺陷，即它只在本机上生效，如果把硬盘换到另一计算机上，即换一个操作系统，则所有的许可就会无效。而 EFS 对文件内容进行加密，即使换一个操作系统，也不能对其访问。EFS 为 NTFS 文件提供文件级别加密。EFS 加密技术是基于公共密钥的系统，它作为一种集成式服务系统运行。EFS 加密的过程及特点如图 6-3 所示。

1. EFS 加密的过程

（1）随机生成一把对称式加密密钥，称为 FEK（File Encryption Key）。

（2）使用 FEK 对文件加密。

（3）如果是第一次使用，系统自动为该用户生成一对公钥和私钥。

（4）利用该用户的公钥对 FEK 加密。

（5）原始 FEK 被删除，加密后的 FEK 和加密文件保存在一起。

2. EFS 加密的特点

（1）用户只有持有一个加密 NTFS 文件的私钥，才可以打开该文件，并作为普通文件透

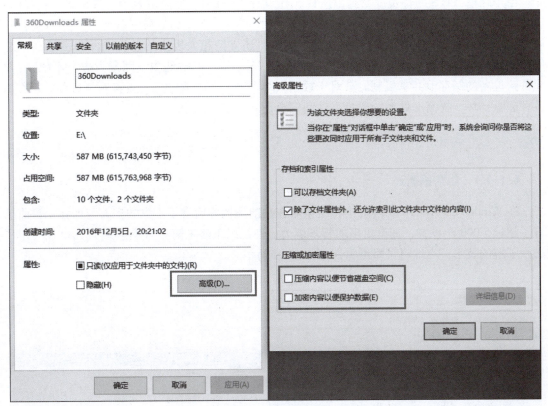

图 6 - 3 EFS 加密

明地使用。

（2）EFS 加密不要求输入密码。

3. 启用 EFS 加密

4. 备份加密密钥

当第一次进行 EFS 加密后，系统会提示用户备份加密密钥，或者通过"用户账户"对话框备份。

5. EFS 加密的注意事项

需要确保备份你的加密证书和加密密钥。

共享 EFS，其他想要访问已加密文件或文件夹的用户必须将其自己的 EFS 证书添加到这些文件中。

加密与压缩功能不能同时使用。

最好对文件夹加密（对文件加密，文件会产生临时文件，造成泄密）。

6.1.3.4 弹性文件系统（ReFS）

弹性文件系统（ReFS）可以视为新技术文件系统（NTFS）的一种演进，关注点在于可用性和完整性。ReFS 会以原子方式在磁盘上的不同位置写入数据，这样就可以在写入期间出现电源故障时改善数据弹性，并且还包括新的"完整流"功能，可使用校验和与实时分配来保护测序，并同时访问系统和用户数据。

由于目前 NTFS 的普及度太高，所以，在设计上，ReFS 是向下兼容 NTFS 文件系统的。ReFS 新增了支持元数据，即允许通过更少、更大的 I/O 将存储介质混合写入，这对旋转介质（固态硬盘）及闪存类介质更加友好，此外，还支持超大规模的卷、文件和目录（系统中存储池最大规模为 4 PB、系统中存储池最大数量不限、存储池中空间最大数量不限），并允许跨设备的储存池共享机制。其对于数据损坏具有"弹性限度"，能够使 Windows 8 检测各种磁盘损坏，提高文件系统的可靠性和安全性。

6.1.4 组策略

6.1.4.1 组策略概述

在 Windows Server 2019 环境中，组策略在功能特性方面有了不少的扩大与加强。目前已有了超过 5 000 个设置，拥有更多的管理能力。使用组策略来简化 IT 环境管理，已成为用户必须了解的技术。本地组策略编辑器如图 6-4 所示。

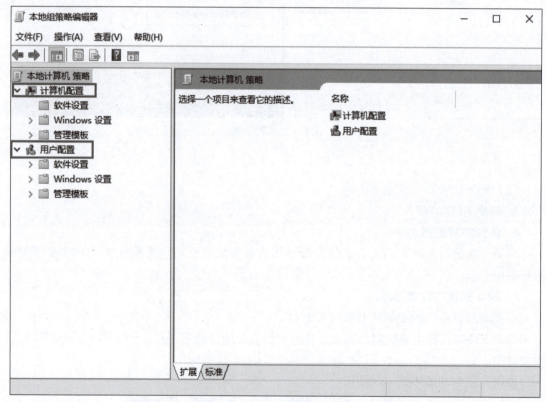

图 6-4　本地组策略编辑器

实际上，组策略是一种让管理员集中计算机和用户的手段或方法。组策略适用于众多方面的配置，如软件、安全性、IE、注册表等。在活动目录中，利用组策略可以在站点、域、OU 等对象上进行配置，以管理其中的计算机和用户对象，可以说组策略是活动目录的一个非常大的功能体现。

6.1.4.2　组策略基础架构

如图 6 – 10 所示，组策略分为两大部分：计算机配置和用户配置。每一个部分都有自己的独立性，因为它们配置的对象类型不同。计算机配置部分控制计算机账户，同样，用户配置部分控制用户账户。假设某个配置选项你希望计算机账户启用、用户账户也启用，那么就必须在计算机配置和用户配置部分都进行设置。总之，计算机配置下的设置仅对计算机对象生效，用户配置下的设置仅对用户对象生效。

1. 计算机配置部分

展开计算机配置部分，如图 6 – 5 所示。

有三个主要的部分：

1）软件设置

这一部分相对简单，它可以实现 MSI、ZAP 等软件部署分发。

2）Windows 设置

这一部分更复杂一些，包含很多子项，如图 6 – 6 所示。

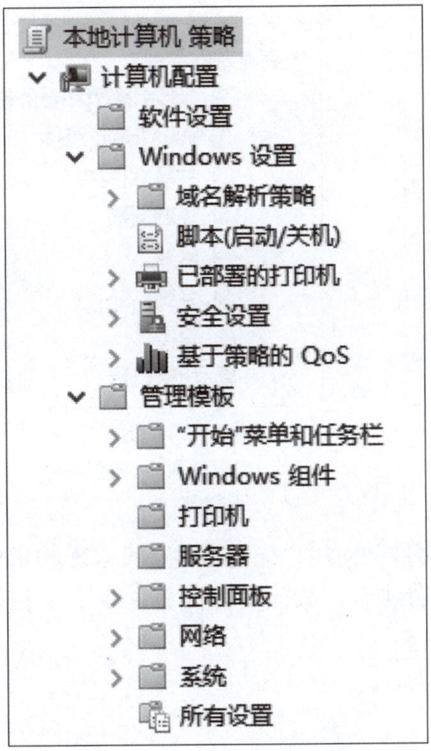

图 6 – 5　组策略 – 计算机配置 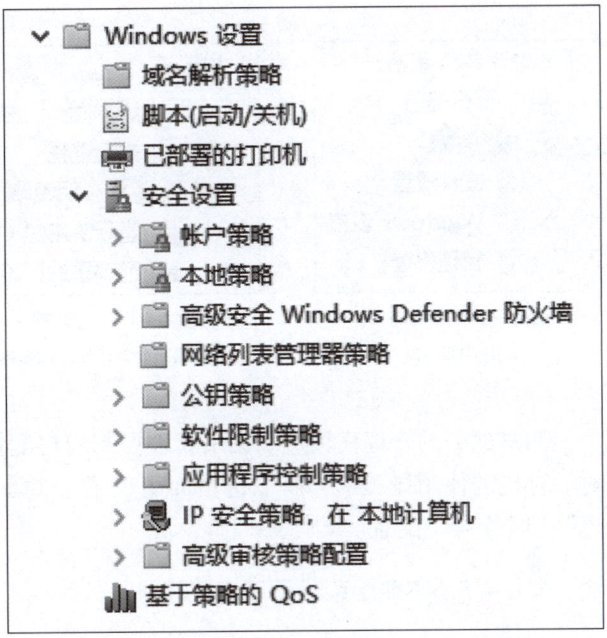　　　　图 6 – 6　组策略 – 计算机配置 – Windows 设置

子项都提供了很多选择，账户策略能够对用户账户和密码等进行管理控制；本地策略提供了更多的控制，如审核、用户权利及安全设置。特别是安全设置，包括了超过 75 个策略配置项。还有其他一些设置，如防火墙设置、无线网络设置、PKI 设置、软件限制等。

3) 管理模板

这一部分设置项最多，包含各式各样的对计算机的配置，如图 6-7 所示。

管理模板有 8 个主要的配置管理方向，包括"开始"菜单和任务栏、Windows 组件、打印机、服务器、控制面板、网络、系统、所有设置。其中包含了超过 1 250 个设置选项，涵盖了一台计算非常多的配置管理信息。

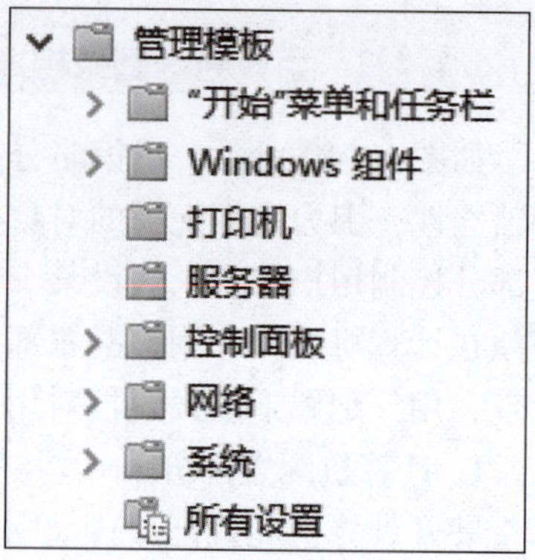

2. 用户配置部分

用户配置部分类似于计算机配置，主要不同在于这一部分配置的目标是用户账户，如图 6-8 所示。

这一部分同样也包含三大部分，其中，软件设置这一部分可以实现针对用户进行软件部署分发；Windows 设置这一部分与计算机配置里的 Windows 设置有很多的不同，如图 6-9 所示，其中多了"已部署的打印机"，而在安全设置中，只有"公钥策略"；管理模板在这一部分展开后，可以发现比计算机配置里的管理模板有更多的配置，如图 6-10 所示。

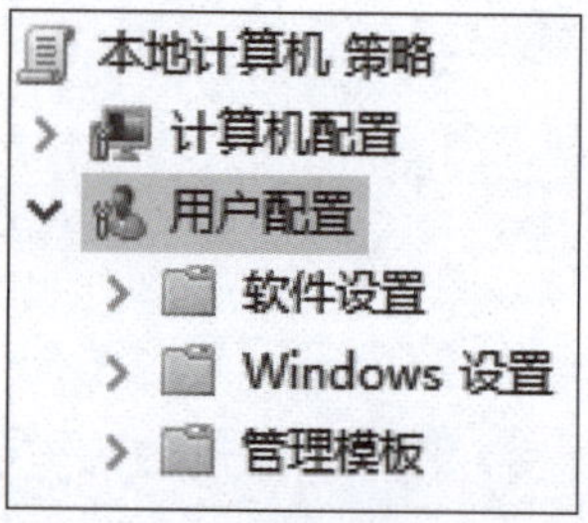

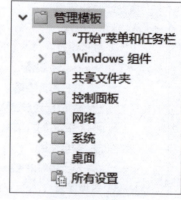

图 6-7　组策略 - 计算机
配置 - 管理模板

图 6-8　组策略 -
用户配置

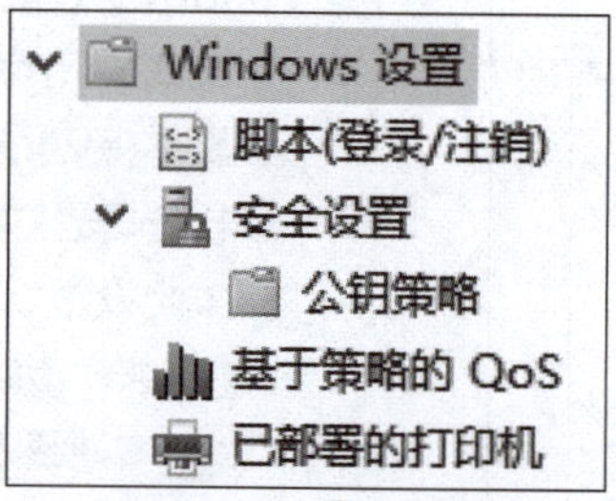

图 6-9　组策略 -
用户配置 - Windows 设置

图 6-10　组策略 -
用户配置 - 管理模板

用户部分的管理模板可以用来管理控制用户配置文件，而用户配置文件是可以影响用户对计算机的使用体验的，所以这里面出现了"共享文件夹""桌面"等配置，少了"打印机""服务器"配置。

6.1.4.3　本地组策略和域组策略

1. 本地组策略

Windows 8、Windows 10 等计算机都有且只有一份本地组策略。本地组策略的设置都存储在各个计算机内部，无论该计算机是否属于某个域。本地组策略包含的设置要少于非本地组策略的设置，比如在"安全设置"上就没有域组策略那么多的配置，也不支持"文件夹重定向"和"软件安装"这些功能。

在任意一台非域控制器的计算机上编辑管理本地组策略的步骤如下：

（1）单击任务栏的"搜索"按钮，输入"组策略"，如图 6-11 所示。

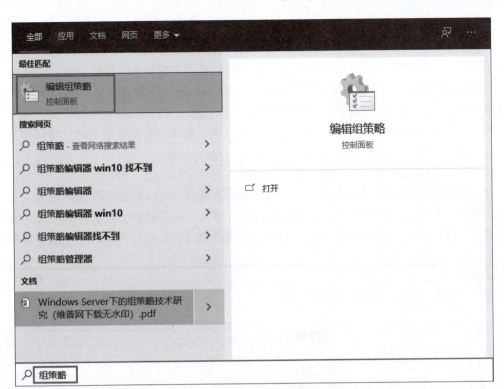

图 6 - 11　从搜索框输入组策略

（2）单击"编辑组策略"。

（3）展开"计算机配置""用户配置"，如图 6 - 12 所示。

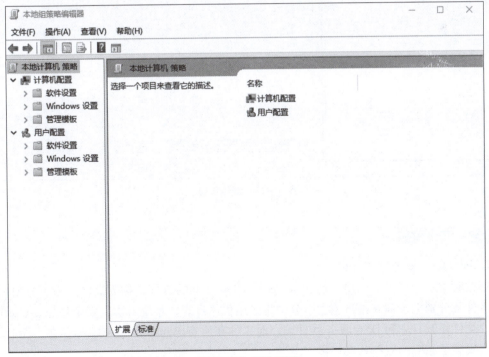

图 6 - 12　用户配置

2. 域组策略

与本地组策略的一机一策略不同，在域环境内可以有成百上千个组策略能够创建和存在于活动目录中，并且能够通过活动目录这个集中控制技术实现整个计算机、用户网络的基于组策略的控制管理。在活动目录中可以为站点、域、OU 创建不同管理要求的组策略，而且允许每一个站点、域、OU 能同时设施多套组策略。

可以使用 Windows Server 2019 自带的组策略管理工具来查看管理组策略，步骤如下：

（1）在"开始"菜单中单击"运行"，输入"gpmc. msc"。

（2）在 GPMC 管理界面展开森林和域节点。

（3）在域节点展开组策略对象节点，这样就能看到图 6-13 所示的组策略列表。

从图 6-13 所示的列表中可以创建更多的组策略，并且能够根据需求将组策略应用到相应的站点、域、OU，实现对整个站点、整个域或某个特定 OU 的计算机和用户的管理控制。

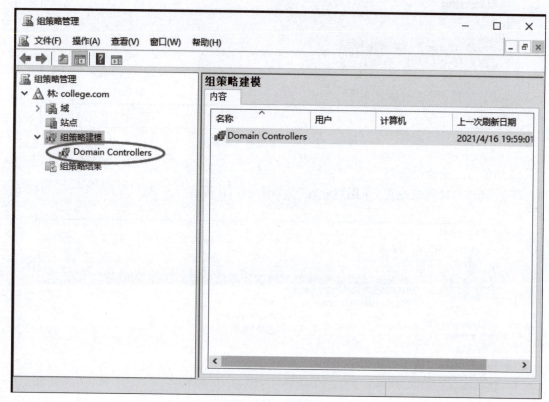

图 6-13　域组策略

6.1.5　安全审核

1. Windows 安全审核概述

审核时跟踪计算机上用户活动和 Windows 2000 活动的过程，称为事件。为了方便使用，这些事件被分别记录到 6 种日志中，分别是应用程序日志、系统日志、安全日志、目录服务日志、文件复制日志和 DNS 服务器日志。前 3 种在所有 Windows 系统中都存在，而后 3 种则仅当安装了相应的服务才会提供。

每当用户执行了指定的某些操作，审核日志就会记录一个审核项。可以审核操作中的成功尝试和失败尝试。安全审核对于任何企业系统来说都极其重要，因为只能使用审核日志来说明是否发生了危害安全的事件。如果通过其他某种方式检测到入侵，正确的审核设置所生成的审核日志将包含有关此次入侵的重要信息。

通常，失败日志比成功日志更有意义，因为失败通常说明有错误发生。例如，如果用户成功登录到系统，一般认为这是正常的。然而，如果用户多次尝试都未能成功登录到系统，则可能说明有人正试图使用他人的 ID 入侵系统。事件日志记录了系统上发生的事件。安全日志记录了审核事件。组策略的"事件日志"容器用于定义与应用程序、安全性及系统事件日志相关的属性，例如日志大小的最大值、每个日志的访问权限以及保留设置和方法。

2. Windows 安全审核特性

在 Windows Server 2008 R2、Windows 7 及更高版本中，与审核增强功能关联的各种任务如下。

1）创建审核策略

若要创建高级 Windows 安全审核策略，必须在运行 Windows Server 2008 R2、Windows 7 及更高版本的计算机上使用 GPMC 或本地安全策略管理单元。（安装远程服务器管理工具之后，可以在运行 Windows 7 及更高版本的计算机上使用 GPMC。）

2）应用审核策略设置

如果使用组策略应用高级审核策略设置和全局对象访问设置，则客户端计算机必须运行 Windows Server 2008 R2、Windows 7 及更高版本。此外，只有运行 Windows Server 2008 R2、Windows 7 及更高版本的计算机才能提供"访问原因"报告数据。

3）开发审核策略模型

若要进行高级安全审核设置和全局对象访问设置，必须使用以运行 Windows Server 2008 R2 及更高版本的域控制器为目标的 GPMC。

4）分发审核策略

开发包含高级安全审核设置的组策略对象（GPO）之后，就可以使用运行任何 Windows 服务器操作系统的域控制器对其进行分发。但是，如果无法将运行 Windows 7 的客户端计算机放在单独的 OU 中，则应该使用 Windows Management Instrumentation（WMI）筛选，以确保仅将高级策略设置应用于运行 Windows 7 及更高版本的客户端计算机。

3. Windows 安全审核功能

在 Windows Server 2008 R2、Windows 7 及更高版本中，提供了以下安全审核功能，在实施审核之前，必须决定审核策略。

基本审核策略指定要审核的安全相关事件的类别。首次安装 Windows 时，所有审核类别都是禁用的，可以通过启用各种审核事件类别，实施符合组织安全需求的审核策略。如果选择审核对对象的访问作为审核策略的一部分，则必须启用审核目录服务访问类别（以审核域控制器）上的对象，或启用审核对象访问类别（以审核成员服务器或工作站）上的对象。启用对象访问类别后，可以为每个组或用户指定要审核的访问类型。

高级安全审核策略设置位于"安全设置"→"高级审核策略配置"→"系统审核策略"中，显示为与基本安全审核策略重叠，但记录和应用方式不同。使用本地安全策略管理单元将基本审核策略设置应用于本地计算机时，将编辑有效的审核策略，因此对基本审核策略设置所做的更改将完全按照 Auditpol. exe 中的配置显示。在 Windows 7 及更高版本中，可以使用组策略控制高级安全审核策略。

1）全局对象访问审核

使用全局对象访问审核，管理员可以为文件系统或注册表定义每种对象类型的计算机 SACL。然后将指定的 SACL 自动应用于该类型的每个对象。

审核员将能够通过只查看全局对象访问审核策略设置的内容来证实系统中的每个资源受审核策略的保护。例如，策略设置"跟踪组管理员所进行的所有更改"将足以表明该策略有效。

资源 SACL 对于诊断方案也非常有用。例如，将全局对象访问审核策略设置为记录特定用户的所有活动以及在资源（文件系统、注册表）中启用"访问失败"审核策略将帮助管理员快速确定系统中的哪些对象拒绝用户访问。

2）"访问原因"设置

Windows 中有多个事件，无论操作是成功还是失败，都会进行审核。这些事件通常包括用户、对象和操作，但它们缺少允许或拒绝该操作的原因。通过记录原因、基于的特定权限以及某个人访问企业资源的原因，在 Windows Server 2008 及更高版本中改进了取证分析和支持方案。

3）高级审核策略设置

在 Windows Server 2008 R2、Windows 7 及更高版本中，可以使用域组策略配置和部署增强的审核策略，这样将降低管理成本，并极大地提高了安全审核的灵活性和效率。

4. 安全审核事件介绍

1）账户登录事件

此类别中的事件帮助文档域尝试对账户数据、域控制器或本地安全账户管理器（SAM）进行身份验证。与登录和注销事件（它们跟踪访问特殊计算机的尝试）不同，此类别中的事件报告正在使用的账户数据库见表 6－2。

表 6－2 账户登录事件

设置	描述
凭据验证	审核由对用户账户登录凭据的验证测试生成的事件
Kerberos 服务票证操作	审核 Kerberos 服务票证请求生成的事件
其他账户登录事件	审核由响应为用户账户登录提交的凭据请求（非凭据验证或 Kerberos 票证）生成的事件
Kerberos 身份验证服务	审核由 Kerberos 身份验证票证授予票证（TGT）请求生成的事件

2）账户管理事件

可以使用此类别中的设置监视对用户和计算机账户及组的更改，见表 6－3。

表 6－3 账户管理事件

设置	描述
用户账户管理	审核对用户账户的更改
计算机账户管理	审核由对计算机账户的更改（如当创建、更改或删除计算机账户时）生成的事件

设置	描述
安全组管理	审核由对安全组的更改生成的事件
分发组管理	审核由对分发组的更改生成的事件
应用程序组管理	审核由对应用程序组的更改生成的事件
其他账户管理事件	审核由此类别中不涉及的其他用户账户更改生成的事件

3）详细跟踪的事件

可以使用详细跟踪的事件监视各个应用程序的活动，以了解计算机的使用方式以及该计算机上用户的活动，见表 6-4。

表 6-4　详细跟踪的事件

设置	描述
进程创建	审核当创建或启动进程时生成的事件，还要审核创建该进程的应用程序或用户的名称
进程终止	审核当进程结束时生成的事件
DPAPI 活动	审核当对数据保护应用程序接口（DPAPI）进行加密或解密请求时生成的事件。DPAPI 用来保护机密信息，如存储的密码和密钥信息
RPC 事件	审核入站远程过程调用（RPC）连接

4）DS 访问事件

DS 访问事件提供对访问和修改 Active Directory 域服务（AD DS）中对象的尝试进行较低级别的审核跟踪。仅在域控制器上记录这些事件，见表 6-5。

表 6-5　DS 访问事件

设置	描述
目录服务访问	审核当访问 AD DS 对象时生成的事件。 仅记录具有匹配的 SACL 的 AD DS 对象。 此子类别中的事件与以前版本的 Windows 中可用的目录服务访问事件类似
目录服务更改	审核由对 AD DS 对象的更改生成的事件。当创建、删除、修改、移动或恢复对象时记录事件
目录服务复制	审核两个 AD DS 域控制器之间的复制
详细的目录服务复制	审核由域控制器之间详细的 AD DS 复制生成的事件

5）登录/注销事件

使用登录和注销事件可以跟踪以交互方式登录计算机或通过网络登录计算机的尝试。这些事件对于跟踪用户活动以及标识网络资源上的潜在攻击尤其有用，见表 6-6。

表 6-6　登录/注销事件

设置	描述
登录	审核由用户账户在计算机上的登录尝试生成的事件
注销	审核由关闭登录会话生成的事件。这些事件发生在所访问的计算机上。对于交互登录，在用户账户登录的计算机上生成安全审核事件
账户锁定	审核由登录锁定账户的失败尝试生成的事件
IPSec 主模式	审核在主模式协商期间由 Internet 密钥交换协议（IKE）和已验证 Internet 协议（AuthIP）生成的事件
IPSec 快速模式	审核在快速模式协商期间由 Internet 密钥交换协议（IKE）和已验证 Internet 协议（AuthIP）生成的事件
IPSec 扩展模式	审核在扩展模式协商期间由 Internet 密钥交换协议（IKE）和已验证 Internet 协议（AuthIP）生成的事件
特殊登录	审核由特殊登录生成的事件
其他登录/注销事件	审核与"登录/注销"类别中不包含的登录及注销有关的其他事件
网络策略服务器	审核由 RADIUS（IAS）和网络访问保护（NAP）用户访问请求生成的事件。这些请求可以是授予、拒绝、放弃、隔离、锁定和解锁

6）对象访问事件

使用对象访问事件可以跟踪网络或计算机上访问特定对象或对象类型的尝试。若要审核文件、目录、注册表项或任何其他对象，必须为成功和失败事件启用"对象访问"类别。例如，审核文件操作需要启用"文件系统"子类别，审核注册表访问需要启用"注册表"子类别，见表 6-7。

要证明该策略对外部审核员有效非常困难。没有简单的方法验证在所有继承的对象上是否设置了正确的 SACL。

表 6-7　对象访问事件

设置	描述
文件系统	审核用户访问文件系统对象的尝试。仅对于具有 SACL 的对象，并且仅当请求的访问类型（如写入、读取或修改）以及进行请求的账户与 SACL 中的设置匹配时，才生成安全审核事件
注册表	审核访问注册表对象的尝试。仅对于具有 SACL 的对象，并且仅当请求的访问类型（如读取、写入或修改）以及进行请求的账户与 SACL 中的设置匹配时，才生成安全审核事件
内核对象	审核访问系统内核（包括 Mutexes 和 Semaphores）的尝试。只有具有匹配的 SACL 的内核对象才生成安全审核事件
SAM	审核由访问安全账户管理器（SAM）对象的尝试生成的事件
证书服务	审核 Active Directory 证书服务（AD CS）操作
生成的应用程序	审核通过使用 Windows 审核应用程序编程接口（API）生成事件的应用程序。设计为使用 Windows 审核 API 的应用程序使用此子类别记录与其功能有关的审核事件

续表

设置	描述
句柄操作	审核当打开或关闭对象句柄时生成的事件。只有具有匹配的 SACL 的对象才生成安全审核事件
文件共享	审核访问共享文件夹的尝试。但是，当创建、删除文件夹或更改其共享权限时，不生成任何安全审核事件
详细的文件共享	审核访问共享文件夹上文件和文件夹的尝试。"详细的文件共享"设置在每次访问文件或文件夹时记录一个事件，而"文件共享"设置仅为客户端和文件共享之间建立的任何连接记录一个事件。"详细的文件共享"审核事件包括有关用来授予或拒绝访问的权限或其他条件的详细信息的事件
筛选平台数据包丢弃	审核由 Windows 筛选平台（WFP）丢弃的数据包
筛选平台连接	审核 WFP 允许或阻止的连接
其他对象访问事件	审核由管理任务计划程序作业或 COM + 对象生成的事件

7）策略更改事件

使用策略更改事件可以跟踪对本地系统或网络上重要安全策略的更改。由于策略通常是由管理员建立的，用于确保网络资源的安全，因此，任何更改或更改这些策略的尝试都可能是网络安全管理的重要方面，见表 6 – 8。

表 6 – 8　策略更改事件

设置	描述
审核策略更改	审核安全审核策略设置的更改
身份验证策略更改	审核由对身份验证策略的更改生成的事件
授权策略更改	审核由对授权策略的更改生成的事件
MPSSVC 规则级别策略更改	审核由 Windows 防火墙使用的策略规则的更改生成的事件
筛选平台策略更改	审核由对 WFP 的更改生成的事件
其他策略更改事件	审核由策略更改类别中不审核的其他安全策略更改生成的事件

8）权限使用事件

为用户或计算机授予对网络的权限，以完成指定的任务。有了权限使用事件，可以跟踪一台或多台计算机上某些权限的使用，见表 6 – 9。

表 6 – 9　权限使用事件

设置	描述
敏感权限使用	审核由使用敏感权限（用户权限）生成的事件，如充当操作系统的一部分、备份文件和目录、模拟客户端计算机或生成安全审核
非敏感权限使用	审核由使用非敏感权限（用户权限）生成的事件，如本地登录或使用远程桌面连接登录、更改系统时间或从扩展坞删除计算机
其他权限使用事件	未使用

9）系统事件

使用系统事件可以跟踪对其他类别中不包含且有潜在安全隐患的计算机的高级更改，见表 6 - 10。

表 6 - 10　系统事件

设置	描述
安全状态更改	审核由计算机安全状态更改生成的事件
安全系统扩展	审核与安全系统扩展或服务有关的事件
系统完整性	审核违反安全子系统的完整性的事件
IPSec 驱动程序	审核由 IPSec 筛选器驱动程序生成的事件
其他系统事件	审核以下任何事件： 启动和关闭 Windows 防火墙 由 Windows 防火墙处理的安全策略 加密密钥文件和迁移操作

6.2　Linux 操作系统安全

1. Linux 发展历史

Linux 和 UNIX 有密切的联系。UNIX 的早期版本源代码可以免费获得，但随后其发布者转向商业化，于是其禁止研究源代码，以免商业利益受到损害。为了扭转这种局面，荷兰的 Andy Taonenbaum 决定编写一个在用户看来与 UNIX 完全兼容，而内核全新的操作系统 Minix。Andy Taonenbaum 希望读者通过 Minix 可以剖析操作系统，研究其内部运作机制。

1990 年，Linus Torvalds 用汇编语言编写了一个在 80386 保护模式下处理多任务切换的程序，后来从 Minix 中得到灵感，添加了一些硬件的设备驱动程序和一个小的文件系统，这样 0.0.1 版本的 Linux 就出来了，但是它必须在有 Minix 的机器上编译以后才能运行。随后 Linus 决定彻底抛弃 Minix，编写一个完全独立的操作系统。

Linux 0.0.2 于 1991 年 10 月 5 日发布，这个版本已经可以运行 bash（一种用户与操作系统内核通信的命令解释软件）和 GCC（GNU C 编译器）了。

Linus 从一开始就决定自由扩散 Linux，他将源代码发布在 Internet 上，随即就引起世界范围内计算机爱好者和开发者的注意，他们通过 Internet 加入了 Linux 的内核开发之中。一大批高水平程序员的加入，使 Linux 得到迅猛发展，如图 6 - 14 所示。他们为 Linux 修复错误、增加新功能，不断尽其所能地改进它。

Linux 1.0 于 1993 年年底发布，它已经是一个功能完备的操作系统了，其内核紧凑高效，可以充分发挥硬件的性能。

Linux 从 1.3 版本之后开始向其他硬件平台移植，目前可以在 Intel、DEC 的 Alphas、Motorola 的 M68K、Sun SPARC、PowerPC、MIPS 等处理器上运行，可以涵盖从低端到高端的所有应用。

图 6 – 14　Linux

2. Linux 系统架构

Linux 是一套免费使用和自由传播的类 UNIX 操作系统，是一个基于 POSIX 和 UNIX 的多用户、多任务、支持多线程和多 CPU 的操作系统。它能运行主要的 UNIX 工具软件、应用程序和网络协议。它支持 32 位和 64 位硬件。Linux 继承了 UNIX 以网络为核心的设计思想，是一个性能稳定的多用户网络操作系统。Linux 一般有四个主要部分：内核、Shell、文件结构和实用工具。

1）Linux 内核

内核是系统的"心脏"，是运行程序和管理磁盘、打印机等硬件设备的核心程序。它从用户那里接受命令，并把命令送给内核去执行。

2）Linux Shell

Shell 是系统的用户界面，提供了用户与内核进行交互操作的一种接口。它接收用户输入的命令，并把它送入内核去执行。

实际上，Shell 是一个命令解释器，它解释由用户输入的命令并且把它们送到内核。不仅如此，Shell 有自己的编程语言用于对命令的编辑，它允许用户编写由 Shell 命令组成的程序。Shell 编程语言具有普通编程语言的很多特点，比如它也有循环结构和分支控制结构等，用这种编程语言编写的 Shell 程序与其他应用程序具有同样的效果。

同 Linux 本身一样，Shell 也有多种不同的版本。目前主要有下列版本的 Shell：

- Bourne Shell：是贝尔实验室开发的。
- BASH：是 GNU 操作系统上默认的 Shell。
- Korn Shell：是对 Bourne Shell 的发展，大部分内容与 Bourne Shell 兼容。
- C Shell：是 Sun 公司 Shell 的 BSD 版本。

3）Linux 文件结构

Linux 用户可以设置目录和文件的权限，以便允许或拒绝其他人对其进行访问。Linux 目录采用多级树形结构。用户可以浏览整个系统，可以进入任何一个已授权进入的目录，访问那里的文件。

文件结构的相互关联性使共享数据变得容易，几个用户可以访问同一个文件。Linux 是一个多用户系统，操作系统本身的驻留程序存放在以根目录开始的专用目录中，有时被指定为系统目录。图 6 – 15 中那些根目录下的目录就是系统目录。

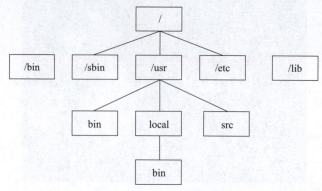

图 6 – 15　Linux 目录结构

　　内核、Shell 和文件结构一起形成了基本的操作系统结构。它们使用户可以运行程序、管理文件以及使用系统。此外，Linux 操作系统还有许多被称为实用工具的程序，辅助用户完成一些特定的任务。

　　4）Linux 操作系统——实用工具

　　标准的 Linux 系统都有一套叫作实用工具的程序，它们是专门的程序，例如编辑器、执行标准的计算操作等。用户也可以生产自己的工具。实用工具可分三类：

　　（1）编辑器：用于编辑文件。

　　（2）过滤器：用于接收数据并过滤数据。

　　（3）交互程序：允许用户发送信息或接收来自其他用户的信息。

　　Linux 的编辑器主要有 Ed、Ex、Vi 和 Emacs。Ed 和 Ex 是行编辑器，Vi 和 Emacs 是全屏幕编辑器。

　　Linux 的过滤器（Filter）读取从用户文件或其他地方输入的数据，检查和处理数据，然后输出结果。从这个意义上说，它们过滤了经过它们的数据。

　　交互程序是用户与机器的信息接口。Linux 是一个多用户系统，它必须和所有用户保持联系。信息可以由系统上的不同用户发送或接收。信息的发送有两种方式：一种方式是与其他用户一对一地链接进行对话，另一种是一个用户与多个用户同时链接进行通信，即所谓广播式通信。

3. Linux 的特点

　　Linux 一个由个人开发的操作系统雏形，经过不到 20 年的时间发展为举足轻重的操作系统，与 Windows、UNIX 一起形成了操作系统领域三足鼎立的局势。其特点和优势主要包括以下几个方面。

　　1）公开源代码

　　作为程序员，通过阅读 Linux 内核和 Linux 下其他程序的源代码，可以学到很多编程经验和相关知识；作为最终用户，使用 Linux 避免了使用盗版 Windows 的尴尬，同时也不用为某些隐秘的系统后门而担心自身的安全。

　　2）系统稳定

　　Linux 采用了 UNIX 的设计体系，汲取了 UNIX 系统几十年的发展经验。在服务器操作系统市场上，其已经超过 Windows 成为服务器的首选操作系统。

3）性能突出

经过 Jurgen Schmidt 组织的 Linux 和 Windows 之间的测试，结果表明两种操作系统在各种应用情况下，尤其是在网络应用环境中，Linux 的总体性能更好。

4）安全性强

各种病毒的频繁出现使微软几乎每隔几天就要为 Windows 发布补丁，而目前针对 Linux 的病毒则非常少，而且 Linux 源代码的开发方式使各种漏洞都能够及早被发现和弥补。

5）跨平台

Windows 只能在 Intel 构架下运行，而 Linux 除了可以运行于 Intel 平台外，还可以运行于 Motorola 公司的 68K 系列 CPU，IBM、Apple、Motorola 公司的 PowerPC CPU、Compaq 和 Digital 公司的 Alpha CPU、MIPS 芯片，Sun 公司的 SPARC 和 UltraSparc CPU，Intel 公司的 StrongARM CPU 等处理器系统。

6）完全兼容 UNIX

Linux 和现今的 UNIX、System V、BSD 三大主流的 UNIX 系统几乎完全兼容，在 UNIX 下可以运行的程序，完全可以移植到 Linux 下。

7）强大的网络服务

Linux 诞生于 Internet，它具有 UNIX 的特性，保证了它支持所有标准因特网协议，而且 Linux 内置了 TCP/IP 协议。事实上，Linux 是第一个支持 IPv6 的操作系统。

6.2.1　用户和组安全

Linux 系统是一个多用户多任务的分时操作系统，任何一个要使用系统资源的用户，都必须首先向系统管理员申请一个账号，然后以这个账号的身份进入系统。每一个用户都由唯一的身份来标识，这个标识叫作用户 ID（User ID，UID）。并且系统中每一个用户也至少需要一个"用户分组"，这也是由系统管理员所创建的用户小组，这个小组中包含着许多系统用户。与用户一样，用户分组也由唯一的身份来标识，该标识叫作用户分组 ID（Group ID，GID）。某个文件或者程序的访问是以它的 UID 和 GID 为基础，一个执行中的程序继承了调用它的用户权利和访问权限。

用户和用户组的对应关系是一对一、多对一、一对多或多对多。

- 一对一：某个用户可以是某个组的唯一成员。
- 多对一：多个用户可以是某个唯一的组的成员，不归属于其他用户组。比如 beinan 和 linuxsir 两个用户只归属于 beinan 用户组。
- 一对多：某个用户可以是多个用户组的成员。比如 beinan 可以是 root 组成员，也可以是 linuxsir 用户组成员，还可以是 adm 用户组成员。
- 多对多：多个用户对应多个用户组，并且几个用户可以归属于相同的组。

每位用户的权限可以被定义为普通用户或者根（root）用户，普通用户只能访问其拥有的或者有权限执行的文件。root 用户能够访问系统全部的文件和程序，而无论 root 用户是不是这些文件和程序的所有者。root 用户通常也被称为"超级用户"，其权限是系统中最大的，可以执行任何操作。

1. 用户账号与口令管理

入侵一台计算机，最简单的办法是盗取一个合法的账号，这样就可以令人不易察觉地使用系统。在 Linux 系统中默认有不少账号，也会建立新的个人用户账号，系统管理员应对所有的账号进行安全保护，而不能只防护那些重要的账号。

1）用户管理

在 Linux 环境下对用户的管理有多种方式，常用的包括：

- 使用编辑工具 vi 对/etc/passwd 进行操作。
- 直接使用 useradd、userdel 等用户管理命令。
- 使用 pwconv 命令，让/etc/passwd 与/etc/shadow 文件保持一致。

（1）增加用户。

- 在/etc/passwd 文件中写入新用户。
- 为新登录用户建立一个 HOME 目录。
- 在/etc/group 中增加新用户。

在/etc/passwd 文件中写入新的入口项时，口令部分可先设置为 NOLOGIN，以免有人作为此新用户登录。新用户一般独立为一个新组，GID 号与 UID 号相同（除非他要加入目前已存在的一个新组），UID 号必须和其他人不同，HOME 目录一般设置在/usr 或/home 目录下，建立一个以用户登录名为名称的目录作为其主目录。

（2）删除用户。

删除用户与加用户的操作正好相反，首先在/etc/passwd 和/etc/group 文件中删除用户的入口项，然后删除用户的 HOME 目录和所有文件。

rm －r/usr/loginname 删除用户的整个目录。

/usr/spool/cron/crontabs 中有 crontab 文件，也应当删除。

2）账号信息管理

在 Linux 系统中，账号的信息是存储在/etc/passwd 和/etc/shadow 文件中的。/etc/passwd 文件保存着用户的名称、ID 号、用户组、用户注释、主目录和登录 shell。/etc/shadow 文件存放了用户名称和口令的加密串。下面是两个文件的例子：

```
/etc/passwd
root:x:0:0:root:/root:/bin/bash
bin:x:1:1:bin:/bin:/sbin/nologin
daemon:x:2:2:daemon:/sbin:/sbin/nologin
adm:x:3:4:adm:/var/adm:/sbin/nologin
lp:x:4:7:lp:/var/spool/lpd:/sbin/nologin
sync:x:5:0:sync:/sbin:/bin/sync
shutdown:x:6:0:shutdown:/sbin:/sbin/shutdown
halt:x:7:0:halt:/sbin:/sbin/halt
mail:x:8:12:mail:/var/spool/mail:/sbin/nologin
news:x:9:13:news:/etc/news:
uucp:x:10:14:uucp:/var/spool/uucp:/sbin/nologin
```

各个域依次为：用户名:原密码存放位置:用户 ID:组 ID:注释:主目录:外壳。

```
/etc/shadow
root:$1$ojgDMA/K$ydGOqgE96ka/HSpXg8e9O.:12367:0:99999:7:::
bin:* :12328:0:99999:7:::
```

```
daemon:* :12328:0:99999:7:::
adm:* :12328:0:99999:7:::
lp:* :12328:0:99999:7:::
sync:* :12328:0:99999:7:::
shutdown:* :12328:0:99999:7:::
halt:* :12328:0:99999:7:::
mail:* :12328:0:99999:7:::
news:* :12328:0:99999:7:::
uucp:* :12328:0:99999:7:::
```

各个域依次为：用户名:加密口令:上次修改日期:最短改变口令时间:最长改变口令时间:口令失效警告时间:不使用时间:失效日期:保留。

3）禁用账户

如果需要暂时让某个账户停用，而不是删除时，最简单的方法就是确保用户口令终止。把账户禁用可以有几种方法。

（1）使用命令。

```
#usermod -L <username>
#usermod -U <username> //解除禁用
```

（2）修改/etc/passwd 文件。

- 把第二个字段中的"x"变成其他字符，该账号就不能登录。
- 把/bin/bash 修改成/sbin/nologin。

（3）修改/etc/shadow 文件。

- 在第二个密码字段的前面加上一个"!"，该账号就不能登录，这个其实就是 usermod -L 命令的结果。
- 在最后两个冒号之间加上数字"1"，表示该账号的密码自 1970 年 1 月 1 日起，过一天后立即过期。
- 如果想解禁，把修改的内容去掉就可以了。

4）控制用户的登录地点

文件/etc/security/access. conf 可控制用户登录地点，为了使用 access. conf，必须在文件/etc/pam. d/login 中加入下面行：

```
account required /lib/security/pam-access.so
```

access. conf 文件的格式：

```
permission:users:origins
```

其中：

permission：可以是"+"或"-"，表示允许或拒绝。

user：可以是用户名、用户组名，如果是 all，则表示所有用户。

origins：登录地点。local 表示本地，all 表示所有地点，console 表示控制台。

后面两个域中加上 except 是"除了"的意思。例如，除了用户 wheel、shutdown、sync，禁止所有的控制台登录：

```
-:ALL EXCEPT wheel shutdown sync:console
```

root 账户的登录地点不在 access. conf 文件中控制，而是由/etc/securetty 文件控制。如果要让 root 能从 pts/0 登录，就在这个文件中添加一行，内容是 0 就行。要从 pts/1 登录，则依此类推。或者修改/etc/pam. d/login，把下面一行注释掉也允许 root 远程登录。

```
auth required /lib/security/pam_securetty.so
```

2. 使用 sudo 分配特权

作为系统管理员，有时不得不把服务器的 root 权限交给一个普通用户去执行某些只有超级用户才有权执行的命令。比如服务器升级补丁后，然后重启机器，使用 reboot 命令时需要 root 权限。超级管理员将面临一个两难的选择，要么自己亲自一个一个动手，要么泄露管理员口令。

sudo 的出现解决了这一矛盾，sudo 是安装在 Linux 系统平台上，许可其他用户以 root 身份去执行特定指令的软件。管理员可以进行配置，允许那个普通用户使用 reboot 命令，但不可以用 root 身份执行其他命令，而且也不必把 root 的口令告诉普通用户。

/etc/sudoers 的配置规则如下：

将 visudo 命令在系统安装时与 sudo 程序一起复制到/usr/bin 下。visudo 就是用来编辑/etc/sudoers 这个文件的，只要把相应的用户名、主机名和许可的命令列表以标准的格式加入文件并保存就可以生效。例如，管理员需要允许"xyd"用户在主机"solx"上执行"reboot"和"shutdown"命令，在 visudo 时加入：

```
xyd solx =/usr/sbin/reboot,/usr/sbin/shutdown
```

注意：这里的命令表示一定要使用绝对路径，避免其他目录的同名命令被执行，以免造成安全隐患。保存退出就可以了。xyd 用户想执行 reboot 命令时，只要在提示符下运行下列命令：

```
$sudo reboot
```

就可以重启服务器了。使用 sudo 时，都是在命令前面加上"sudo"，后面跟所要执行的命令。

3. 密码设置和管理

1）密码的设置

密码设置应按照一定的规则。在 Linux 系统中，为了强制用户使用合格的口令，用户修改口令时，推荐必须最少有 6 个字符，而且至少包括 2 个数字或者特殊字符。不过要注意，在以 root 的身份进行密码修改时，是不受这个限制的。下面是在进行密码设置的时候推荐的一些方式：

- 密码至少应有 6 个字符。
- 密码至少应该包含 2 个英文字母及 1 个数字或特殊符号。
- 密码应与用户名完全不同，并且不能使用原有名称的变化（如反序、位移等）。
- 新旧密码至少有 3 个字符不相同。

2）口令的控制

用户应该定期改变自己的口令，例如一个月换一次。如果口令被偷去，就会引起安全问题，经常更换口令可以帮助减少损失。如果一个骇客偷了用户的密码，但并没有被发觉，这样给用户造成的损失是不可估计的。隔一段时间换一次口令总比一直保留原有口令损失要小。我们可以为口令设定有效时间，这样当有效时间结束后，系统就会强制用户更改系统密码。另外，有些系统会将用户以前的口令记录下来，不允许用户使用以前的口令，而要求用户输入一个新的口令，这样就增强了系统的安全性。

6.2.2　认证与授权

1. PAM 机制

PAM（Pluggable Authentication Modules）是由 Sun 公司提出的一种认证机制。它通过提供一些动态链接库和一套统一的 API，将系统提供的服务和该服务的认证方式分开，使系统管理员可以灵活地根据需要给不同的服务配置不同的认证方式而无须更改服务程序，同时也便于向系统中添加新的认证手段。PAM 最初集成在 Linux 中，目前已移植到其他系统中，如 Linux、SunOS、HP – UX 9.0 等。

系统管理员通过 PAM 配置文件来制定认证策略，即指定什么服务该采用什么样的认证方法；应用程序开发者通过在服务程序中使用 PAM API 而实现对认证方法的调用；而 PAM 服务模块（service module）的开发者则利用 PAM SPI（Service Module API）来编写认证模块，将不同的认证机制加入系统中，如图 6 – 16 所示。

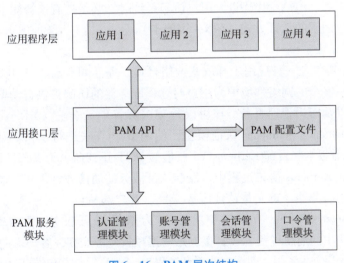

图 6 – 16　PAM 层次结构

PAM 支持的四种管理界面：

- 认证管理（authentication management），主要是接受用户名和密码，进而对该用户的密码进行认证，并负责设置用户的一些秘密信息。
- 账号管理（account management），主要是检查账户是否被允许登录系统，账号是否已经过期，账号的登录是否有时间段的限制等。
- 会话管理（session management），主要是提供对会话的管理和记账（accounting）。
- 口令管理（password management），主要是用来修改用户的密码。

PAM 的文件主要有：

- /usr/lib/libpam. so. *　　　　　　　　　　PAM 核心库

- /etc/pam. conf 或者/etc/pam. d/   PAM 配置文件
- /usr/lib/security/pam_ *. so   可动态加载的 PAM 服务模式

2. 认证机制

目前，网络通信主要提供五种通用的安全服务：认证服务、访问控制服务、机密性服务、完整性服务和非否认性服务。认证服务是实现网络安全最重要的服务之一，其他的安全服务在某种程度上都依赖于认证服务。

通过身份认证，通信双方可以相互验证身份，从而保证双方都能够与合法的授权用户进行通信。主要有下面三种认证方式：

1）口令认证方式

口令认证是最简单的用户身份认证方式。系统通过核对用户输入的用户名和口令与系统内已有的合法用户名和口令是否匹配来验证用户的身份。

2）基于生物学特征的认证

基于生物学信息的身份认证就是利用用户所特有的生物学特征来区分和确认用户的身份。如指纹、声音、视网膜、DNA 图案等。

3）基于智能卡的认证

智能卡是由一个或多个集成电路芯片组成的集成电路卡。智能卡可存储用户的个人参数和秘密信息（如 IDX、PWX 和密钥）。用户访问系统时，必须持有该智能卡。基于智能卡的认证方式是一种双因子的认证方式（PIN + 智能卡）。

3. Kerberos 认证系统

Kerberos 认证协议是一种应用于开放式网络环境、基于可信任第三方的 TCP/IP 网络认证协议，可以在不安全的网络环境中为用户对远程服务器的访问提供自动鉴别、数据安全性和完整性服务，以及密钥管理服务。该协议是美国麻省理工学院（MIT）为其 Athena 项目开发的，基于 Needham – Schroeder 认证模型，使用 DES 算法进行加密和认证。至今，Kerberos 系统已有五个版本。目前 Kerberos V5 已经被 IETF 正式命名为 RFC1510。

协议原理：在 Kerberos 协议过程中，发起认证服务的通信方称为客户端，客户端需要访问的对象称为应用服务器。首先是认证服务交换，客户端从认证服务器（AS）请求一张票据许可票据（Ticket Granting Ticket，TGT），作为票据许可服务（Ticket Granting Server，TGS），即图 6 – 17 中的消息过程 1、2；接着是票据授权服务交换，客户端向 TGS 请求与服务方通信所需的票据及会话密钥，即图中的消息过程 3、4；最后是客户端/应用服务器双向认证，客户端在向应用服务器证实自己身份的同时，证实应用服务器的身份，即图中的消息过程 5、6。

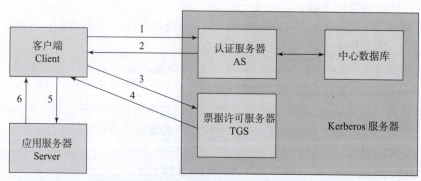

图 6 – 17   Kerberos 认证系统结构及其协议过程

4. 轻量级目录访问协议（LDAP）

在 Kerberos 域内，Kerberos 系统可以提供认证服务，系统内的访问权限和授权则需要通过其他途径来解决。轻量级目录访问协议（LDAP）使用基于访问控制策略语句的访问控制列表（Access Control List，ACL）来实现访问控制与应用授权，不同于现有的关系型数据库和应用系统，访问控制异常灵活和丰富。

1）协议模型

LDAP 协议采用的通用协议模型是一个由客户端（Client）发起操作的客户端/服务器（Server）响应模型，如图 6 - 18 所示。在此协议模型中，LDAP 客户端通过 TCP/IP 的系统平台和 LDAP 服务器保持连接，这样任何支持 TCP/IP 的系统平台都能安装 LDAP 客户端。应用程序通过应用程序接口（API）调用把操作要求和参数发送给 LDAP 客户端，客户端发起 LDAP 请求，通过 TCP/IP 传递给 LDAP 服务器；LDAP 服务器必须分配一个端口来监听客户端请求，其代替客户端访问目录库，在目录上执行相应的操作，把包含结果或者错误信息的响应回传给客户端；应用程序取回结果。当客户端不再需要与服务器通信时，由客户端断开连接。LDAP 协议模型如图 6 - 18 所示。

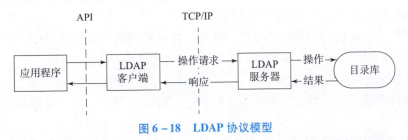

图 6 - 18　LDAP 协议模型

2）数据模型

LDAP 是以树状方式组织信息，称为目录信息树。DIT 的根节点是一个没有实际意义的虚根，树上的节点被称为条目（Entry），是树状信息中的基本数据单元。条目的名称由一个或多个属性组成，称为相对识别名，此为条目在根节点下的唯一名称标识，用来区别于它同级别的条目。从一个条目到根的直接下级条目的 RDN 序列组成该条目的识别名（Distinguishe Name，DN），DN 是该条目在整个树中的唯一名称标识。DN 的每一个 RDN 对应 DIT 的一个分支，从 Root 一直到目录条目。图 6 - 19 所示为一个 LDAP 目录信息树结构。

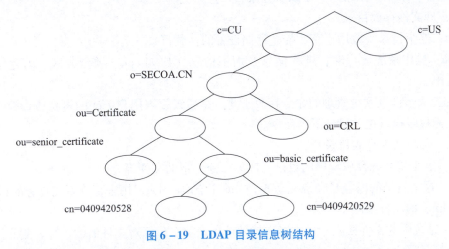

图 6 - 19　LDAP 目录信息树结构

6.2.3　文件系统安全

文件系统是 Linux 系统的核心模块，通过使用文件系统，用户可以很好地管理各项文件及目录资源，然而，Linux 文件系统的安全面临着关键文件易被非法篡改、删除等威胁。并且由于访问权限设置不当等问题，很多重要文件也可能被低权限的用户浏览、窃取甚至删除和篡改。

1. 文件类型

Linux 有四种基本文件类型：普通文件、目录文件、链接文件和特殊文件，可用 file 命令来识别。

普通文件：如文本文件、C 语言元代码、Shell 脚本、二进制的可执行文件等，可用 cat、less、more、vi、emacs 来查看内容，用 mv 来改名。

目录文件：包括文件名、子目录名及其指针。它是 Linux 储存文件名的唯一地方，可用 ls 列出目录文件。

链接文件：是指向同一索引节点的那些目录条目。用 ls 来查看时，链接文件的标志用 l 开头，而文件面后以 " -> " 指向所链接的文件。

特殊文件：Linux 的一些设备如磁盘、终端、打印机等都在文件系统中表示出来，则一类文件就是特殊文件，常放在/dev 目录内。例如，软驱 A 称为/dev/fd0。

2. 文件系统结构

Linux 文件系统是一个目录树的结构，它的根是根目录 "/"，往下连接各个分支，如图 6 - 20 所示。

/bin：系统所需要的那些命令位于此目录，比如 ls、cp、mkdir 等命令；这个目录中的文件都是可执行的、普通用户可以使用的命令。系统所需的最基础的命令就是放在这里。

/boot：Linux 的内核及引导系统程序所需的文件目录，在一般情况下，GRUB 或 LILO 系统引导管理器也位于这个目录。

/dev：设备文件存储目录，比如声卡、磁盘等。

/etc：系统配置文件的所在地，一些服务器的配置文件也在这里。比如用户账号及密码配置文件。

/home：普通用户家目录，是默认存放目录。

/lib：库文件存放目录。

/mnt：这个目录一般用于存放挂载存储设备的挂载目录。

/proc：操作系统运行时，进程信息及内核信息（比如 cpu、硬盘分区、内存信息等）存放在这里。

/sbin：大多涉及系统管理的命令存放于此，是超级权限用户 root 的可执行命令存放地，普通用户无权限执行这个目录下的命令。

/tmp：临时文件存放目录。

/usr：这个是系统存放程序的目录，比如命令、帮助文件等。

/var：这个目录的内容是经常变动的。/var 下有/var/log，用来存放系统日志的目录。

3. Linux 的文件权限

Linux 系统中的文件权限，是指对文件的访问权限，包括对文件的读、写、删除、执行。

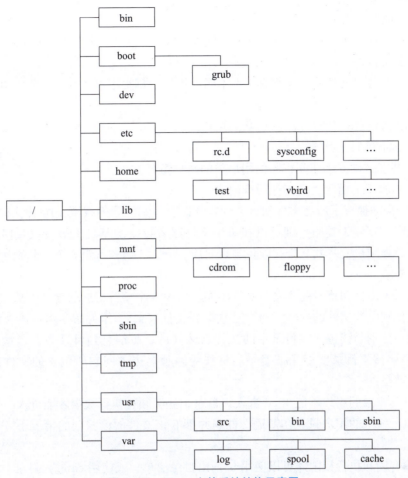

图 6 – 20　Linux 文件系统结构示意图

Linux 是一个多用户操作系统，它允许多个用户同时登录和工作。因此，Linux 将一个文件或目录与一个用户和组联系起来，如图 6 – 21 所示。

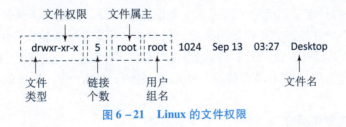

图 6 – 21　Linux 的文件权限

与文件权限相关联的是第一、三、四个域。第三个域是文件的所有者，第四个域是文件的所属组，而第一个域则限制了文件的访问权限。在这个例子中，文件的所有者是 root，所属的组是 root，文件的访问权限是 drwxr – xr – x。

该域由 10 个字符组成，可以把它们分为四组，具体含义分别是：

d：文件类型。

rwx：所有者权限。

r-x：组权限。

r-x：其他用户权限。

文件类型：第一个字符。由于 Linux 系统将设备、目录等都当作是文件来处理，因此，该字符表明此文件的类型。

权限标志：每个文件或目录都有4类不同的用户。每类用户各有一组读、写和执行（搜索）文件的访问权限，这4类用户是：

root：系统特权用户类，既 UID=0 的用户。

owner：拥有文件的用户。

group：共享文件的组访问权限的用户类的用户组名称。

world：不属于上面3类的其他所有用户。

root 用户自动拥有了所有文件和目录的全部读、写和搜索的权限，所以没有必要明确指定他们的权限。其他3类用户则可以在单个文件或者目录的基础上被授权或撤销权限。因此，对另外3类用户，一共9个权限位与之对应，分为3组，每组3个，分别用 r、w、x 来表示，分别对应 owner、group、world。

权限位对于文件和目录的含义有些许不同。每组3个字符对应的含义，从左至右，对于文件来说，分别是读文件的内容（r）、写数据到文件（w）、作为命令执行该文件（x）。对于目录来说，分别是读包含在目录中的文件名称（r）、写信息到目录中去（增加和删除索引点的连接）、搜索目录（能用该目录名称作为路径名去访问它所包含的文件或子目录）。具体来说，就是：

- 有只读权限的用户不能用 cd 进入该目录，还必须有执行权限才能进入。
- 有执行权限的用户只有在知道文件名并拥有该文件的读权限的情况下才可以访问目录下的文件。
- 必须有读和执行权限才可以使用 ls 列出目录清单，或使用 cd 进入目录。
- 如用户有目录的写权限，则可以创建、删除或修改目录下的任何文件或子目录，即使该文件或子目录属于其他用户。

6.2.4　日志与审计

Linux 系统中的日志子系统对于系统安全来说非常重要，它记录了系统每天发生的各种事情，包括哪些用户曾经或者正在使用系统，可以通过日志来检查错误发生的原因，更重要的是，在系统受到黑客攻击后，日志可以记录攻击者留下的痕迹。通过查看这些痕迹，系统管理员可以发现入侵者的某些手段和特点，从而能够进行处理工作，为抵御下一次入侵做好准备。

1. Linux 日志管理简介

日志的主要功能是审计和监测。它还可以用于追踪入侵者等。在 Linux 系统中，有以下四类主要的日志。

（1）连接时间日志：由多个程序执行，把记录写入/var/log/wtmp 和/var/run/utmp，login 等程序更新 wtmp 和 utmp 文件，使系统管理员能够跟踪何人在何时登录到系统。

（2）进程统计：由系统内核执行。当一个进程终止时，为每个进程向进程统计文件（pacct 或 acct）中写一个记录。进程统计的目的是为系统中的基本服务提供命令用于统计。

（3）错误日志：由 syslogd（8）守护程序执行。各种系统守护进程、用户程序和内核通过 syslogd（3）守护程序向文件/var/log/messages 报告值得注意的事件。另外，有许多 Linux 程序创建日志。像 HTTP 和 FTP 这样提供网络服务的服务器也保持详细的日志。

（4）实用程序日志：许多程序通过维护日志来反映系统的安全状态。su 命令允许用户获得另一个用户的权限，所以它的安全很重要，它的文件为 sulog。同样重要的还有 sudolog。另外，诸如 Apache 等 HTTP 服务器都有两个日志：access_log（客户端访问日志）以及error_log。

上述四类日志中，常用的日志文件见表 6 – 11。

表 6 – 11　Linux 日志文件

日志文件	注释
access – log	记录 HTTP/Web 的传输
acct/pacct	记录用户命令
boot. log	记录 Linux 系统开机自检过程显示的信息
lastlog	记录最近几次成功登录的事件和最后一次不成功的登录
messages	从 syslog 中记录信息（有的链接到 syslog 文件）
sudolog	记录使用 sudo 发出的命令
sulog	记录 su 命令的使用
syslog	从 syslog 中记录信息
utmp	记录当前登录的每个用户信息
wtmp	一个用户每次登录进入和退出时间的永久记录
xferlog	记录 FTP 会话信息
maillog	记录每一个发送到系统或从系统发出的电子邮件的活动。它可以用来查看用户使用哪个系统发送工具或把数据发送到哪个系统

2. Linux 基本日志管理机制

utmp、wtmp 日志文件是多数 Linux 日志子系统的关键，它保存了用户登录和退出的记录。有关当前登录用户的信息记录在文件 utmp 中；登录和退出记录在文件 wtmp 中；数据交换、关机以及重启的机器信息也都记录在 wtmp 文件中。所有的记录都包含时间戳。时间戳对于日志来说非常重要，因为很多攻击行为都与时间有极大的关系。这些文件在具有大量用户的系统中增长十分迅速。例如 wtmp 文件可以无限增长，除非定期截取。许多系统以一天或者一周为单位把 wtmp 配置成循环使用。它通常由 cron 运行的脚本来修改。这些脚本重新命名并循环使用 wtmp 文件。通常，wtmp 在第一天结束后命名为 wtmp. 1，第二天后，wtmp. 1 变为 wtmp. 2，等等，用户可以根据实际情况来对这些文件进行命名和配置使用。

utmp 文件被各种命令文件使用，包括 who、w、users 和 finger，而 wtmp 文件被程序 last 和 ac 使用。

wtmp 和 utmp 文件都是二进制文件，它们不能被诸如 tail、cat 等命令剪贴或合并。用户需要使用 who、w、users、last 和 ac 来应用这两个文件包含的信息。

3. syslog 日志设备

审计和日志功能对于系统来说是非常重要的，可以把我们感兴趣的操作都记录下来，供分析和检查。Linux 采用了 syslog 工具来实现此功能，如果配置正确，所有在主机上发生的事情都会被记录下来，不管是好的还是坏的。

syslog 已被许多日志系统采纳，它用在许多保护措施中——任何程序都可以通过 syslog 记录事件。syslog 可以记录系统事件，可以写到一个文件或设备中，或给用户发送一个信息。它能记录本地事件或通过网络记录另一个主机上的事件。

syslog 依据两个重要的文件：/sbin/syslogd（守护进程）和/etc/syslog. conf，习惯上，多数 syslog 信息被写到/var/adm 或/var/log 目录下的信息文件（messages. ＊）中。一个典型的 syslog 记录包括生成程序的名字和一个文本信息，还包括一个设备和一个行为级别（不在日志中出现）。

4. logcheck

Logcheck 是一个安全软件包，用来实现自动检查日志文件，以发现安全入侵和不正常的活动。Logcheck 用 logtail 程序来记录读到的日志文件的位置，下一次运行的时候，从记录下的位置开始处理新的信息。所有的源代码都是公开的，实现方法也非常简单。

Logcheck Shell 脚本和 logtail. c 程序用关键字查找的方法进行日志检测。此处关键字就是指在日志文件中出现的关键字，会触发向系统管理员发的报警信息。Logcheck 的配置文件自带了默认的关键字。管理员最好还是自行检查一下配置文件，看看自带的关键字是否符合实际需要。

Logcheck 脚本是简单的 Shell 程序，logtail. c 程序只调用了标准的 ANSI C 函数。Logcheck 要在 cron 守护进程中配置，至少要每小时运行一次。脚本用简单的 grep 命令从日志文件中检查不正常的活动，如果发现了，就发给邮件给管理员；如果没有发现异常活动，就不会收到邮件。

5. Linux 日志使用注意事项

系统管理人员应该提高警惕，随时注意各种可疑状况，并且按时和随机地检查各种系统日志文件，包括一般信息日志、网络连接日志、文件传输日志以及用户登录日志等。在检查这些日志时，要注意是否有不合常理的时间记载。例如，l 用户在非常规的时间登录。

- 不正常的日志记录，比如日志残缺不全，或者是诸如 wtmp 这样的日志文件无故地缺少了中间的记录文件。
- 用户登录系统的 IP 地址和以往的不一样。
- 用户登录失败的日志记录，尤其是那些一再连续尝试进入却失败的日志记录。
- 非法使用或不正当使用超级用户权限的指令。
- 无故或者非法重新启动各项网络服务的记录。

特别提醒管理人员注意的是：日志并不是完全可靠的。高明的黑客在入侵系统后，经常会"打扫"现场。所以需要综合运用以上系统命令，全面、综合地进行审查和检测，切忌断章取义，否则很难发现入侵或者会做出错误的判断。

另外，在有些情况下，可以把日志送到打印机，这样网络入侵者怎么修改日志都没有用；通常要广泛记录日志；syslog 设备是被攻击的显著目标；为其他主机维护日志的系统对于防范服务器攻击特别脆弱，因此要特别注意。

第 7 章

Web 安全防护与实施

7.1   网络攻击

7.1.1   网络攻击概述

7.1.1.1   网络攻击的危害

当今世界，网络是信息社会的基础，它已经广泛深入社会、经济、政治、文化、军事、生活等各个领域，成为人们生活中不可缺少的一部分。但由于因特网的开放性等因素，它也带来了很多安全问题，如机密信息被窃听和篡改、网络黑客攻击、计算机感染蠕虫病毒等，如图 7 - 1 所示。由此带来的损失和影响是巨大的，主要表现在以下几个方面：

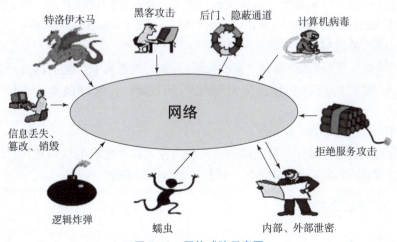

图 7 - 1   网络威胁示意图

（1）电子商务领域的破坏活动：21 世纪为电子商务世纪，电子商务是犯罪分子进行财务诈骗活动的主要领域。据称一些大公司在电子商务中的损失每天以数十万美元计。每年大约发生 6.4 万次信用卡诈骗，损失约 10 亿美元之巨。

（2）经济领域里的间谍活动：黑客首先选用电子邮件手段攻击网络外围，一旦建立好后门，防火墙就不再起作用。在这种情况下，如果黑客把声音系统启动，实际上就是一个很好的截取信息（窃听）系统。不言而喻，网络也必将成为激烈的政治和军事斗争的空间。

（3）对基础设施的破坏：机场导航调度系统、城市供水系统、能源系统、各种金融证券交易中心等重要单位极易受到攻击破坏，往往给国民经济和国计民生造成巨大损失。

（4）未来的信息战：美国国防部副部长哈姆雷曾向国会的特别委员会宣布："我们正在进行一场电脑战争。"由于国际黑客在不断入侵美国的重要军事系统，美国调查人员称"月光迷宫"行动为第一次世界"电脑大战"或称信息战。在未来，不见硝烟的网络战场势必是各国争夺的焦点。

7.1.1.2 黑客

"黑客"（Hacker）和"骇客"（Cracker）中的中文音译"黑"或"骇"字总使人对黑客有所误解，真实的黑客主要指的是高级程序员，而不是指对电脑系统及程序进行恶意攻击及破坏的人。除了精通编程、精通操作系统的人可以被视作黑客外，现在精通网络入侵的人也被看作"黑客"，但一般称为骇客。

一般认为，黑客起源于 20 世纪 50 年代美国著名高校的实验室中，此实验室中的研究人员智力非凡、技术高超、精力充沛，热衷于解决一个个棘手的计算机网络难题。20 世纪六七十年代，"黑客"一词甚至极富褒义，从事黑客活动意味着对计算机网络的最大潜力进行智力上的自由探索，所谓的黑客文化也随之产生。然而并非所有的人都能恪守"黑客"文化的信条专注于技术的探索，恶意的计算机网络破坏者、信息系统的窃密者随后层出不穷，人们把这部分主观上有恶意的人称为"骇客"（Cracker），试图区别于"黑客"，同时也诞生了诸多的黑客分类方法，如"白帽子、黑帽子、灰帽子"。

1. "白帽子"是创新者

他们设计新系统、打破常规、精研技术、勇于创新。他们的口号是："没有最好，只有更好！"他们的成就创作：MS——Bill Gates，GNU——R. Stallman 和 Linux——Linus。

2. "灰帽子"是破解者

破解已有系统、发现问题/漏洞、突破极限/禁制、展现自我。他们的口号是："计算机为人民服务。"他们的成就创作：漏洞发现——Flashsky，软件破解——0 Day，工具提供——Glacier。

3. "黑帽子"是破坏者

随意使用资源、恶意破坏、散播蠕虫病毒、商业间谍。他们的口号是："人不为己，天诛地灭。"他们的成就创作：熊猫烧香，ARP 病毒，入侵程序。

7.1.1.3 网络攻击类型

1. 网络攻击分类

（1）主动攻击：包含攻击者访问所需信息的故意行为。

（2）被动攻击。主要是收集信息而不是进行访问，数据的合法用户对这种活动一点也不会觉察到。被动攻击包括：

- 窃听。包括键击记录、网络监听、非法访问数据、获取密码文件。
- 欺骗。包括获取口令、恶意代码、网络欺骗。
- 拒绝服务。包括导致异常型、资源耗尽型、欺骗型。
- 数据驱动攻击。包括缓冲区溢出、格式化字符串攻击、输入验证攻击、同步漏洞攻击、信任漏洞攻击。

2. 网络攻击一般方法

1）口令入侵

所谓口令入侵，是指使用某些合法用户的账号和口令登录到目的主机，然后实施攻击活动。这种方法的前提是必须先得到该主机上的某个合法用户的账号，再进行合法用户口令的破译。

获得普通用户账号的方法非常多，如利用目标主机的 Finger 功能：当用 Finger 命令查询时，主机系统会将保存的用户资料（如用户名、登录时间等）显示在终端或计算机上；利用目标主机的 X.500 服务：有些主机没有关闭 X.500 的目录查询服务，也给攻击者提供了获得信息的一条简易途径。

2）特洛伊木马

植入特洛伊木马程序能直接侵入用户的计算机并进行破坏，它常被伪装成工具程序或游戏等诱使用户打开带有特洛伊木马程序的邮件附件或从网上直接下载，一旦用户打开了这些邮件的附件或执行了这些程序之后，它们就会像特洛伊人在敌人城外留下的藏满士兵的木马那样留在自己的计算机中，并在自己的计算机系统中隐藏一个能在 Windows 启动时悄悄执行的程序。当用户连接到因特网上时，这个程序就会通知攻击者，来报告用户的 IP 地址及预先设定的端口。攻击者在收到这些信息后，再利用这个潜伏在其中的程序，就能任意地修改用户的计算机的参数设定、复制文件、窥视用户的整个硬盘中的内容等，从而达到控制你的计算机的目的。

3）Web 欺骗

一般 Web 欺骗使用两种技术手段，即 URL 地址重写技术和相关信息掩盖技术。攻击者能将自己的 Web 地址加在所有 URL 地址的前面，这样，当用户和站点进行安全链接时，就会毫不防备地进入攻击者的服务器，于是用户的所有信息便处于攻击者的监视之中。但由于浏览器一般均设有地址栏和状态栏，当浏览器和某个站点连接时，能在地址栏和状态栏中获得连接中的 Web 站点地址及其相关的传输信息，用户由此能发现问题，所以攻击者往往在 URL 地址重写的同时，利用相关信息排查技术，即一般用 JavaScript 程序来重写地址栏和状态栏，以达到其排查欺骗的目的。

4）网络监听

网络监听是主机的一种工作模式，在这种模式下，主机能接收到本网段在同一条物理通道上传输的所有信息，而不管这些信息的发送方和接收方是谁。系统在进行密码校验时，用户输入的密码需要从用户端传送到服务器端，攻击者能在两端之间进行数据监听。此时若两台主机进行通信的信息没有加密，只要使用某些网络监听工具，就可轻而易举地截取包括口令和账号在内的信息资料。虽然网络监听获得的用户账号和口令具有一定的局限性，但监听者往往能够获得其所在网段的所有用户账号及口令。

5）黑客软件

利用黑客软件攻击是互联网上使用比较多的一种攻击手法。冰河等都是比较著名的特洛伊木马,它们能非法地取得用户计算机的终极用户级权利,能对其进行完全的控制。

6)安全漏洞

安全漏洞是指受限制的计算机、组件、应用程序或其他联机资源无意中留下的不受保护的入口点。漏洞是硬件、软件或使用策略上的缺陷,它们会使计算机遭受病毒和黑客攻击。

2012年某晚22:30—23:40,京东充值平台出现了漏洞,即京东推出的积分充值活动在上述期间内,充话费、Q币等不会扣除相应积分,用户可以免费无限次充值。据悉,短短数小时,网友利用该漏洞进行话费充值、套Q币等,预计京东亏损2亿元左右。

7)端口扫描

所谓端口扫描,就是利用Socket编程和目标主机的某些端口建立TCP连接、进行传输协议的验证等,从而侦知目标主机的扫描端口是否是处于激活状态、主机提供了哪些服务、提供的服务中是否含有某些缺陷等。常用的扫描方式有Connect扫描、Fragmentation扫描。

7.1.2 网络攻击基本流程

针对系统或者网络进行的攻击过程如图7-2所示。通常包括信息收集、目标分析及定位、实施入侵、部署后门及清除痕迹五个步骤。

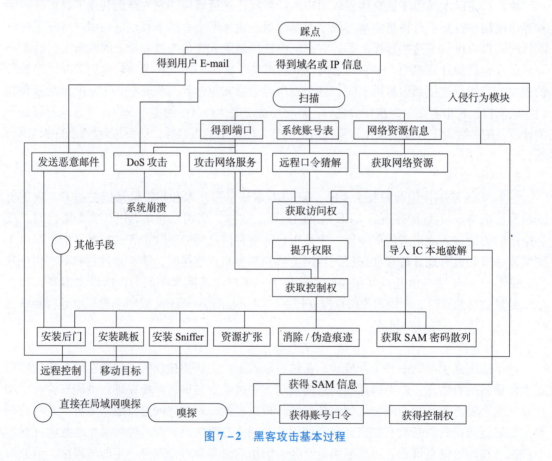

图7-2 黑客攻击基本过程

1. 信息收集

信息收集的主要内容包括目标的网络信息、目标主机信息、是否存在漏洞、密码脆弱性。

2. 目标分析及定位

攻击者通过对目标进行深入的分析，确定收集信息的准确性，对目前情况进行更准确的判断，选择攻击方式及攻击路径。在实际的攻击中，往往采取集成化的工具来完成。例如漏洞扫描软件。

3. 实施入侵

攻击者利用系统存在的漏洞，对系统网络实施攻击，获取系统权限或者破坏系统及网络的正常运行。入侵的方式根据系统的漏洞情况而定。

4. 部署后门

攻击者在完成入侵后，在系统上部署后门，方便今后进入系统。部署后门的方式包括设置隐蔽账户、安装后门软件、放置后门脚本等多种形式。

5. 清理痕迹

攻击者清理系统上的各种入侵记录，避免被管理员发觉。清理痕迹包括清理系统日志、应用日志、入侵时的临时文件和中间文件等。

7.2　欺骗攻击原理

7.2.1　IP 地址欺骗

1. IP 地址

IP 是英文 Internet Protocol 的缩写，意思是"网络之间互连的协议"，也就是为计算机网络相互连接进行通信而设计的协议。在因特网中，它是能使连接到网上的所有计算机网络实现相互通信的一套规则，规定了计算机在因特网上进行通信时应当遵守的规则。Internet 上的每台主机（Host）都有唯一的 IP 地址，如图 7-3 所示。IP 就是使用这个地址在主机之间传递信息，这是 Internet 能够运行的基础。

```
C:\Windows\system32\cmd.exe

Microsoft Windows [版本 6.1.7600]
版权所有 (c) 2009 Microsoft Corporation。保留所有权利。

C:\Users\WM>ipconfig

Windows IP 配置

无线局域网适配器 无线网络连接:

   连接特定的 DNS 后缀 . . . . . . . : bitc.edu
   本地链接 IPv6 地址. . . . . . . . : fe80::94ad:23bf:fbf6:bbf1%13
   IPv4 地址 . . . . . . . . . . . . : 10.67.6.100
   子网掩码  . . . . . . . . . . . . : 255.255.0.0
   默认网关. . . . . . . . . . . . . : 10.67.255.254

以太网适配器 本地连接:
```

图 7-3　主机 IP 地址属性

2. IP 地址欺骗

对于网络用户来说，IP 地址就相当于网络用户的门牌号码，而所谓的 IP 地址欺骗，就是攻击者假冒他人 IP 地址，发送数据包，如图 7 - 4 所示。因为 IP 协议不对数据包中的 IP 地址进行认证，因此任何人不经授权就可以伪造 IP 包的源地址。

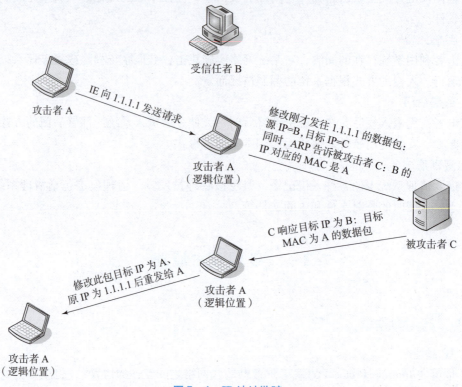

图 7 - 4　IP 地址欺骗

　　IP 包一旦从网络中发送出去，源 IP 地址就几乎不用，仅在中间路由器因某种原因丢弃它或到达目标端后，才被使用。如果攻击者把自己的主机伪装成被目标主机信任的好友主机，即把发送的 IP 包中的源 IP 地址改成被信任的友好主机的 IP 地址，利用主机间的信任关系和这种信任关系的实际认证中存在的脆弱性（只通过 IP 确认），就可以对信任主机进行攻击。

3. IP 欺骗攻击流程

1）建立信任关系

　　IP 欺骗是利用了主机之间的正常信任关系来发动的。主机 A 和主机 B 之间的信任关系是基于 IP 地址而建立起来的，那么假如能够冒充主机 B 的 IP，就可以使用 rlogin 登录到主机 A，而不需要任何口令验证。这就是 IP 欺骗最根本的理论依据。

2）TCP 序列号猜测

　　虽然可以通过编程的方法随意改变发出的包的 IP 地址，但 TCP 协议对 IP 进行了进一步的封装，它是一种相对可靠的协议，不会让黑客轻易得逞。

　　由于 TCP 是面向连接的协议，所以，在双方正式传输数据之前，需要用"三次握手"来建立一个安全的连接，如图 7 - 5 所示。假设还是主机 A 和主机 B 两台主机进行通信，主机 B 首先发送带有 SYN 标志的数据段通知主机 A 建立 TCP 连接，TCP 的可靠性就是由数据包中的多位控制字来提供的，其中最重要的是数据序列 SYN 和数据确认标志 ACK。

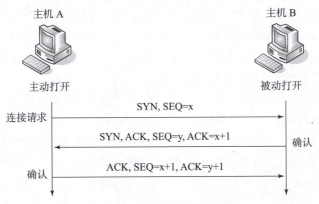

图 7-5　TCP 三次握手图解

如果攻击者了解到主机 A 与主机 B 之间建立了信任关系，在 A 不能正常工作时，假冒主机 A 的 IP 地址向主机 B 发送建立 TCP 连接的请求包，这时如果攻击者能够猜出主机 B 确认包中的序列号 y，就可以假冒主机 A 与主机 B 建立 TCP 连接，然后通过传送可执行的命令数据侵入主机 B 中。

3）IP 地址欺骗过程

IP 地址欺骗攻击由若干步骤组成，如图 7-6 所示。首先，选定目标主机。其次，发现信任模式，并找到一个被目标主机信任的主机。再次，使该主机丧失工作能力，同时，采样目标主机发出的 TCP 序列号，猜测出它的数据序列号。最后，伪装成被信任的主机，同时建立起与目标主机基于地址验证的应用连接。如果成功，黑客可以使用一种简单的命令放置一个系统后门，以进行非授权操作。一旦发现被信任的主机，为了伪装成它，往往使其丧失工作能力。由于攻击者将要代替真正的被信任主机，他必须确保真正被信任的主机不能接收到任何有效的网络数据，否则将会被揭穿。有许多方法可以实现这一点，如 SYN-Flood 攻击。

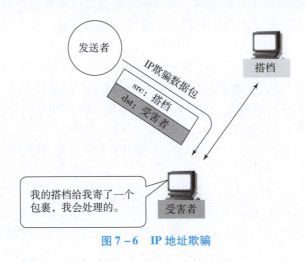

图 7-6　IP 地址欺骗

7.2.2　ARP 欺骗

1. ARP 地址解析协议

ARP 是地址解析协议，主要负责将局域网中的 32 位 IP 地址转换为对应的 48 位物理地址，即网卡的 MAC 地址，比如 IP 地址为 192.168.0.1，计算机上网卡的 MAC 地址为 00 -03 -0F -FD -1D -2B。整个转换过程是一台主机先向目标主机发送包含 IP 地址信息的广播数据包，即 ARP 请求，然后目标主机向该主机发送一个含有 IP 地址和 MAC 地址的数据包，通过协商，这两个主机就可以实现数据传输了。

2. ARP 缓存表

在安装了以太网网络适配器（即网卡）的计算机中有一个或多个 ARP 缓存表，用于保存 IP 地址以及经过解析的 MAC 地址。要在 Windows 中查看或者修改 ARP 缓存中的信息，可以使用 ARP 命令来完成，在命令提示符窗口中键入 "ARP -a" 或 "ARP -g"，可以查看 ARP 缓存中的内容，如图 7 -7 所示。

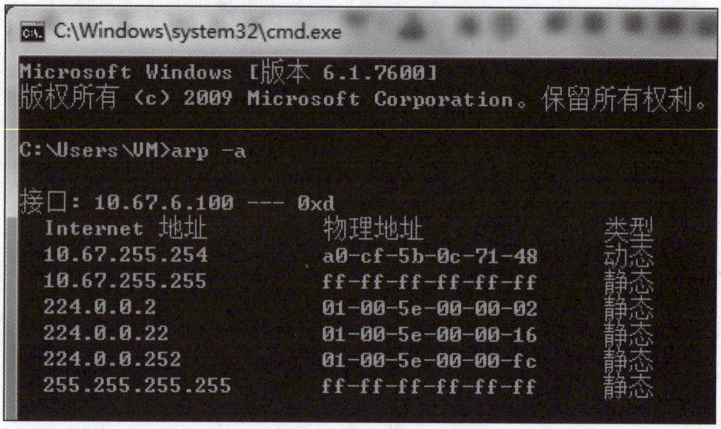

图 7 -7 ARP 缓存表

3. ARP 欺骗

ARP 类型的攻击最早用于盗取密码，网内中毒电脑可以伪装成路由器盗取用户的密码，后来发展成内藏于软件，扰乱其他局域网用户正常的网络通信，下面简要阐述 ARP 欺骗的原理。

假设有一个网络，一个交换机连接了 3 台机器，依次是计算机 A、B、C。

A 的 IP：192.168.1.1，MAC：AA -AA -AA -AA -AA -AA。

B 的 IP：192.168.1.2，MAC：BB -BB -BB -BB -BB -BB。

C 的 IP：192.168.1.3，MAC：CC -CC -CC -CC -CC -CC。

第一步：正常情况下，在 A 计算机上运行 ARP -A 来查询 ARP 缓存表，应该出现如下信息。

```
Interface:192.168.1.1 on Interface 0x1000003
Internet Address Physical Address Type
192.168.1.3 CC -CC -CC -CC -CC -CC dynamic
```

第二步：在计算机 B 上运行 ARP 欺骗程序，来发送 ARP 欺骗包。

B 向 A 发送一个自己伪造的 ARP 应答，而这个应答中的数据为发送方 IP 地址192.168.10.3（C 的 IP 地址），MAC 地址 DD -DD -DD -DD -DD -DD（C 的 MAC 地址本来应该是 CC -CC -CC -CC -CC -CC，这里被伪造了）。当 A 接收到 B 伪造的 ARP 应答后，就会更新本地的 ARP 缓存（A 可能不知道被伪造了）。而且 A 不知道其实是从 B 发送过来的，A 这里只有 192.168.10.3（C 的 IP 地址）和无效的 DD - DD - DD - DD - DD - DD MAC 地址。

第三步：欺骗完毕后，在 A 计算机上运行 ARP - A 来查询 ARP 缓存信息，会发现原来正确的信息现在已经出现了错误。

```
Interface:192.168.1.1 on Interface 0x1000003
Internet Address Physical Address Type
192.168.1.3 DD - DD - DD - DD - DD - DD dynamic
```

上面例子中，在计算机 A 上的关于计算机 C 的 MAC 地址已经错误了，所以，即使以后从 A 计算机访问 C 计算机，192.168.1.3 这个地址也会被 ARP 协议错误地解析成 MAC 地址为 DD - DD - DD - DD - DD - DD。

当局域网中的一台机器反复向其他机器特别是向网关发送这样无效假冒的 ARP 应答信息包时，严重的网络堵塞就会开始。由于网关 MAC 地址错误，所以从网络中计算机发来的数据无法正常发到网关，自然无法正常上网。

这就造成了无法访问外网的问题。另外，由于很多时候网关还控制着局域网 LAN 上网，这时 LAN 访问也就出现问题了。图 7 - 8 更直观地展示了 ARP 欺骗攻击的情况。

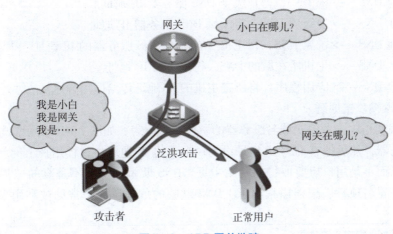

图 7 - 8　ARP 网关欺骗

7.2.3　DNS 欺骗

1. 域名系统

DNS 是计算机域名系统或域名解析服务器（Domain Name Server 或 Domain Name System）的缩写，它是由解析器以及域名服务器组成的。DNS 是 Internet 的一项服务，一般叫域名服务或者域名解析服务，主要提供网站域名与 IP 地址相互转换的服务。

域名与 IP 地址之间是一一对应的关系，但多个域名可以对应同一个 IP 地址。就像一个人的姓名和身份证号码之间的关系，显然记忆人的名字要比身份证号码容易得多。IP 地址是网络上标识用户站点的数字地址，为了简单好记，采用域名来代替 IP 地址表示站点地址，域名服务器（DNS）将域名解析成 IP 地址，使之一一对应。

2. DNS 工作过程

DNS 的工作过程是逐级解析的过程，如图 7 - 9 所示。

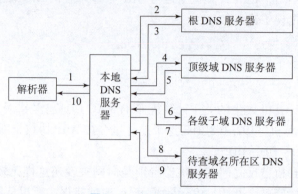

图 7 - 9　DNS 工作过程

（1）应用程序首先调用 Gethostbyname（）函数，系统自动调用解析程序 resolver（），请求本地域名服务器解析某主机域名。

（2）本地 DNS -->根 DNS，得顶级域 DNS 服务器 IP 地址。

（3）本地 DNS -->顶级域 DNS，得子域 DNS 服务器 IP 地址。

（4）本地 DNS -->子域 DNS，得主机所在域的 DNS 服务器的 IP 地址。

（5）本地 DNS -->主机所在域的 DNS，得主机的 IP 地址。

（6）本地 DNS -->应用程序，将所查主机的 IP 地址传给应用程序。

3. DNS 欺骗攻击原理

DNS 欺骗就是攻击者冒充域名服务器的一种欺骗行为，如图 7 - 10 所示。原理：攻击者冒充域名服务器，然后把查询的 IP 地址设为攻击者的 IP 地址，这样用户上网就只能看到攻击者的主页，而不是用户想要取得的网站主页。DNS 欺骗其实并不是真的"黑掉"了对方的网站，而是冒名顶替、招摇撞骗罢了。DNS 欺骗的危害巨大，常见被利用来钓鱼、挂马之类。

4. DNS 欺骗攻击的方式

2013 年 8 月 25 日凌晨 1 点左右，以 . cn 为根域名的部分网站显示无法打开，中国互联网络信息中心 25 日上午发出通告称，国家域名解析节点受到 DNS 拒绝服务攻击。2010 年，百度域名被劫持，这是百度自建立以来遭受到的持续时间最长、影响最严重的黑客攻击。网民访问百度时，会被重定向到一个位于荷兰的 IP 地址，百度旗下所有子域名都无法正常访问。

根据对前期发生的 DNS 攻击事件进行分析总结，攻击类型大致分为以下几种：

1）DNS DDoS 攻击

根据攻击目标的不同，DNS 的 DDoS 攻击有两种形式，分别是针对 DNS 服务器的 DNS query Flooding 攻击和针对目标用户的 DDoS 攻击。

● DNS query Flooding 攻击的对象即为 DNS 域名服务器，攻击的目的是使这些服务器瘫痪，无法对正常的用户查询请求做出响应。

● DNS response Flooding 是针对具体的目标用户的 DDoS 攻击，黑客利用正常的 DNS 服

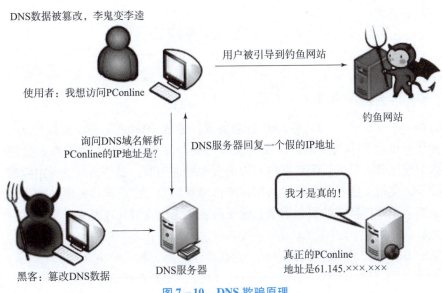

图 7 – 10　DNS 欺骗原理

务器递归查询过程形成对目标客户的 DDoS 攻击。

2）DNS 欺骗（DNS Spoofing）

DNS 欺骗是比较常见的一种攻击形式，在客户端发出 DNS 请求后，黑客通过各种技术手段假冒成 DNS 服务器并发送包含错误 IP 地址的 DNS 响应报文，用户在获得该错误的地址后，其访问请求会指向假冒的非法网站，影响用户的正常访问。

3）DNS 缓存感染（DNS Cache Poisoning）

攻击者使用 DNS 请求，将数据放入一个具有漏洞的 DNS 服务器的缓存当中。这些缓存信息会在客户端进行 DNS 访问时返回给用户，从而把用户对正常域名的访问引导到入侵者所设置的挂马、钓鱼等页面上，或者通过伪造的邮件和其他的服务获取用户口令信息，导致客户遭遇进一步的侵害。

4）DNS 信息劫持（DNS Hijacking）和重定向

入侵者通过监听客户端和 DNS 服务器的对话，可以猜测服务器响应给客户端的 DNS 查询 ID，获取该 ID 信息后，攻击者将伪造虚假的响应报文，在 DNS 服务器之前将虚假的响应交给用户，从而欺骗客户端去访问恶意的网站，或者重定向到事先预设好的钓鱼网站，趁机下载恶意代码到客户的计算机并获取客户的个人信息。

5）本机劫持

HOSTS 文件是存储计算机网络节点信息的文件，其中也包含了部分主机域名和 IP 地址的对应关系。病毒如果在 HOSTS 文件中添加了虚假的 DNS 解析记录，当用户访问某个域名时，因为本地 HOSTS 文件的优先级高于 DNS 服务器，所以操作系统会先检测 HOSTS 文件，判断是否有这个地址映射关系，如果有，则调用这个 IP 地址映射进行 IP 访问；如果没有，会向预设的 DNS 服务器提出域名解析。

7.3　拒绝服务攻击

7.3.1　拒绝服务攻击原理

DoS 是 Denial of Service 的简称，即拒绝服务，造成 DoS 的攻击行为被称为 DoS 攻击，其目的是使计算机或网络无法提供正常的服务。被 DoS 攻击时，主机上有大量等待的 TCP 连接，网络中充斥着大量的无用数据包。攻击者源地址为假，制造高流量无用数据，造成网络拥塞，使受害主机无法正常和外界通信。攻击者利用受害主机提供的服务或传输协议上的缺陷，反复高速地发出特定的服务请求，使受害主机无法及时处理所有正常请求，严重时会造成系统死机。

最常见的 DoS 攻击形式有 4 种：

（1）带宽耗用（bandwidth – consumption）攻击，攻击者有更多的可用带宽而能够造成受害者的拥塞或者征用多个站点集中网络连接对网络进行攻击。即以极大的通信量冲击网络，使所有可用网络资源都被消耗殆尽，最后导致合法的用户请求无法通过。

（2）资源衰竭（resource – starvation）攻击，与带宽耗用不同的是，其消耗系统资源，一般涉及 CPU 利用率、内存、文件系统限额和系统进程总数之类的系统资源消耗。即用大量的连接请求冲击计算机，使所有可用的操作系统资源都被消耗殆尽，最终计算机无法再处理合法用户的请求。

（3）编程缺陷（programming flaw），是应用程序、操作系统处理异常条件失败。这些异常条件通常在用户向脆弱的元素发送非期望的数据时发生。对于依赖用户输入的特定应用程序来说，攻击者可能发送大数据串，这样就有可能创建一个缓冲区溢出条件而导致其崩溃。

（4）DNS 攻击，是基于域名系统的攻击，攻击者向放大网络的广播地址发送源地址伪造成受害者系统的 ICMP 回射请求分组，这样放大效果开始表现，放大网络上的所有系统对受害者系统作出响应，受害者系统所有可用带宽将被耗尽。

7.3.2　Flood 攻击

SYN Flood 是一种比较有效而又非常难以防御的 DoS 攻击方式。它利用 TCP 三次握手协议的缺陷，向目标主机发送大量的伪造源地址的 SYN 连接请求，消耗目标主机的资源，从而不能够为正常用户提供服务。这个攻击是经典的以小搏大的攻击，自己使用少量资源占用对方大量资源。SYN 不仅可以远程进行攻击，而且可以伪造源 IP 地址，给追查造成很大困难。要查找，必须所有骨干网络运营商，一级一级路由器地向上查找。

要掌握 SYN Flood 攻击的基本原理，必须先介绍 TCP 的三次握手机制。TCP 三次握手过程如下：

（1）客户端向服务器端发送一个 SYN 置位的 TCP 报文，包含客户端使用的端口号和初始序列号 x。

（2）服务器端收到客户端发送来的 SYN 报文后，向客户端发送一个 SYN 和 ACK 都置位的 TCP 报文，包含确认号 x + 1 和服务器的初始序列号 y。

（3）客户端收到服务器返回的 SYN + ACK 报文后，向服务器返回一个确认号为 y + 1、序号为 x + 1 的 ACK 报文，一个标准的 TCP 连接完成，如图 7 - 11 所示。

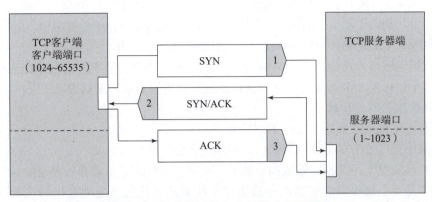

图 7 - 11　正常情况下 TCP 连接建立的过程

攻击原理：

在 SYN Flood 攻击中，黑客机器向受害主机发送大量伪造源地址的 TCP SYN 报文，受害主机分配必要的资源，然后向源地址返回 SYN + ACK 包，并等待源端返回 ACK 包，如图 7 - 12 所示。由于源地址是伪造的，所以源端永远不会返回 ACK 报文，并向受害主机继续发送 SYN + ACK 包，当目标计算机收到请求后，就会使用一些系统资源来为新的连接提供服务，接着回复 SYN + ACK。假如一个用户向服务器发送报文后突然死机或掉线，那么服务器在发出 SYN + ACK 应答报文后，是无法再接收到客户端的 ACK 报文的（第三次握手无法完成）。一些系统都有默认的回复次数和超时时间，这种情况下，服务器端一般会重新发送 SYN + ACK 报文给客户端，只有达到一定次数或者超时，占用的系统资源才会被释放。这段时间称为 SYN Timeout，虽然时间长度是分钟的数量级，但是由于端口的半连接队列的长度是有限的，如果不断地向受害主机发送大量的 TCP SYN 报文，半连接队列就会很快填满，服务器拒绝新的连接，将导致该端口无法响应其他机器进行的连接请求，最终使受害主机的资源耗尽。

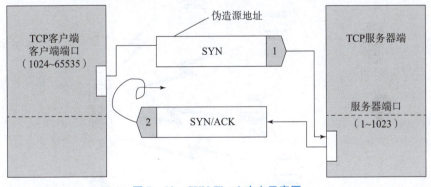

图 7 - 12　SYN Flood 攻击示意图

7.3.3　DDoS 攻击

DDoS 攻击手段是在传统的 DoS 攻击基础之上产生的一类攻击方式。单一的 DoS 攻击一般是采用一对一方式的，当攻击目标的 CPU 速度低、内存小或者网络带宽小等各项性能指标不高时，它的效果是明显的。随着计算机与网络技术的发展，计算机的处理能力迅速增长，内存大大增加，同时也出现了千兆级别的网络，这使 DoS 攻击的困难程度加大。目标对恶意攻击包的"消化能力"加强了不少，例如攻击者每秒向目标主机发送 3 000 个攻击包，但目标主机与网络带宽每秒却可以处理 10 000 个攻击包，这样的攻击不会产生什么效果。

分布式拒绝服务攻击指借助客户端/服务器技术，将多个计算机联合起来作为攻击平台，对一个或多个目标发动 DoS 攻击，从而成倍地提高拒绝服务攻击的威力。

1. DDoS 攻击时的现象

- 被攻击主机上有大量等待的 TCP 连接。
- 网络中充斥着大量无用的数据包，源地址为假。
- 制造高流量无用数据，造成网络拥塞，使受害主机无法正常和外界通信。
- 利用受害主机提供的服务或传输协议上的缺陷，反复高速地发出特定的服务请求，使受害主机无法及时处理所有正常请求。
- 严重时会造成系统死机。

2. DDoS 攻击流程

如图 7 – 13 所示，一个比较完善的 DDoS 攻击体系分成四大部分，先来看一下最重要的第 2 部分和第 3 部分：它们分别用于控制和实际发起攻击。请注意控制机与攻击机的区别，对第 4 部分的受害者来说，DDoS 的实际攻击包是从第 3 部分攻击傀儡机上发出的，第 2 部分的控制机只发布命令而不参与实际的攻击。对第 2 部分和第 3 部分的计算机，黑客有控制权或者是部分的控制权，并把相应的 DDoS 程序上传到这些平台上，这些程序与正常的程序

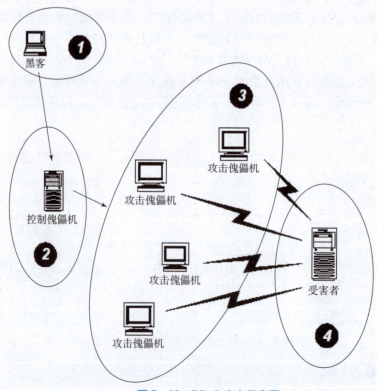

图 7 – 13　DDoS 攻击示意图

一样运行，并等待来自黑客的指令，通常它还会利用各种手段隐藏自己。在平时，这些傀儡机器并没有什么异常，只是一旦黑客连接到它们进行控制，并发出指令的时候，攻击傀儡机就成为害人者去发起攻击了。

一般情况下，黑客不直接去控制攻击傀儡机，而要从控制傀儡机上中转一下，这就导致DDoS攻击难以追查。

7.4 密码破解

7.4.1 密码破解原理

密码学根据其研究的范畴，可分为密码编辑学和密码分析学。密码编辑学和密码分析学是互相对立，相互促进并发展的。密码编辑学研究密码特性的设计，对信息进行编辑来实现隐藏信息的一门学问。密码分析学是研究如何破解被加密信息的学问。

1. 密码破解原理

密码分析之所以能够成功破译密码，最根本的原因是明文中有冗余度。攻击或破译的方法主要有三种：穷举法攻击、统计分析攻击、数学分析攻击。

所谓穷举攻击，是指密码分析者采用依次试遍所有可能的密钥对所获密文进行破解，直至得到正确的明文；或者用一个确定的密钥对所有可能的明文进行加密，直至得到所得的密文。

统计分析攻击是指密码分析者通过分析密文和明文的统计规律来破译密码。密码分析者对截获的密文进行统计分析，总结出其间的统计规律，并与明文的统计规律进行比较，从中提取明文和密文之间的对应或变换信息。

数学分析攻击是指密码分析者针对加解密算法的数学基础和某些密码学特性，通过数学求解的方法来破译密码。

2. 密码破解的常见形式

（1）破解网络密码——暴力穷举。

密码破解技术中最基本的就是暴力破解，也叫密码穷举。如果黑客事先知道了账户号码，如邮件账号、QQ用户账号、网上银行账号等，而用户的密码又设置得十分简单，比如用简单的数字组合，黑客使用暴力破解工具很快就可以破解出密码。因此，用户要尽量将密码设置得复杂一些。

（2）破解网络密码——击键记录。

如果用户密码较为复杂，那么就难以使用暴力穷举的方式破解，这时黑客往往通过给用户安装木马病毒，设计"击键记录"程序，记录和监听用户的击键操作，然后通过各种方式将记录下来的用户击键内容传送给黑客，这样，黑客通过分析用户击键信息即可破解出用户的密码。

（3）破解网络密码——屏幕记录。

为了防止击键记录工具破解密码，产生了使用鼠标和图片录入密码的方式，这时黑客会通过木马程序将用户屏幕截屏下来，然后记录鼠标单击的位置，通过记录鼠标单击位置并对比截屏的图片，从而破解这类方法的用户密码。

（4）破解网络密码——网络钓鱼。

"网络钓鱼"攻击利用欺骗性的电子邮件和伪造的网站登录站点来进行诈骗活动，受骗者往往会泄露自己的敏感信息（如用户名、口令、账号、PIN 码或信用卡详细信息）。

（5）破解网络密码——Sniffer（嗅探器）。

在局域网上，黑客要想迅速获得大量的账号（包括用户名和密码），最为有效的手段是使用 Sniffer 程序。Sniffer，中文翻译为嗅探器，是一种威胁性极大的被动攻击工具。使用这种工具，可以监视网络的状态、数据流动情况以及网络上传输的信息。当信息以明文的形式在网络上传输时，便可以使用网络监听的方式窃取网上传送的数据包。将网络接口设置为监听模式，便可以将网上传输的信息源源不断地截获。任何直接通过 HTTP、FTP、POP、SMTP、TELNET 协议传输的数据包都会被 Sniffer 程序监听。

（6）破解网络密码——Password Reminder。

对于本地一些保存的以星号方式显示的密码，可以使用类似于 Password Reminder 这样的工具来破解，把 Password Reminder 中的放大镜拖到星号上，便可以破解这个密码。

（7）破解网络密码——远程控制。

使用远程控制木马监视用户本地电脑的所有操作，用户的任何键盘和鼠标操作都会被远程的黑客所截取。

（8）破解网络密码——不良习惯。

有一些公司的员工虽然设置了很长的密码，但是却将密码写在纸上，有些人使用自己的名字或者自己生日做密码，还有些人使用常用的单词做密码，这些不良的习惯将导致密码极易被破解。

（9）破解网络密码——分析推理。

如果用户使用了多个系统，黑客可以通过先破解较为简单的系统的用户密码，然后用已经破解的密码推算出其他系统的用户密码，比如很多用户对所有系统都使用相同的密码。

（10）破解网络密码——密码心理学。

很多著名的黑客破解密码使用了密码心理学（在黑客中常被称为社会工程学）。黑客从用户的心理入手，分析用户的信息，从而更快地破解出密码。密码心理学如果掌握得好，可以非常快速地破解获得用户信息。

7.4.2　密码破解常用工具

1. Windows 登录密码破解

破解工具：Windows XP – 2000 – NT Key。

打开该软件，最下方有一行提示："Please insert a blank floppy disk into drive A：and click NEXT when ready."将准备好的软盘插入软驱，单击"Next"按钮，Windows XP – 2000 – NT Key 会自动将此盘制作为一张特殊的驱动盘。驱动盘做好后，用 Windows 2000 的安装盘启动待恢复密码的计算机。

2. QQ 密码破解

破解工具：破解字典

破解字典是一个符合中国人习惯的字典生成机，通过 Sniffer，得到 QQ 的密码以及聊天数据。主要原理是 QQ 的加密完全依赖于 QQ 密码，而现实中弱密码很泛滥，破解字典就是通过暴力猜解对密码进行攻击。

3. 压缩文件破解

破解工具：Advanced ZIP（RAR）Password Recovery。

首先在 ZIP password – encrypted file 中打开被加密的 ZIP 压缩文件包，可以利用浏览按钮或者功能键 F3 来选择将要解密的压缩文件包；然后在"Type of attack"中选择攻击方式，有"Brute – force"（强力攻击）"mask"（掩码搜索）"Dictionary"（字典攻击）等选项；在"Brute – force range options"中设定强力攻击法的搜索范围；当用户知道口令的起始字符序列时，可以设定"Start from"选项。

4. PDF 文件密码破解

破解工具：PDF Password Remover。

PDF Password Remover 可以用来解密已设密码的 Adobe Acrobat PDF 文件。打开 PDF Password Remover 后，单击"打开"按钮，选择一个 PDF 文件导入，然后选中该文件，右击，就可瞬间解密。已解密的档案可以不受限制地被任何 PDF 阅读器打开。

7.5　Web 常见攻击介绍

随着 Web 2.0、社交网络、微博等一系列新型的互联网产品的诞生，基于 Web 环境的互联网应用越来越广泛，企业信息化的过程中，各种应用都架设在 Web 平台上，同时，Web 应用安全威胁的问题也日益凸显。黑客利用各种手段对 Web 服务程序进行渗透，企图获得 Web 服务器的控制权限，轻则篡改网页内容，重则窃取重要内部数据，更为严重的则是在网页中植入恶意代码，使网站访问者受到侵害。

7.5.1　SQL 注入攻击

SQL 注入攻击存在于大多数访问了数据库且带有参数的动态网页中。SQL 注入攻击相当隐秘，表面上看与正常的 Web 访问没有区别，不易被发现，但是 SQL 注入攻击潜在的发生概率相对于其他 Web 攻击要高很多，危害面也更广。其主要危害包括获取系统控制权、未经授权状况下操作数据库的数据、恶意篡改网页内容、私自添加系统账号或数据库使用者账号等。

随着 B/S 模式应用开发的发展，使用这种模式编写应用程序的程序员也越来越多。但是由于程序员的水平及经验也参差不齐，很大一部分程序员在编写代码的时候，没有对用户输入数据的合法性进行判断，使应用程序存在安全隐患。用户可以提交一段数据库查询代码，根据程序返回的结果，获得某些他想得知的数据，这就是所谓的 SQL Injection，即 SQL 注入。

SQL 注入攻击的总体思路是：

- 发现 SQL 注入位置。
- 判断后台数据库类型。
- 确定 XP_CMDSHELL 可执行情况。

- 发现 Web 虚拟目录。
- 上传 ASP 木马。
- 得到管理员权限。

1. SQL 注入漏洞的判断

一般来说，SQL 注入一般存在于形如 HTTP：∥xxx. xxx. xxx/abc. asp?p = YY 等带有参数的 ASP 动态网页中。YY 可能是整型，也有可能是字符串。

1）整型参数的判断

当输入的参数 YY 为整型时，通常 abc. asp 中的 SQL 语句原貌大致如下：

```
select* from 表名 where 字段 = YY
```

所以可以用以下步骤测试 SQL 注入是否存在。

①HTTP：∥xxx. xxx. xxx/abc. asp?p = YY'（附加一个单引号），此时 abc. ASP 中的 SQL 语句变成了 select ∗ from 表名 where 字段 = YY'，abc. asp 运行异常。

②HTTP：∥xxx. xxx. xxx/abc. asp?p = YY and 1 = 1，abc. asp 运行正常，而且与 HTTP：∥xxx. xxx. xxx/abc. asp?p = YY 运行结果相同。

③HTTP：∥xxx. xxx. xxx/abc. asp?p = YY and 1 = 2，abc. asp 运行异常。

如果以上三步全面满足，abc. asp 中一定存在 SQL 注入漏洞。

2）字符串参数的判断

当输入的参数 YY 为字符串时，通常 abc. asp 中的 SQL 语句原貌大致如下：

```
select* from 表名 where 字段 = 'YY'
```

所以可以用以下步骤测试 SQL 注入是否存在。

①HTTP：∥xxx. xxx. xxx/abc. asp?p = YY'（附加一个单引号），此时 abc. ASP 中的 SQL 语句变成了 select ∗ from 表名 where 字段 = YY'，abc. asp 运行异常。

②HTTP：∥xxx. xxx. xxx/abc. asp?p = YY&nb…39；1 ' = '1 '，abc. asp 运行正常，而且与 HTTP：∥xxx. xxx. xxx/abc. asp?p = YY 运行结果相同。

③HTTP：∥xxx. xxx. xxx/abc. asp?p = YY&nb…39；1 ' = '2 '，abc. asp 运行异常。

如果以上三步全面满足，abc. asp 中一定存在 SQL 注入漏洞。

3）特殊情况的处理

有时 ASP 程序员会在程序员过滤掉单引号等字符，以防止 SQL 注入。此时可以用以下几种方法试一试。

①大小定混合法：由于 VBS 并不区分大小写，而程序员在过滤时通常要么全部过滤大写字符串，要么全部过滤小写字符串，而大小写混合往往会被忽视。如用 SelecT 代替 select、SELECT 等。

②UNICODE 法：在 IIS 中，以 UNICODE 字符集实现国际化，我们完全可以将输入的字符串换成 UNICODE 字符串进行输入，如 + = %2B，空格 = %20 等。

③ASCII 码法：可以把输入的部分或全部字符用 ASCII 码代替，如 U = chr(85)，a = chr(97) 等。

2. 区分数据库服务器类型

一般来说，Access 与 SQL Server 是最常用的数据库服务器，尽管它们都支持 T – SQL 标准，但还有不同之处，而且不同的数据库有不同的攻击方法，必须要区别对待。

1）利用数据库服务器的系统变量进行区分

SQL Server 有 user、db_name（）等系统变量，利用这些系统值不仅可以判断 SQL Server，还可以得到大量有用信息。如：

①HTTP：//xxx. xxx. xxx/abc. asp?p = YY and user > 0，不仅可以判断是否是 SQL Server，还可以得到当前连接到数据库的用户名。

②HTTP：//xxx. xxx. xxx/abc. asp?p = YY&n···db_name（）> 0，不仅可以判断是否是 SQL Server，还可以得到当前正在使用的数据库名。

2）利用系统表

Access 的系统表是 msysobjects，且在 Web 环境下没有访问权限，而 SQL Server 的系统表是 sysobjects，在 Web 环境下有访问权限。对于以下两条语句：

①HTTP：//xxx. xxx. xxx/abc. asp?p = YY and（select count（ * ）from sysobjects）> 0

②HTTP：//xxx. xxx. xxx/abc. asp?p = YY and（select count（ * ）from msysobjects）> 0

若数据库是 SQL Server，则对于第一条，abc. asp 一定运行正常，第二条则异常；若是 Access，则两条都会异常。

3）MSSQL 三个关键系统表

sysdatabases 系统表：Microsoft SQL Server 上的每个数据库在表中占一行。最初安装 SQL Server 时，sysdatabases 包含 master、model、msdb、mssqlweb 和 tempdb 数据库的项。该表只存储在 master 数据库中，它保存了所有的库名，以及库的 ID 和一些相关信息。

sysobjects：SQL Server 的每个数据库内都有此系统表，它存放该数据库内创建的所有对象，如约束、默认值、日志、规则、存储过程等，每个对象在表中占一行。

syscolumns：每个表和视图中的每列在表中占一行，存储过程中的每个参数在表中也占一行。该表位于每个数据库中。

3. 确定 XP_CMDSHELL 可执行情况

若当前连接数据的账号具有 SA 权限，并且 master. dbo. xp_cmdshell 扩展存储过程（要调用此存储过程，可以直接使用操作系统的 shell）能够正确执行。

4. 发现 Web 虚拟目录

只有找到 Web 虚拟目录，才能确定放置 ASP 木马的位置，进而得到 USER 权限。

5. 上传 ASP 木马

所谓 ASP 木马，就是一段有特殊功能的 ASP 代码，并放入 Web 虚拟目录的 Scripts 下，远程客户通过 IE 就可执行它，进而得到系统的 USER 权限，实现对系统的初步控制。

6. 得到系统的管理员权限

ASP 木马只有 USER 权限，要想获取对系统的完全控制，还要有系统的管理员权限。

7. 5. 2　XSS 跨站脚本攻击

为了不和层叠样式表（Cascading Style Sheets，CSS）的缩写混淆，故将跨站脚本（Cross Site Scripting）缩写为 XSS，如图 7 – 14 所示。XSS 是一种经常出现在 Web 应用中的计算机安全漏洞，它允许恶意 Web 用户将代码植入提供给其他用户使用的页面中。这些代码包括 HTML 代码和客户端脚本。攻击者利用 XSS 漏洞旁路掉访问控制，例如同源策略（same origin policy）。这种类型的漏洞由于被骇客用来编写危害性更大的 phishing 攻击而变得广为人知。对于跨站脚本攻击，黑客界的共识是：跨站脚本攻击是新型的"缓冲区溢出攻击"，而 JavaScript 是新型的"ShellCode"。

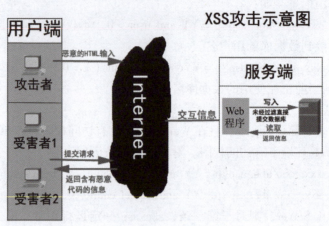

图 7 – 14　XSS 图解

XSS 攻击的危害包括：

（1）盗取各类用户账号，如机器登录账号、用户网银账号、各类管理员账号。

（2）控制企业数据，包括读取、篡改、添加、删除企业敏感数据的能力。

（3）盗窃企业重要的具有商业价值的资料。

（4）非法转账。

（5）强制发送电子邮件。

（6）网站挂马。

（7）控制受害者机器向其他网站发起攻击。

1. XSS 漏洞的分类

XSS 漏洞按照攻击利用的手法不同，有以下三种类型。

（1）本地利用漏洞。

这种漏洞存在于页面客户端脚本自身中。其攻击过程如下所示：

Alice 给 Bob 发送一个恶意构造了 Web 的 URL。

Bob 单击并查看了这个 URL。

恶意页面中的 JavaScript 打开一个具有漏洞的 HTML 页面，并将其安装在 Bob 电脑上。

具有漏洞的 HTML 页面包含了在 Bob 电脑本地域执行的 JavaScript。

Alice 的恶意脚本可以在 Bob 的电脑上执行 Bob 所持有的权限下的命令。

（2）反射式漏洞。

这种漏洞和类型（1）有些类似，不同的是，Web 客户端使用服务器端脚本生成页面为用户提供数据时，如果未经验证的用户数据被包含在页面中而未经 HTML 实体编码，客户端代码便能够注入动态页面中。其攻击过程如下：

Alice 经常浏览某个网站，此网站为 Bob 所拥有。Bob 的站点运行时，Alice 使用用户名/密码进行登录，并存储敏感信息（比如银行账户信息）。

Charly 发现 Bob 的站点包含反射性的 XSS 漏洞。

Charly 编写一个利用漏洞的 URL，并将其冒充为来自 Bob 的邮件发送给 Alice。

Alice 在登录到 Bob 的站点后，浏览 Charly 提供的 URL。

嵌入 URL 中的恶意脚本在 Alice 的浏览器中执行，就像它直接来自 Bob 的服务器一样。此脚本盗窃敏感信息（授权、信用卡、账号信息等），然后在 Alice 完全不知情的情况下将这些信息发送到 Charly 的 Web 站点。

（3）存储式漏洞。

该类型是应用最为广泛而且有可能影响到 Web 服务器自身安全的漏洞，骇客将攻击脚本上传到 Web 服务器上，使所有访问该页面的用户都面临信息泄露的可能，其中也包括了 Web 服务器的管理员。其攻击过程如下：

Bob 拥有一个 Web 站点，该站点允许用户发布信息/浏览已发布的信息。

Charly 注意到 Bob 的站点有存储型的 XSS 漏洞。

Charly 发布一个热点信息，吸引其他用户阅读。

Bob 或者是任何其他人如 Alice 浏览该信息，其会话 cookie 或者其他信息将被 Charly 盗走。

类型（1）直接威胁用户个体，而类型（2）和类型（3）所威胁的对象都是企业级 Web 应用。

2. XSS 的防御技术

（1）基于特征的防御。

XSS 漏洞和著名的 SQL 注入漏洞一样，都是利用了 Web 页面的编写不完善，所以每一个漏洞所利用和针对的弱点都不尽相同。传统 XSS 防御多采用特征匹配方式，在所有提交的信息中都进行匹配检查。对于这种类型的 XSS 攻击，采用的模式匹配方法一般需要对"javascript"这个关键字进行检索，一旦发现提交信息中包含"javascript"，就认定为 XSS 攻击。但这种检测方法的缺陷显而易见，黑客可以通过插入字符或完全编码的方式轻易躲避检测。

（2）基于代码修改的防御。

和 SQL 注入防御一样，XSS 攻击也是利用了 Web 页面的编写疏忽，因此防御的源头应从 Web 应用开发的角度来避免。

步骤 1：对所有用户提交内容进行可靠的输入验证，包括对 URL、查询关键字、HTTP 头、POST 数据等，仅接受指定长度范围内、采用适当格式、采用所预期的字符的内容提交，对其他的一律过滤。

步骤 2：实现 Session 标记、Captcha 系统或者 HTTP 引用头检查，以防功能被第三方网站所执行。

步骤 3：确认接收的内容被妥善规范化，仅包含最小的、安全的 Tag（没有"javascript"），去掉任何对远程内容的引用（尤其是样式表和"javascript"），使用"HTTP only"的 cookie。

第8章

病毒认识与防御

8.1 病毒基础知识

8.1.1 病毒概述

1. 病毒的定义

计算机病毒（Computer Virus）在《中华人民共和国计算机信息系统安全保护条例》中被明确定义，病毒指"编制者在计算机程序中插入的破坏计算机功能或者破坏数据，影响计算机使用并且能够自我复制的一组计算机指令或者程序代码"。计算机病毒是一种在人为或非人为的情况下产生的，在用户不知情或未批准下，能自我复制或运行的计算机程序代码程序。与医学上的"病毒"的相似之处就是高度的传染性，但计算机病毒不是天然存在的。

2. 感染策略

计算机病毒为了能够复制自身，其必须能够运行代码并能够对内存运行写操作。许多病毒都是将自己附着在合法的可执行文件上。如果用户试图运行该可执行文件，那么病毒就有机会运行。病毒可以根据运行时所表现出来的行为分成两类：非常驻型病毒会立即查找其他宿主并伺机加以感染，之后再将控制权交给被感染的应用程序；常驻型病毒被运行时并不会查找其他宿主，相反，一个常驻型病毒会将自己加载内存并将控制权交给宿主。

1）非常驻型病毒

非常驻型病毒可以看作具有搜索模块和复制模块的程序。搜索模块负责查找可被感染的文件，一旦搜索到该文件，就会启动复制模块进行感染。

2）常驻型病毒

常驻型病毒包含复制模块，其角色类似于非常驻型病毒中的复制模块。复制模块在常驻型病毒中不会被搜索模块调用。病毒在被运行时，会将复制模块加载内存，并确保当操作系统运行特定动作时，该复制模块会被调用。例如，复制模块会在操作系统运行其他文件时被调用。在这个例子中，所有可以被运行的文件均会被感染。常驻型病毒有时会被区分成快速感染者和慢速感染者。快速感染者会试图感染尽可能多的文件。例如，一个快速感染者可以感染所有被访问到的文件。这会给杀毒软件造成特别的问题。当运行全系统防护时，杀毒软件需要扫描所有可能会被感染的文件。如果杀毒软件没有察觉到内存中有快速感染者，快速感染者可以借此搭便车，利用杀毒软件扫描文件的同时进行感染。快速感染者依赖其快速感染的能力。但这同时会使快速感染者容易被侦测到，这是因为其行为会使系统性能降低，进而增加被杀毒软件侦测到的风险。相反，慢速感染者被设计成偶尔才对目标进行感染，如此就可避免被侦测到。例如，有些慢速感染者只有在其他文件被拷贝时才会进行感染。但是慢速感染者此种试图避免被侦测到的做法似乎并不成功。

3. 传播途径和宿主

病毒主要通过网络浏览及下载、电子邮件以及可移动磁盘等途径迅速传播。由于操作系统桌面环境 90% 的市场都使用微软 Windows 系列产品，所以病毒作者纷纷把病毒攻击首选对象选为 Windows。加上 Windows 没有行之有效的固有安全功能，且用户常以管理员权限运行未经安全检查的软件，这也为 Windows 下病毒的泛滥提供了温床。相对而言，Linux、macOS 等操作系统因使用的人群比较少，病毒一般不容易扩散。

随着智能手机的不断普及，手机病毒成为病毒发展的下一个目标。手机病毒是一种破坏性程序，和计算机病毒（程序）一样具有传染性、破坏性。手机病毒可利用发送短信、彩信、电子邮件，浏览网站，下载铃声，连接蓝牙等方式进行传播。手机病毒可能会导致用户手机死机、关机、资料被删、向外发送垃圾邮件、拨打电话等，甚至会损毁 SIM 卡、芯片等硬件。如今手机病毒受到 PC 端病毒的启发与影响，也有混合式攻击的手法出现。

4. 躲避侦测的方法

1）隐蔽

病毒会借由拦截杀毒软件对操作系统的调用来欺骗杀毒软件。当杀毒软件要求操作系统读取文件时，病毒可以拦截并处理此项要求，而非交给操作系统运行该要求。病毒可以返回一个未感染的文件给杀毒软件，使杀毒软件认为该文件是未被感染的。如此一来，病毒可以将自己隐藏起来。现在的杀毒软件使用各种技术来反击这种手段。要反击病毒匿踪，唯一完全可靠的方法是从一个已知是干净的媒介开始启动。

2）自修改

大部分杀毒软件通过所谓的病毒特征码来侦知一个文件是否被感染。特定病毒或是同属一个家族的病毒会具有特定可识别的特征。如果杀毒软件侦测到文件具有病毒特征码，它便会通知用户该文件已被感染。用户可以删除或是修复被感染的文件。某些病毒会利用一些技巧使通过病毒特征码进行侦测较为困难。这些病毒会在每一次感染时修改其自身的代码。换言之，每个被感染的文件包含的是病毒的变种。

3）随机加密

更高级的是对病毒本身进行简单的加密。这种情况下，病毒本身会包含数个解密模块和一份被加密的病毒拷贝。对于每一次的感染，如果病毒都用不同的密钥加密，那么病毒中唯一相同的部分就只有解密模块，这部分通常会附加在文件尾端。杀毒软件无法直接通过病毒特征码侦测病毒，但它仍可以侦知解密模块的存在，这使间接侦测病毒是有可能的。因为这部分是存放在宿主上面的对称式密钥，杀毒软件可以利用密钥将病毒解密，但这不是必需的。这是因为自修改代码很少见，杀毒软件至少可以将这类文件标记成可疑的。

一个古老但简洁的加密技术是将病毒中的每一个字节和一个常数做逻辑异或，欲将病毒解密，只需简单的逻辑异或。一个会修改其自身代码的程序是可疑的，因此，加解密的部分在许多病毒定义中被视为病毒特征码的一部分。

4）多态

多态是第一个对杀毒软件造成严重威胁的技术。就像一般被加密的病毒，一个多态病毒以一个加密的自身拷贝感染文件，并由其解密模块进行解码。但是其加密模块在每一次的感染中也会有所修改。因此，一个仔细设计的多态病毒在每一次感染中没有一个部分是相同的，这使使用病毒特征码进行侦测变得困难。杀毒软件必须在模拟器上对该病毒进行解密，进而侦知该病毒。要使多态代码成为可能，病毒必须在其加密处有一个多态引擎（又称突变引擎）。

有些多态病毒会限制其突变的速率。例如，一个病毒可能只有一小部分突变，或是病毒侦知宿主已被同一个病毒感染，它可以停止自己的突变。如此慢速的突变的优点在于，杀毒专家很难得到该病毒具有代表性的样本。因为在一轮感染中，诱饵文件只会包含相同或是近似的病毒样本，这会使杀毒软件侦测结果变得不可靠，而有些病毒会躲过其侦测。

5）变形

为了避免被杀毒软件模拟而被侦知，有些病毒在每一次的感染中都完全将其自身改写。利用此种技术的病毒被称为可变形的。要达到可变形，一个变形引擎是必需的。一个变形病毒通常非常庞大且复杂。

8.1.2 病毒实现的关键技术

1. 自启动技术

1）第一自启动项目

单击"开始"→"程序"→"启动"，可在里面添加一些应用程序或者快捷方式。

这是 Windows 中最常见及应用最简单的启动方式。如果想让一些文件在开机时启动，可以将其拖到里面，或者建立快捷方式并拖入里面。现在一般的病毒不会采取这样的启动手法，原因是太过明显，容易被查杀。

路径：

C:\Documents and Settings\Owner\「开始」菜单\程序\启动。

2）第二自启动项目

这是很明显却易被人们忽略的一个，使用方法和第一自启动目录是完全一样的，只要找到该目录，将需要启动的文件拖放进去就可以达到启动的目的。

路径：

C:\Documents and Settings\User\「开始」菜单\程序\启动。

3）系统配置文件启动

许多病毒都是以这种方式启动的。

（1）WIN. INI 启动。

启动位置（xxx. exe 为要启动的文件名称）：

```
［Windows］
load＝xxx.exe［这种方法下,文件会在后台运行］
run＝xxx.exe［这种方法下,文件会在默认状态下被运行］
```

（2）SYSTEM. INI 启动。

启动位置默认为（xxx. exe 为要启动的文件名称）：

```
［boot］
Shell＝Explorer.exe［Explorer.exe 是 Windows 程序管理器或者 Windows 资源管理器,属于
正常］
```

启动文件后为：

```
［boot］
Shell＝Explorer.exe xxx.exe［现在许多病毒会采用这种启动方式,随着 Explorer 启动,隐蔽
性很好］
```

注意：SYSTEM. INI 和 WIN. INI 文件不同，SYSTEM. INI 只能启动一个指定文件，不要把 Shell＝Explorer. exe xxx. exe 换为 Shell＝xxx. exe，这样会使 Windows 瘫痪。

（3）WININIT. INI 启动。

它会在系统装载 Windows 之前让系统执行一些命令，包括复制、删除、重命名等，以完成更新文件的目的。

文件格式：

```
［rename］
xxx1＝xxx2
```

意思是把 xxx2 文件复制为文件名为 xxx1 的文件，相当于覆盖 xxx1 文件。如果要把某文件删除，则可以用以下命令：

```
［rename］
nul＝xxx2
```

以上文件名都必须包含完整路径。

（4）WINSTART. BAT 启动。

这是系统启动的批处理文件，主要用来复制和删除文件。例如，一些软件卸载后，会有一些残留物留在系统中，这时它就起作用了。如：

```
@ if exist C:\WINDOWS \TEMPxxxx.BAT call C:\WINDOWS \TEMPxxxx.BAT
```

这是执行 xxxx. BAT 文件的意思。

（5）USERINIT. INI 启动。

这种启动方式与 SYSTEM. INI 相同。

（6）AUTOEXEC. BAT 启动。

这是常用的启动方式，病毒会通过它来做一些动作。在 AUTOEXEC. BAT 文件中，会包含恶意代码，如 format c:/y 等。

4）屏幕保护启动方式

Windows 屏幕保护程序是一个 *. scr 文件，是可执行 PE 文件。如果把屏幕保护程序 *. scr 重命名为 *. exe 文件，这个程序仍然可以正常启动；类似地，*. exe 文件更名为 *. scr 文件后，也仍然可以正常启动。文件路径保存在 SYSTEM. INI 中的 SCRNSAVE. EXE＝这条中。例如 SCANSAVE. EXE＝/% system32% xxxx. scr，这种启动方式具有一定危险。

5）计划任务启动方式

Windows 的计划任务功能是指某个程序在某个特定时间启动。这种启动方式的隐蔽性相当不错，单击"开始"→"程序"→"附件"→"系统工具"→"计划任务"，按照顺序操作即可。

6）AutoRun. inf 启动方式

AutoRun. inf 这个文件出现于光盘加载的时候。放入光盘时，光驱会根据这个文件内容来确定是否打开光盘里面的内容。AutoRun. inf 的内容通常是：

```
［AUTORUN］
OPEN = 文件名.exe
ICON = icon(图标文件).ico
```

（1）如一个木马，为 xxx. exe. 那么 AutoRun. inf 可以如下：

```
OPEN = Windows \xxx.exe
ICON = xxx.exe
```

这时每次双击 C 盘的时候，就可以运行木马 xxx. exe。

（2）如把 AutoRun. inf 放入 C 盘根目录里，里面的内容为：

```
OPEN = D:\xxx.exe
ICON = xxx.exe
```

这时双击 C 盘，则可以运行 D 盘的 xxx. exe。

7）更改扩展名启动方式

例如：*. exe 的文件可以改为 *. bat、*. scr 等扩展名来启动。

8）服务启动方式

单击"开始"→"运行"，输入"services. msc"，即可对服务项目进行操作。在"服务启动方式"选项下，可以设置系统的启动方式：程序开始时是自动运行，还是手动运行，或是永久停止启动，或是暂停（重新启动后依旧会启动）。

注册表位置为 HKEY_LOCAL_MACHINE \System \CurrentControlSet \Services。

通过服务来启动的程序，都是在后台运行，例如国产木马"灰鸽子"就是利用此启动方式来实现后台启动，窃取用户信息的。

2. 自我保护技术

1）多态、混淆和加密

凡是带有攻击意图，可能对用户电脑造成危害的程序，统称为恶意程序。常见的就是病毒、蠕虫、木马，或者其他间谍软件之类。恶意程序要想发挥作用，首先必须保证自己的存在，而恶意程序往往会采取各种方式来达到这一目的，这些方式也就是恶意程序的自我保护技术。

最好的方式是能够避免被发现，恶意程序掩藏自己的行踪，尽量避免对用户造成影响而使之察觉不到。它还得通过种种手段避开反病毒软件的检测，比如病毒作者总是试图去寻找并利用一个新的漏洞，这些都是比较隐蔽的自我保护方式；如果被反病毒软件检测到，那它也会试图使自己不那么容易被清除掉，如今的病毒总是越来越顽固；而近来一些病毒则更激进一些，直接攻击反病毒软件而使其失去防护功效。

大体来说，恶意程序的自保护机制要实现的是以下一种或多种功能：

- 干扰基于病毒库检测手段对病毒的检测。

- 干扰病毒分析员对代码的分析。
- 干扰对系统中恶意程序的检测。
- 干扰安全软件如反病毒程序和防火墙的功能。

为了实现以上自我保护的功能，多态、混淆和加密是恶意程序最早采用的技术之一。

早期的反病毒软件技术基本上是基于特征码检测的，要避开反病毒软件的检测，只需使恶意程序的特征码更难被提取即可，因而这时的恶意程序编制者们采用多态、混淆或加密这几种技术来避免被反病毒软件检测到，并且也使病毒分析员在分析病毒代码时更有难度。

第一个存在的自我保护的病毒是 DOS 病毒 Cascade，它通过加密其部分代码试图防止自己被反病毒程序检测到。然而这并不是很成功，因为虽然其病毒的每个新拷贝都互不相同，但仍然包含不变的小段代码，这暴露了它的行踪，结果使得反病毒程序仍然能够检测到它。于是病毒作者改变了方向，两年内出现了第一个多态病毒 Chameleon。Chameleon 和 1260 以及其同时代的 Whale 一样有名，使用了复杂的加密和混淆方式来保护其代码。

早期的基于病毒库的检测手段专注于寻找精确的比特序列，通常恶意程序二进制文件头文件拥有固定的偏移量。后来的启发式检测手段也使用文件代码，只是更为灵活，基本上就是搜寻通用的恶意代码序列。显然，如果恶意程序每个拷贝包含新的代码序列，那么对它们来说对付这些检测并不难。这种工作通过程序的多态和变形技术来实现，抛开其技术细节，其本质就是恶意程序在复制其拷贝时，通过使其自身在比特级别变化来实现，同时，程序的功能仍然保持不变。

加密和混淆是用来干扰代码分析员的最初手段，但是当它们以某种方式实现时，其结果可能是多态的变形。典型的例子就是 Cascade，其每个拷贝都用唯一的密钥加密。混淆可以干扰分析员，但是当其以不同方式用于恶意程序的每个拷贝时，它能干扰基于病毒库的检测手段。然而，不能说上述任何一个手段都比其他自保护手段更有效，更正确的说法是，这些手段的效率取决于特定的环境和这些技术如何被使用。

相对而言，多态的使用仅仅在 DOS 文件病毒中广泛流行。这是因为写多态代码是非常费时间的工作，仅仅适用于恶意程序自我复制的情况。同时代主流的木马并没有自我复制的能力，因此它们与多态不相干。这就是自从 DOS 时代病毒终止后，多态出现得更少的原因，病毒作者也不写特别实用的恶意功能，至多用多态来炫耀其技术的高超。与之形成对照的是，混淆至今仍继续被使用，当其他修改代码的方法被病毒用于逃避检测时，它在很大程度上使病毒更难被分析。

2）壳和 Rootkit

自从行为检测手段出现并取代基于病毒库的检测后，修改代码技术在干扰检测方面的有效性降低了。这是多态和相关的技术如今不再那么常用的原因，它仅仅作为干扰分析员对恶意代码进行分析的一种手段。如今正流行的壳、Rootkit 等技术的出现，使恶意程序在自我防护方面更隐蔽和难以检测。

➢ 壳

渐渐的，病毒这种只有在受害者体内才能发挥作用，而不能独立作为文件存在的恶意程序被本身完全独立的木马程序取代。这个过程始于 Internet 速度还很慢、规模还很小的时候，那时硬盘和软件都很小，这意味着程序的大小很重要。为了减小木马的体积，病毒作者开始使用所谓的壳，而这还要追溯到 DOS 时代，那时壳被用来压缩程序和文件。

从恶意程序的角度来看，使用壳的一个副作用是，加壳的恶意程序更难被文件检测方式查到，这对它们来说非常有用。当对已有的恶意程序做新的修改时，病毒作者往往要修改多行代码，仅仅不改动程序的核心代码。在编译后的文件中，特定序列的代码同样要修改，如果病毒库包含的并不是这个被修改的特定的序列，那么恶意程序仍会像从前那样被检测到。用壳来压缩程序解决了这个问题，因为源程序一个比特的改动可使加壳后的文件的一整段发生变化。加壳技术如今仍在广泛使用。加壳程序的类型数量和复杂度仍在增长，许多现代的壳不仅压缩源文件，而且附加了一些自保护功能。

➢ Rootkit

20 世纪 90 年代末，Windows 下的恶意程序开始使用隐匿技术来隐藏它们在系统中的行踪。如前所述，大约在隐匿程序作为概念出现并用于 DOS 的 10 年后，在 2004 年年初，卡巴斯基实验室发现了一个惊人的程序，它无法在进程和文件列表中看到。对许多反病毒专家来说，这是一个新的起点——理解 Windows 下恶意程序的隐匿技术，这是病毒产业的一个主要方向。Rootkit 的名称源于 UNIX，是 UNIX 下提供给用户未经认可的 root 访问权限而不被系统管理员发现的工具。如今，Rootkit 已经是欺骗系统的专用工具的统称，而且具有此功能的恶意程序可以隐匿它们自己的行踪。

Rootkit 和 DOS 下的隐匿病毒的原理是相同的。许多 Rootkit 都有修改系统调用链（修改程序执行路径）的机制。这种 Rootkit 可以看作一个钩子，存在于命令或信息交换路径上的一点。它会修改这些命令或者信息，或者在接受者不知情的情况下控制接收终端的结果。理论上说，钩子可以存在的点的数量是无限的，实际上，通常有很多不同的方法来钩住 API 和系统核心函数。这些 Rootkit 包括广为人知的 Vanquish 和 HackDefender，以及恶意程序如 Backdoor. Win32. Haxdoor、EmailWorm. Win32. Mailbot 和某些版本的 Email – Worm. Win32. Bagle 等。另一种通常类型的 Rootkit 技术就是直接修改系统内核对象，它可以被看作直接修改源信息和命令的内部人员。这种 Rootkit 会改变系统数据。此外，还有一种属于 Rootkit 分类的技术是在 NTFS 文件系统交换数据流（ADS）中隐藏文件。这种技术首先于 2000 年在恶意程序 Stream 中出现，第二次爆发则是在 2006 年的 Mailbot 和 Gromozon 中。严格来说，利用 ADS 并不是一种对系统的欺骗，而仅仅是利用了一个鲜为人知的函数，这也是这种技术不太可能非常流行的原因。

3）自我防护技术的发展趋势

如今恶意程序正以更积极主动的态势保护自己，其自我保护机制包括：

● 在系统中有目的地搜寻反病毒程序、防火墙或其他安全软件，然后干扰这些安全软件运行。举个例子，有恶意程序会寻找某个特定的反病毒软件的进程，并试图影响反病毒程序的功能。

● 阻断文件并且以独占方式打开文件来对付反病毒程序对文件的扫描。

● 修改主机文件来阻止反病毒程序升级。

● 检测安全软件弹出的询问消息（比如，防火墙弹出窗口询问"是否允许这个连接？"），并模拟鼠标单击"允许"按钮。

从文件分析到程序行为分析，反病毒保护技术仍在不断发展。和文件分析相比，行为分析的根本并不是基于处理文件，而是基于处理系统级的事件，比如"列出所有活动的系统进程"，"在一个文件夹中创建某个名字的文件"和"打开某个端口来接收数据"。通过分析这些事件链，反病毒程序可以衡量出这一组事件在多大程度上是具有潜在威胁的，并且在必要时提出警告。

病毒作者面对的问题是需要以某种方法搞定行为分析。我们无从知道他们将如何着手应付这个障碍，但是在行为级别上使用混淆技术基本上无效。不过，另一件有意思的事情是，这可能导致病毒"自我意识"能力的增加，它们必须具有对环境做出诊断的能力，也就是说，它们要判断它们在哪儿：是在"真实世界"（用户的工作环境中）中还是在"矩阵"（在反病毒程序的控制下）里。

有些恶意程序，如果它们在虚拟环境中运行，它们会立刻自我销毁。通过在恶意程序内构建自销毁机制，它可以防止自己被分析，因为这种分析往往在虚拟环境中进行。

通过分析当今恶意程序自保护技术的趋势和当前能达到的有效程度，可以预期到以下几点：

（1）Rootkit 正在往利用设备函数和虚拟化的方向发展。然而，这种方法还没有达到其顶点，而且在未来几年内很可能不会成为主要的威胁，也不会被广泛使用。

（2）阻断磁盘文件的技术：已知有两个概念性的程序实现了这种技术，这一领域在不远的将来会有发展。

（3）混淆技术的使用已经没有意义，不过它们现在仍然存在。

（4）检测安全软件并干扰其功能的技术已经非常普遍，并被广泛使用。

（5）加壳工具的使用非常广泛，仍在稳步增长。

（6）为了抵御反病毒程序向行为分析的大量转变，探测调试器、模拟器和虚拟机的技术以及其他环境诊断技术可能会发展起来。

基于这些因素，可以预测以下这些恶意程序自保护机制会比其他机制大幅增长。

（1）Rootkit。它们在系统中的不可见性是它们的优势。我们预测很可能出现无体的恶意程序新机制，之后一段时间，虚拟化技术会完成。

（2）混淆和加密。这些方法仍将被广泛使用，用于干扰代码分析。

（3）用于对付基于行为分析的安全软件的技术。

8.1.3　典型病毒特点

8.1.3.1　主要特征详解

1. 传播性

病毒一般会自动利用电子邮件传播，将病毒自动复制并群发给存储的通讯录名单成员。邮件标题较为吸引人单击，大多利用社会工程学如"我爱你"这样家人朋友之间亲密的话语，以降低人的警戒性。如果病毒制作者再应用脚本漏洞，将病毒直接嵌入邮件中，那么用户只要单击邮件标题打开邮件，就会中病毒。

2. 隐蔽性

一般的病毒仅在数千字节左右，这样除了传播快速之外，隐蔽性也极强。部分病毒使用"无进程"技术或插入某个系统必要的关键进程当中，所以在任务管理器中找不到它的单独运行进程。而病毒自身一旦运行，就会自己修改自己的文档名并隐藏在某个用户不常去的系统文件夹中，这样的文件夹通常有上千个系统文档，如果凭手工查找，很难找到。而病毒在运行前的伪装技术也值得我们关注，病毒会和一个吸引人的文档绑扎合并成一个文档，那么运行文档时，病毒也在我们的操作系统中悄悄地运行了。

3. 感染性

某些病毒具有感染性，比如感染用户计算机上的可执行文件，如 exe、bat、scr、com 格式，通过这种方法达到自我复制，对自己进行保护的目的。通常也可以利用网络共享的漏洞，复制并传播给邻近的计算机用户群，使邻里通过路由器上网的计算机的程序全部受到感染。

4. 潜伏性

部分病毒有一定的"潜伏期"，在特定的日子，如某个节日或者星期几按时爆发。如 1999 年的 CIH 病毒就在每年的 4 月 26 日爆发。如同生物病毒一样，使电脑病毒可以在爆发之前，以最大幅度散播开去。

5. 可激发性

根据病毒作者的"需求"，设置触发病毒攻击的"玄机"。如 CIH 病毒的制作者陈盈豪曾打算设计的病毒，就是"精心"为简体中文 Windows 系统所设计的。病毒运行后，会主动检测中毒者操作系统的语言，如果发现操作系统语言为简体中文，病毒就会自动对计算机发起攻击，而语言不是简体中文版本的 Windows，即使运行了病毒，病毒也不会对计算机发起攻击或者破坏。

6. 表现性

病毒运行后，如果按照作者的设计，会有一定的表现特征。例如，当 CPU 占用率为 100% 时，在用户无任何操作下读写硬盘或其他磁盘数据，蓝屏死机，鼠标右键无法使用等。但这样明显的表现特征，反倒帮助被感染病毒者发现自己已经感染病毒，并对清除病毒很有帮助，隐蔽性就不存在了。

7. 破坏性

某些威力强大的病毒，运行后直接格式化用户的硬盘数据，更为厉害一些的会破坏引导扇区以及 BIOS，对硬件环境造成相当大的破坏。

8.1.3.2　病毒分类

根据中国国家计算机病毒应急处理中心发表的报告统计，近 45% 的病毒是木马程序，蠕虫占病毒总数的 25% 以上，脚本病毒占 15% 以上，其余的病毒类型分别是文档型病毒、破坏性程序和宏病毒。

1. 木马/僵尸网络

典型病毒：特洛伊木马。

有些也叫作远程控制软件，如果木马能连通，那么控制者就得到了远程计算机的全部操作控制权限。操作远程计算机与操作自己的计算机基本没有区别，这类程序可以监视、摄录被控用户的摄像头与截取密码等，以及进行用户可进行的几乎所有操作（硬件拔插、系统未启动或未联网时无法控制）。而 Windows NT 以后的版本自带的"远程桌面连接"，或其他一些正规远控软件，如若未进行良好的安全设置或被不良用户篡改利用，也可能起到类似作用。但它们通常不会被称作病毒或木马软件，判断依据主要取决于软件的设计目的和是否明确告知了计算机所有者。

用户一旦感染了特洛伊木马，就会成为"僵尸"（或常被称为"肉鸡"），成为任黑客摆布的"机器人"。通常黑客或脚本小孩（script kids）可以利用数以万计的"僵尸"发送大量伪造包或者是垃圾数据包对预定目标进行拒绝服务攻击，造成被攻击目标瘫痪。

2. 蠕虫病毒

蠕虫病毒也是我们最熟知的病毒，通常在全世界范围内大规模爆发。如针对旧版本未打补丁的 Windows XP 的冲击波病毒和震荡波病毒。有时与"僵尸"网络配合，主要使用缓存溢出技术。

3. 脚本病毒

典型病毒：宏病毒。

宏病毒的感染对象为 Microsoft 开发的办公系列软件。Microsoft Word、Excel 这些办公软件本身支持运行可进行某些文档操作的命令，所以也被 Office 文档中含有恶意的宏病毒所利用。openoffice. org 对 Microsoft 的 VBS 宏仅进行编辑支持而不运行，所以含有宏病毒的 MS Office 文档在 openoffice. org 下打开后，病毒无法运行。

4. 文件型病毒

文件型病毒通常寄居于可执行文件（扩展名为 .exe 或 .com 的文件），当被感染的文件运行时，病毒便开始破坏电脑。

8.2 病毒的防御技术

解决病毒攻击的理想办法是对病毒进行预防，即抑制病毒在网络中的传播，但由于受网络复杂性和具体技术的制约，预防病毒仍很难实现。当前，对计算机病毒的防治还仅仅是以检测和清除为主。目前的病毒防御措施主要有两种：基于主机的病毒防治策略和基于网络的病毒防治策略。

8.2.1 基于主机的病毒防御技术

基于主机的病毒防治策略主要有特征码匹配技术、权限控制技术和完整性验证技术三大类。

1. 特征码匹配技术

通过对到达主机的代码进行扫描，并与病毒特征库中的特征码进行匹配，来判断该代码是否是恶意的。特征码扫描技术认为"同一种病毒或同类病毒具有部分相同的代码"。也就是说，如果病毒及其变种具有某种共性，则可以将这种共性描述为"特征码"，并通过比较程序体和"特征码"来查找病毒。采用病毒特征码扫描法的检测工具，对于出现的新病毒，必须不断进行更新，否则，检测就会失去价值。病毒特征码扫描法不认识新病毒的特征代码，自然也就无法检测出新病毒。

2. 权限控制技术

恶意代码进入计算机系统后，必须具有运行权限才能造成破坏。因此，如果能够恰当控制计算机系统中程序的权限，使其仅仅具备完成正常任务的最小权限，那么即使恶意代码嵌入某程序中，也不能实施破坏。这种病毒检测技术要能够探测并识别可疑程序代码指令序列，对其安全级别进行排序，并依据病毒代码的特点赋予不同的加权值。如果一个程序指令序列的加权值的总和超过一个许可的值，就说明该程序中存在病毒。

3. 完整性技术

通常大多数的病毒代码都不是独立存在的，而是嵌入或依附在其他文档程序中，一旦文件或程序被病毒感染，其完整性就会遭到破坏。在使用文件的过程中，定期地或每次使用文件前，检查文件内容是否与原来保存的一致，就可以发现文件是否被感染。文件完整性检测技术主要检查文件两次使用过程中的变化情况。病毒要想成功感染一个文件而不做任何改动是非常难的，所以完整性验证技术是一个十分有效的检测手段。

基于主机的防治策略要求所有用户的机器上都安装相应的防毒软件，并且要求用户能够及时更新防毒软件。因此，存在着可管理性差、成本高的缺点。

8.2.2　基于网络的病毒防御技术

基于网络的病毒检测技术主要有异常检测和误用检测两大类。

1. 异常检测

病毒在传播时通常发送大量的网络扫描探测包，导致网络流量明显增加。因此，检测病毒的异常行为进而采取相应的控制措施是一种有效的反病毒策略。异常检测具有如下优点：能够迅速发现网络流量的异常，进而采取措施，避免大规模的网络拥塞和恶意代码的传播；不仅能够检测出已知的病毒，而且能够检测到未知病毒。缺点在于误报率较高。

2. 误用检测

该技术也是基于特征码的。误用检测通过比较待检测数据流与特征库中的特征码，分析待检测数据流中是否存在病毒。用于检测的特征码规则主要有协议类型、特征串、数据包长度、端口号等。该策略的优点在于检测比较准确，能够检测出具体的病毒类型。缺点是不能检测出未知的病毒，且需要花费大量的时间和精力去管理病毒特征库。

基于网络的防治策略能够从宏观上控制病毒的传播，并且易于实现和维护。

8.3　病毒防治工具简介

8.3.1　计算机网络病毒的防治方法

计算机网络中最主要的软硬件实体就是服务器和工作站，所以防治计算机网络病毒应该首先考虑这两个部分。另外，加强综合治理也很重要。

1. 基于工作站的防治技术

工作站就像是计算机网络的大门，只有把好这道大门，才能有效防止病毒的侵入。工作站防治病毒的方法有三种：

一是软件防治，即定期或不定期地用反病毒软件检测工作站的病毒感染情况。软件防治可以不断提高防治能力，但需人为地经常去启动软盘防病毒软件，因而不仅给工作人员增加了负担，而且很有可能在病毒发作后才能检测到。

二是在工作站上插防病毒卡。防病毒卡可以达到实时检测的目的，但防病毒卡的升级不方便，从实际应用的效果看，对工作站的运行速度有一定的影响。

三是在网络接口卡上安装防病毒芯片。它将工作站存取控制与病毒防护合二为一，可以更加实时有效地保护工作站及通向服务器的"桥梁"。但这种方法同样也存在芯片上的软件版本升级不便的问题，而且对网络的传输速度也会产生一定的影响。

上述三种方法都是防病毒的有效手段，应根据网络的规模、数据传输负荷等具体情况确定使用哪一种方法。

2. 基于服务器的防治技术

网络服务器是计算机网络的中心，是网络的支柱。网络瘫痪的一个重要标志就是网络服务器瘫痪。网络服务器一旦被击垮，造成的损失是灾难性的、难以挽回和无法估量的。目前基于服务器的防治病毒方法大多采用防病毒可装载模块（NLM），以提供实时扫描病毒的能力。有时也结合利用在服务器上插防毒卡等技术，目的在于保护服务器不受病毒的攻击，从而切断病毒进一步传播的途径。

3. 加强计算机网络的管理

计算机网络病毒的防治，单纯依靠技术手段是不可能十分有效地杜绝和防止其蔓延的，只有把技术手段和管理机制紧密结合起来，提高人们的防范意识，才有可能从根本上保护网络系统的安全运行。应建立"防杀结合、以防为主、以杀为辅、软硬互补、标本兼治"的最佳网络病毒安全模式。

8.3.2　常见病毒防治工具

1. 360 安全卫士

360 安全卫士是一款由奇虎 360 公司推出的功能强、效果好、受用户欢迎的上网安全软件，如图 8 - 1 所示。360 安全卫士拥有查杀木马、清理插件、修复漏洞、电脑体检、电脑救援、保护隐私等多种功能，并独创了"木马防火墙"功能，依靠抢先侦测和云端鉴别，可全面、智能地拦截各类木马，保护用户的账号、隐私等重要信息。

图 8 - 1　360 安全卫士

软件功能：

- 电脑体检——对电脑进行详细的检查。
- 查杀木马——使用 360 云引擎、360 启发式引擎、小红伞本地引擎、QVM 四种引擎杀毒。
- 修复漏洞——为系统修复高危漏洞和进行功能性更新。
- 系统修复——修复常见的上网设置、系统设置。
- 电脑清理——清理插件、清理垃圾和清理痕迹并清理注册表。
- 优化加速——加快开机速度。（深度优化：硬盘智能加速 + 整理磁盘碎片。）
- 功能大全——提供几十种功能。
- 软件管家——安全下载软件，小工具。
- 电脑门诊——解决电脑其他问题。（免费）

2. 360 杀毒

360 杀毒是 360 安全中心出品的一款免费的云安全杀毒软件，如图 8 - 2 所示。它创新性地整合了五大领先查杀引擎，包括国际知名的 Bit Defender 病毒查杀引擎、小红伞病毒查杀引擎、360 云查杀引擎、360 主动防御引擎以及 360 第二代 QVM 人工智能引擎。据艾瑞咨询数据显示，截至目前，360 杀毒月度用户量已突破 3.7 亿，一直稳居安全查杀软件市场份额头名。

图 8 - 2　360 杀毒

360 杀毒具有强大的病毒扫描能力，除普通病毒、网络病毒、电子邮件病毒、木马之外，对间谍软件、Rootkit 等恶意软件也有极为优秀的检测及修复能力。

软件功能：

➢ 实时防护

在文件被访问时对文件进行扫描，及时拦截活动的病毒，对病毒进行免疫，防止系统敏感区域被病毒利用。在发现病毒时，会及时通过提示窗口警告用户，迅速处理。

➢ 主动防御

包含 1 层隔离防护、5 层入口防护、7 层系统防护、8 层浏览器防护，全方位立体化阻止病毒、木马和可疑程序入侵。360 安全中心还会跟踪分析病毒入侵系统的链路，锁定病毒最常利用的目录、文件、注册表位置，阻止病毒利用，免疫流行病毒。已经实现对动态链接库劫持的免疫，以及对流行木马的免疫，免疫点还会根据流行病毒的发展变化而及时增加。

➢ 广告拦截

结合 360 安全浏览器广告拦截，加上 360 杀毒独有的拦截技术，可以精准拦截各类网页广告、弹出式广告、弹窗广告等，为用户营造干净、健康、安全的上网环境。

➢ 上网加速

通过优化计算机的上网参数、内存占用、CPU 占用、磁盘读写、网络流量，清理 IE 插件等全方位的优化清理工作，快速提升计算机上网卡、上网慢的症结，带来更好的上网体验。

➢ 软件净化

在平时安装软件时，会遇到各种各样的捆绑软件，甚至一些软件会在不经意间安装到计算机中，通过新版杀毒内嵌的捆绑软件净化器，可以精准监控，对软件安装包进行扫描，及时报告捆绑的软件并进行拦截，同时，用户也可以自定义选择安装。

第9章

移动应用安全与防护

9.1 概 述

伴随着智能手机的出现，以及4G/5G移动网络、Wi-Fi网络等无线网络的普及，移动互联网经过十几年的发展，已经处于成熟稳定的阶段。不论是社交、通信还是金融、贸易，都可以通过智能手机完成，移动互联网已经成为数字经济的重要媒介，它在网络空间中构造了一个庞大的数字经济体，蕴含着大量的信息与财富。

从2011年开始，网络攻击的目标逐渐转向移动互联网，攻击形式多种多样，既有广撒网式的黑产获利攻击，也有针对特定目标的国家级APT攻击。

有攻击就要有防护。移动应用安全与防护就是指保护移动设备上安装的应用程序不受恶意攻击或避免数据泄露的一系列措施。移动应用程序具有访问个人信息、敏感数据和设备资源的能力，App的安全问题直接关系到开发者和用户的切身利益，因此必须采取安全措施来保护用户的隐私和数据安全。

App安全问题包括两个方面：一方面，App是否具有攻击行为，即是否有信息窃取、恶意扣费、远程控制等高危恶意行为；另一方面，App是否具有防御能力，即是否能够抵御逆向入侵、劫持篡改等攻击行为。本章主要围绕移动应用的安全和防御问题展开讨论，介绍常见的攻击方法和防护措施，以及如何针对常见的安全问题进行安全防护。

另外，需要说明的是，考虑到Android系统市场占比、开放性、碎片化等特点，本章主要以Android系统为例进行讲解。

9.2 Android应用程序安全基础

9.2.1 认识Android应用程序

Android应用程序是指能够运行在Android系统上的独立应用软件。一般使用Java、Kotlin 语言开发，并且由 Android SDK 工具将代码连同资源文件编译成一个 apk（Android 软件包），即带有 . apk 后缀的归档文件。一个 apk 文件包含 Android 应用的所有内容，它也是 Android 设备用来安装应用的文件。

本章重点讲解 Android 应用程序安全与防护，先以小篇幅介绍 Android 应用开发，后面章节将会以该程序为例进行逆向分析讲解。

本节采用 Android 官方推荐的 Android Studio 开发工具来编写示例应用程序。启用 Android Studio，新建一个名称为 Test、包名为 com. example. test 的项目，并选择 Java 作为开发语言。工程开发界面如图 9 - 1 所示。

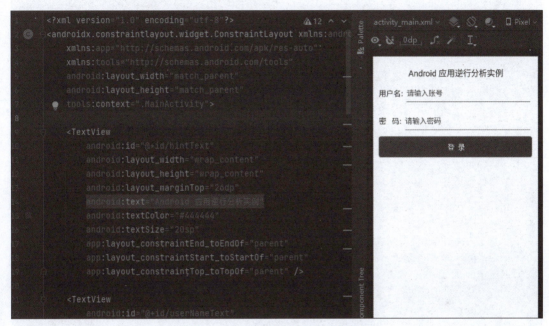

图 9 - 1 Android 应用开发工程界面

本例中，模拟了一个用户登录的页面。左侧是用 xml 描绘的布局样式，右侧是开发期间布局的预览效果。

假设登录逻辑是这样的：当用户名为 admin，并且密码为 123456 时，才可以登录成功，并给出"登录成功"的提示文案；否则，登录失败，并给出"用户名或密码错误"的提示文案。这些逻辑代码写在了 Activity 中，如图 9 - 2 所示。

在 Android 开发中，Activity 与页面的概念对应，日常应用时，切换页面其实也就是 Activity 之间的切换。本例中只有一个页面，也就只有一个 Activity，命名为 MainActivity，其内部代码承载了页面上所有的逻辑。另外，Activity 需要在 AndroidManifest. xml 文件中注册才能显示，AndroidManifest. xml 是 Android 应用的配置文件，该文件内配置了 Android 应用程序的入口、主 Activity 以及所有 Activity、应用权限声明等，也是逆向 APK 时重要的入口文件。

代码编写完成后，只需要单击 Android Studio 上方菜单栏中的"运行"按钮，就会触发应用打包，该过程会将 AndroidManifest. xml、所有的 Activity 以及其他类文件、资源文件等按照一定的规则打包，生成一个以 . apk 为后缀的文件，默认位于 app/build/outputs/apk/debug 目录下。该文件即为 Android 应用开发的最终产物，我们日常下载到手机上的安装文件

```
public class MainActivity extends AppCompatActivity {

    2 usages
    private EditText userNameEdit;
    2 usages
    private EditText pwdEdit;

    @Override
    protected void onCreate(Bundle savedInstanceState) {
        super.onCreate(savedInstanceState);
        setContentView(R.layout.activity_main);
        userNameEdit = findViewById(R.id.userNameEdit);
        pwdEdit = findViewById(R.id.pwdEdit);
        findViewById(R.id.loginBtn).setOnClickListener(new View.OnClickListener() {
            @Override
            public void onClick(View view) {
                tryToLogin();
            }
        });
    }

    1 usage
    private void tryToLogin() {
        String userName = userNameEdit.getText().toString();
        String pwd = pwdEdit.getText().toString();
        if ("admin".equals(userName) && "123456".equals(pwd)) {
            Toast.makeText( context: this,  text: "登录成功", Toast.LENGTH_SHORT).show();
        } else {
            Toast.makeText( context: this,  text: "用户名或密码错误", Toast.LENGTH_SHORT).show();
        }
    }
}
```

图 9 - 2   Android 示例应用代码逻辑

也均以 . apk 结尾。需要注意的是，由于没有配置正式的签名信息，这样生成的文件还不能上传到应用市场供用户下载使用，但它已经完全可以独立安装到 Android 系统手机上供开发人员测试使用了。安装到手机之后的运行效果如图 9 - 3 所示。

9.2.2   认识 apk 文件

apk 文件是 Android 应用程序的产物，在 Android 应用逆向分析中，大多数场景是得不到应用源代码的，能取得的只有 apk 文件。所以只能针对该文件展开逆向分析。

apk 文件格式是一种压缩文件格式，可以使用常见的解压工具将 apk 文件进行解压缩。图 9 - 4 展示了将上一小节生成的 apk 文件解压后的内容。

· META - INF 目录：用于保存 apk 的签名信息，保证 apk 包的完整性和系统的安全性。

在编译生成一个 apk 包时，会对所有要打包的文件做一次校验计算，并把计算结果放在

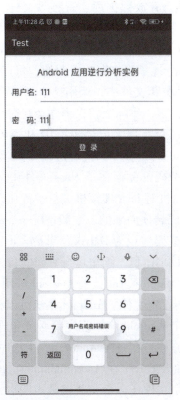

图 9 – 3　Android 示例应用运行效果

名称 ^	修改日期	类型	大小
META-INF	2023-03-26 12:24	文件夹	
res	2023-03-26 12:24	文件夹	
AndroidManifest.xml	1981-01-01 1:01	XML 文档	3 KB
classes.dex	1981-01-01 1:01	DEX 文件	3,921 KB
classes2.dex	1981-01-01 1:01	DEX 文件	404 KB
classes3.dex	1981-01-01 1:01	DEX 文件	3 KB
resources.arsc	1981-01-01 1:01	ARSC 文件	414 KB

图 9 – 4　apk 文件解压后的内容

META – INF 目录下。在安装时，如果校验结果与 META – INF 下的内容不一致，系统就不会安装这个 apk，保证了 apk 包里的文件不被随意替换。

　　META – INF 目录下包含的文件有 CERT. RSA、CERT. DSA、CERT. SF 和 MANI-FEST. MF。CERT. RSA 是开发者利用私钥对 apk 进行签名的签名文件，CERT. SF、MANI-FEST. MF 记录了文件的 SHA – 1 哈希值。

　　• res 目录：res 是 resource 的缩写，这个目录存放资源文件，如图片、布局、颜色、动画等。res 内一级子目录不可任意命名，需要遵循官方规范，并且不能有多级目录。存在于 res 文件夹下的所有文件都会映射到 Android 工程的 R. 文件中，生成对应的 ID，访问的时候，直接使用资源 ID，即 R. id. < filename > 。

　　另一个用于存放资源的目录是 assets 目录，由于本示例程序比较简单，并没有用到。

assets 目录更适合存放数据库、音频等文件，assets 内的目录名称可以任意命名，且支持多级目录。该目录下的文件不会被映射到 R 文件中，访问的时候需要使用 AssetManager 类。

● resources. arsc：用来记录资源文件和资源 ID 之间的映射关系，其根据资源 ID 寻找资源。前面讲过，res 是用来存放资源的，每当在 res 文件夹下放一个文件，aapt 就会自动生成对应的 ID 保存在 R 文件中，调用这个 ID 就可以，但是只有这个 ID 还不够，R 文件只是保证编译程序不报错，实际上，在程序运行时，系统要根据 ID 去寻找对应的资源路径，而 resources. arsc 文件就是用来记录这些 ID 和资源文件位置对应关系的文件。

● classes. dex：程序的可执行代码。在编译阶段，首先会使用 JDK 把 Java 文件编译成 class 文件，字节码都保存在了 class 文件中，Java 虚拟机可以通过解释来执行这些 class 文件。Dalvik 虚拟机对 Java 虚拟机进行了优化，执行的是 Dalvik 字节码，而这些 Dalvik 字节码是由 Java 字节码转换而来的，一般情况下，Android 应用在打包时通过 Android SDK 中的 dx 工具将 Java 字节码转换为 Dalvik 字节码。dx 工具可以对多个 class 文件进行合并、重组、优化，可以达到减小体积、缩短运行时间的目的。

● AndroidManifest. xml：是 Android 应用程序的配置文件，是一个用来描述 Android 应用"整体资讯"的设定文件。Android 系统可以根据这个"自我介绍"完整地了解 APK 应用程序的资讯，每个 Android 应用程序都必须包含一个 AndroidManifest. xml 文件，且它的名字是固定的，不能修改。在开发 Android 应用程序的时候，一般把代码中的每一个 Activity、Service、Provider 和 Receiver 在 AndroidManifest. xml 中注册，只有这样，系统才能启动对应的组件。另外，这个文件还包含一些权限声明以及使用的 SDK 版本信息等。需要重点关注的是入口 Application 和第一个被启动的 Activity 的声明，这往往作为逆向 . apk 的入口。

9.2.3　Android 系统提供的安全措施

Android 系统默认提供了一些安全机制，不需要我们做任何额外操作，就可以使用这些机制。

9.2.3.1　沙箱

Android 操作系统是一种多用户 Linux 系统，其中的每个应用都是一个不同的用户；默认情况下，系统会为每个应用分配唯一的 Linux 用户 ID（该 ID 仅由系统使用，应用并不知晓）。系统会为应用中的所有文件设置权限，使只有分配给该应用的用户 ID 才能访问这些文件。

默认情况下，每个应用都在自己的 Linux 进程内运行，每个进程都拥有自己的虚拟机（VM），因此，应用代码独立于其他应用而运行，或者说每个 Android 应用都处于各自的安全沙箱中。Android 系统会在需要执行任何应用组件时启动该进程，当不再需要该进程或系统必须为其他应用恢复内存时，便会关闭该进程。

9.2.3.2　混淆

在应用中使用混淆不仅是为了安全防护，而且是为了减小应用安装包的大小，所以每个应用发行之前，必须要添加混淆这项功能。Android Studio（最流行的 Android 应用开发工具）中已经集成了混淆功能，可以非常方便地使用，如图 9 - 5 所示。当使用 Android Studio

创建新项目时，混淆处理和代码优化功能默认处于停用状态。如需启用，则在项目级 build. gradle 文件中添加或修改 minifyEnabled 属性，将其值设置为 true 即可。

```
buildTypes {
    release {
        minifyEnabled true
        proguardFiles getDefaultProguardFile('proguard-android-optimize.txt')
    }
}
```

图 9-5　在 Android 工程中开启混淆

现在混淆机制一般有两种：代码混淆和资源混淆。

1. 代码混淆

在反编译 apk 之后，看到的代码类名、方法名以及代码格式看起来不像正常的 Android 项目代码，那么这时就会增加阅读难度，增加破解难度，这就是经过混淆的代码，如图 9-6 所示。

现在的破解查看 Java 层代码有以下两种方式：

● 直接先解压 classes.dex 文件，使用 dex2jar 工具将其转化成 jar 文件，然后用 jd-gui 工具查看类结构。

● 使用 apktool 工具直接反编译 apk，得到 smali 源码，阅读 smali 源码。

不过代码混淆也不是很安全，在破解的过程中一般是找程序的入口，这些入口一般都在 Application 或者 MainActivity 处，因为这些 Android 中的组件类是不能进行混淆的，所以还是有入口可寻的，能够找到入口代码，然后进行跟踪。

2. 资源混淆

上面说到，对代码的混淆能够增加代码阅读难度。为了保护资源，也是可以进行混淆的，混淆的结果也是将资源名称和路径修改为简短且无实际含义的

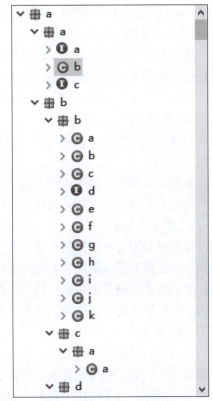

图 9-6　混淆后的类和方法名称

名称。既可以减小 apk 文件大小，又可以增加反编译 apk 文件后的阅读难度。基于此，国内公司出品了非常优秀的资源混淆工具，如微信团队推出的 AndResGuard。

9.2.3.3 权限

Android 权限机制是 Android 系统提供的又一基础安全措施，目的是限制 Android 应用程序的访问权限，保护对受限的敏感数据和操作的访问/执行权限，从而为保护用户隐私提供支持，Android 系统设计了完备的权限机制。

受限数据，例如系统状态和用户的联系信息。

受限操作，例如连接到已配对的设备并录制音频。

Android 系统通过权限来控制软件想要使用的功能，程序默认情况下没有权限去进行特

定的操作，例如打电话、发短信，软件要想进行这些操作，必须显式地申请相应的权限。如果没有申请权限而执行特定的操作，软件在运行时通常会抛出一个 SecurityException 异常。

Android 将权限分为不同的类型，包括安装时权限、运行时权限和特殊权限。每种权限类型都指明了当系统授予应用该权限后，应用可以访问的受限数据范围以及应用可以执行的受限操作范围。每项权限的保护级别取决于其类型，显示在权限 API 参考文档页面上。

1. 安装时权限

安装时权限授予应用对受限数据的受限访问权限，或允许应用执行对系统或其他应用只有最小影响的受限操作。如果在应用中声明了安装时权限，应用商店会在用户查看应用详情页面时向其显示安装时权限通知。系统会在用户安装应用时自动向应用授予权限。

Android 提供多个安装时权限子类型，包括一般权限和签名权限。

1）一般权限

此类权限允许访问超出应用沙箱的数据和执行超出应用沙箱的操作，但对用户隐私和其他应用的运行造成的风险很小。

系统会为一般权限分配 normal 保护级别。

2）签名权限

只有当应用与定义权限的应用或 OS 使用相同的证书签名时，系统才会向应用授予签名权限。

实现特权服务（如自动填充或 VPN 服务）的应用也会使用签名权限。这些应用需要服务绑定签名权限，以便只有系统可以绑定到服务。

2. 运行时权限

运行时权限也称为危险权限，此类权限授予应用对受限数据的额外访问权限，或允许应用执行对系统和其他应用具有更严重影响的受限操作。因此，需要先在应用中请求运行时权限，然后才能访问受限数据或执行受限操作。请勿假定这些权限之前已经授予过，务必仔细检查，并根据需要在每次访问之前请求这些权限。当应用请求运行时权限时，系统会显示运行时权限提示。

许多运行时权限会访问用户私人数据，这是一种特殊的受限数据，其中包括可能比较敏感的信息。例如，位置信息和联系信息就属于用户私人数据。

麦克风和摄像头可用于获取特别敏感的信息。因此，该系统会帮助说明应用获取这类信息的原因。

系统会为运行时权限分配 dangerous 保护级别。

3. 特殊权限

特殊权限与特定的应用操作相对应。只有平台和原始设备制造商（OEM）可以定义特殊权限。此外，如果平台和 OEM 想要防止有人执行功能特别强大的操作（例如通过其他应用绘图），通常会定义特殊权限。

系统设置中的特殊应用访问权限页面包含一组用户可切换的操作。其中的许多操作都是以特殊权限的形式实现的。

系统会为特殊权限分配 appop 保护级别。

Android 系统实现了最小权限原则。换言之，默认情况下，每个应用只能访问执行其工作所需的组件，而不能访问其他组件。这样便能创建非常安全的环境，在此环境中，应用无法访问其未获得权限的系统部分。不过，应用仍可通过一些途径与其他应用共享数据以及访问系统服务。

可以安排两个应用共享同一 Linux 用户 ID，在此情况下，二者便能访问彼此的文件。为节省系统资源，也可安排拥有相同用户 ID 的应用在同一 Linux 进程中运行，并共享同一 VM。应用还必须使用相同的证书进行签名。

应用可以请求访问设备数据（如用户的联系人、短信消息、可装载存储装置（SD 卡）、相机、蓝牙等）的权限。用户必须明确授予这些权限。

9.2.3.4　签名

Android 中的每个应用都有唯一的签名，如果一个应用没有被签名，是不允许安装到设备中的，一般在运行 debug 程序的时候，也是有默认的签名文件的。只是 IDE 帮开发者做了签名工作，在应用发布时，会用唯一的签名文件进行签名。在以往的破解中可以看到，有时需要在反编译应用之后，重新签名再打包运行，这又给很多二次打包团队谋取利益提供了一种手段。例如反编译市场中的包，然后添加一些广告代码，最后使用自家的签名重新打包发布到市场中。因为签名在反编译之后是获取不到的，所以只能用自己的签名文件去签名，但是在已经安装了应用设备后，如果再去安装一个签名不一致的应用，则会导致安装失败。这样也有一个问题，就是有些用户安装了这些二次打包的应用之后，无法再安装正规的应用，只能卸载重装。而且大多数应用市场都有对签名的检测机制，使用自己的签名文件签名后，是无法上传到应用市场的。根据这个原理，可以利用应用的签名是唯一的这个特性来做一层防护。

9.3　Android 应用逆向分析

Android 应用逆向分析是指通过对 Android 应用程序进行分析和研究，了解其内部结构和运行机制，以及寻找其中的漏洞和安全问题的过程。

在进行 Android 应用逆向分析时，需要用到一些工具和技术，如反编译工具和调试工具等。其中，反编译工具可以将 apk 文件转换成的 smali 代码或 Java 代码，以方便分析和修改；调试工具可以让用户在应用程序运行时动态修改和调试代码等。

逆向分析可以帮助开发人员更好地了解自己的应用程序的安全问题，同时也可以帮助安全专家发现潜在的漏洞和风险。本节主要以静态分析方法为例，讲解 Android 逆向分析的主要工具、策略、方法以及实战。

需要说明的是，逆向分析技术本身需要分析人员具备较强的代码理解能力，这些都需要在平时的开发过程中不断地积累经验。因此，在开始本节内容之前，建议读者先了解基本的 Android 程序开发知识，并具有一定的代码阅读能力。在本节中，将以 9.2 节中介绍的应用程序作为逆向对象进行讲解。

9.3.1　逆向分析方法

从分析方法的角度，可以将逆向分析划分为静态分析方法和动态分析方法。

静态分析是指在不运行代码的情况下，采用词法分析、语法分析等各种技术手段对程序文件进行扫描，从而生成程序的反汇编代码，然后阅读反汇编代码来掌握程序功能的一种技术。在实际的分析过程中，完全不运行程序是不太可能的，分析人员时常需要先运行目标程序来寻找程序的突破口。静态分析强调的是静态，在整个分析的过程中，阅读反汇编代码是主要的分析工作。生成反汇编代码的工具称为反汇编工具或反编译工具，选择一个功能强大的反汇编工具不仅能获得更好的反汇编效果，而且能为分析人员节省不少时间。静态分析 Android 程序有两种方法：一种方法是阅读反汇编生成的 Dalvik 字节码，可以使用 IDAPro 分析 dex 文件，或者使用文本编辑器阅读 baksmali 反编译生成的 smali 文件；另一种方法是阅读反汇编生成的 Java 源码，可以使用 dex2jar 生成 jar 文件，然后使用 jd – gui 阅读 jar 文件的代码。

动态分析方法也被称为动态调试方法，可分为源码级调试与汇编级调试。源码级调试多用于软件开发阶段，开发人员拥有软件的源码，可以通过集成开发环境（如 Android 开发使用的 Android Studio）中的调试器跟踪运行自己的软件，解决软件中的错误。汇编级调试多用于软件的逆向工程，分析人员通常没有软件的源代码，调试程序时，只能跟踪与分析汇编代码，查看寄存器的值，这些数据远远没有源码级调试展示的信息那么直观，但动态调试程序同样能够跟踪软件的执行流程，反馈程序执行时的中间结果，在静态分析程序难以取得突破时，动态调试也是一种行之有效的逆向手段。

在真实场景中，通常是静态分析与动态调试联合使用，帮助分析人员寻找安全漏洞和隐患，从而规避安全风险。

9.3.2　逆向分析工具

9.3.2.1　Apktool

Apktool 是使用 Java 语言开发的开源工具，能够将 Android apk 中的资源文件反编译成最原始的文件，包括 resources. arsc、classes. dex、xml 等文件，还能够将反编译的文件修改后二次打包成 apk 文件。

在 Apktool 的官方网站选择 Intall 菜单，按照说明分别下载 apktool. bar 和 apktool. jar，并将二者放在同一目录下，然后将该目录配置到系统环境变量中，保证在命令终端中能够正确识别 apktool 命令。

1. 反编译

命令：apktool d app – debug. apk

结果如图 9 – 7 所示。

```
D:\1ib>apktool d app-debug.apk
I: Using Apktool 2.7.0 on app-debug.apk
I: Loading resource table...
I: Decoding AndroidManifest.xml with resources...
I: Loading resource table from file: C:\Users\Administrator\AppData\Local\apktool\framework\1.apk
I: Regular manifest package...
I: Decoding file-resources...
I: Decoding values */* XMLs...
I: Baksmaling classes.dex...
I: Baksmaling classes2.dex...
I: Baksmaling classes3.dex...
I: Copying assets and libs...
I: Copying unknown files...
I: Copying original files...
```

图 9 – 7　使用 apktool 命令反编译

此处以编写的测试应用 Test 为例，看一下 Apktool 工具反编译后的产物。反编译后，会在当前目录下生成一个同名文件夹，文件夹内是反编译后的内容，如图 9 - 8 所示。

名称	修改日期	类型	大小
original	2023-03-26 15:12	文件夹	
res	2023-03-26 15:12	文件夹	
smali	2023-03-26 15:12	文件夹	
smali_classes2	2023-03-26 15:12	文件夹	
smali_classes3	2023-03-26 15:12	文件夹	
AndroidManifest.xml	2023-03-26 15:12	XML 文档	2 KB
apktool.yml	2023-03-26 15:12	YML 文件	2 KB

图 9 - 8　使用 apktool 反编译后的产物

2. 重打包

命令：apktool b < 文件夹名称 > - o < 新的 apk 名称 >

如图 9 - 9 所示。

```
D:\lib>apktool b app-debug -o new-app-debug.apk
I: Using Apktool 2.7.0
I: Checking whether sources has changed...
I: Smaling smali folder into classes.dex...
I: Checking whether sources has changed...
I: Smaling smali_classes2 folder into classes2.dex...
I: Checking whether sources has changed...
I: Smaling smali_classes3 folder into classes3.dex...
I: Checking whether resources has changed...
I: Building resources...
I: Building apk file...
I: Copying unknown files/dir...
I: Built apk into: new-app-debug.apk
```

图 9 - 9　使用 apktool 命令重打包

根据上一步反编译后得到的 smali 代码、图片、res 文件等，任意修改 smali 代码或 xml 文件后，再经过上述 Apktool 重打包命令就可以生成新的 apk 文件。但是这并不意味着 App 程序就可以正常运行了，因为 Android 系统要求 App 安装时必须经过签名，因此，还需要使用 signapk. jar 对新生成的 apk 文件进行签名。签名命令如下：

```
java -jar signapk.jar testkey.x509.pem testkey.pk8 old.apk new.apk
```

其中，testkey. x509. pem 表示公钥文件，testkey. pk8 表示私钥文件。如果签名后 App 能够正常安装运行，则表示二次打包成功。

9.3.2.2　baksmali

有时我们拿到的不是一个完整的 apk 文件，只是一个 classes. dex 文件，或者是脱壳后得到的 classes. dex 文件，这时 baksmali 工具就非常有用了，它可以将 classes. dex 文件反编译成 smali 文件。

命令：java - jar baksmali - 2. 5. 2. jar d classes. dex - o smalifile

注意，smalifile 是用户自定义的文件夹名称，反编译后生成的 smali 文件都在 smalifile 文件夹下，同时，baksmali – 2.0.3. jar、classes. dex、smalifile 在同一路径下。

9.3.2.3　smali

smali 与 baksmali 的用法刚好相反，它的作用是将 smali 文件重新打包成 classes. dex 文件。

命令：java – jar smali – 2.5.2. jar a smalifile – o classes. dex

注意，smalifile 是上述 baksmali 命令反编译生成的文件夹名称，同时，smali – 2.5.2. jar、smalifile、classes. dex 在同一路径下。

9.3.2.4　dex2jar + jd – gui

Apktool 和 baksmali 是将二进制文件反编译成 smali 文件，阅读源代码时，必须了解 smali 语法。此外，官方还提供了另外一种反编译工具包 dex2jar，它的每个功能都使用一个批处理或 shell 脚本来包装，如 dex2jar. bat 和 dex2jar. sh，在 Windows 系统中调用后缀为 . bat 的文件、在 Linux 系统中调用后缀为 . sh 的脚本即可。在 Windows 系统中可以使用 dex2jar. bat 将 apk 和 classes. dex 类型的文件反编译成 Java 类文件。

命令：d2j – dex2jar. bat Tesk. apk 或 d2j – dex2jar. bat classes. dex

仍然以 Test. apk 为例，执行上述命令后，在当前路径下会生成 Test_dex2jar. jar 或 classes_des2jar. jar 文件，这两个文件就是 dex2jar 反编译后的内容。

此外，还需要一个工具配合阅读：jd – gui。jd – gui 是一个独立的图形实用程序，显示 class 文件的 Java 源代码，可以用于浏览重建的源代码，以便即时访问方法和字段。

上面介绍了几款早期常用的反编译工具，近些年来，也陆续出现了一些新工具，其中的佼佼者当属 JEB，它是由 PNF Software 公司开发的逆向工具。它支持反编译和调试二进制代码。

9.3.2.5　JEB

JEB 是一个为安全专业人士设计的功能强大的反编译工具，用于逆向工程或审计 apk 文件，可以大大提高效率，减少工程师的分析时间。它集成了很多基础工具，是目前比较流行的逆向工具之一。

下面以 Test. apk 为例，展示 JEB 主界面，如图 9 – 10 所示，读者可以采用拖放的方式直接将 apk 文件拖到 JEB 中，也可以通过菜单栏文件打开。

9.3.3　逆向分析策略

在逆向一个 Android 软件时，如果盲目地分析，可能需要阅读成千上万行的反汇编代码才能找到程序的关键点，这无疑是浪费时间的表现，我们先来介绍如何快速定位程序的关键代码。

在第 2 章中已经介绍过，每个 apk 文件中都包含一个 AndroidManifest. xml 文件，它记录着软件的一些基本信息，包括软件的包名、运行的系统版本、用到的组件等，并且这个文件被加密存储进了 apk 文件中。在开始分析前，有必要先反编译 apk 文件对其进行解密。反编译 apk 的工具为 Apktool。本小节使用到的示例程序仍然是 Test. apk。反编译过程已经在上一

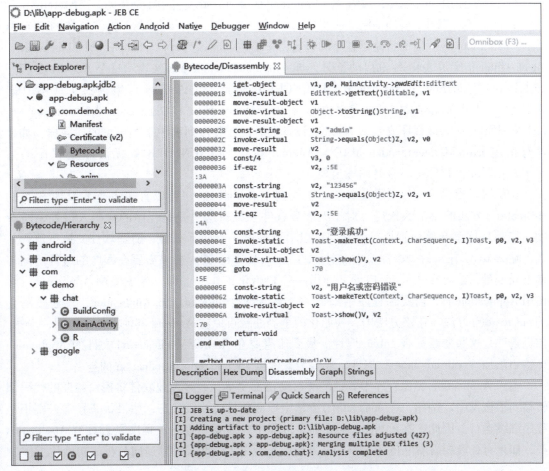

图 9 – 10　使用 JEB 反编译 . apk 主界面

小节介绍，这里不再赘述。

　　一个 Android 程序由一个或多个 Activity 以及其他组件组成，每个 Activity 都是相同级别的，不同的 Activity 实现不同的功能。每个 Activity 都是 Android 程序的一个显示"页面"，主要负责数据的处理及展示工作，在 Android 程序的开发过程中，程序员很多时候是在编写用户与 Activity 之间的交互代码。

　　每个 Android 程序有且只有一个主 Activity（隐藏程序除外，它没有主 Activity），它是程序启动的第一个 Activity。打开 test 文件夹下的 AndroidManifest. xml 文件，其中有如图 9 – 11 所示片断的代码。

```xml
<activity
    android:name=".MainActivity"
    android:exported="true">
    <intent-filter>
        <action android:name="android.intent.action.MAIN" />
        <category android:name="android.intent.category.LAUNCHER" />
    </intent-filter>
</activity>
```

图 9 – 11　主 Activity 在 AndroidManifest. xml 中的声明

在程序中使用到的 Activity 都需要在 AndroidManifest. xml 文件中手动声明，声明 Activity 使用 activity 标签，其中，android：label 指定 Activity 的标题，android：name 指定具体的 Activity 类。". MainActivity" 前面省略了程序的包名，完整类名应该为 com. example. test. MainActivity，intent－filter 指定了 Activity 的启动意图，android. intent. action. MAIN 表示这个 Activity 是程序的主 Activity。android. intent. category. LAUNCHER 表示这个 Activity 可以通过 LAUNCHER 来启动。如果 AndroidMenifest. xml 中所有的 Activity 都没有添加 android. intent. category. LAUNCHER，那么该程序安装到 Android 设备上后，在程序列表中是不可见的。同样，如果没有指定 android. intent. action. MAIN，Android 系统的 LAUNCHER 就无法匹配程序的主 Activity，因此该程序也不会有图标出现。

在反编译出的 AndroidManifest. xml 中找到主 Activity 后，可以直接去查看其所在类的 onCreate( )方法的反汇编代码，对于大多数软件来说，这里就是程序的代码入口处，所有的功能都从这里开始得到执行，我们可以沿着这里一直向下查看，追踪软件的执行流程。

除 Activity 外，另一个需要重点关注的是 Application 类。如果需要在程序的组件之间传递全局变量，或者在 Activity 启动之前做一些初始化工作，就可以考虑使用 Application 类。使用 Application 时，需要在程序中添加一个类继承自 android. app. Application，然后重写它的 onCreate( )方法。在该方法中，初始化的全局变量可以在 Android 其他组件中访问，当然，前提条件是这些变量具有 public 属性。最后还需要在 AndroidManifest. xml 文件的 Application 标签中添加 "android：name" 属性，取值为继承自 android. app. Application 的类名。

鉴于 Application 类比程序中其他的类启动得都要早，一些商业软件将授权验证的代码都转移到了该类中。例如，在 onCreate( )方法中检测软件的购买状态，如果状态异常，则拒绝程序继续运行。因此，在分析 Android 程序过程中，需要先查看该程序是否具有 Application 类，如果有，就要看看它的 onCreate( )方法中是否做了一些影响到逆向分析的初始化工作。

9.3.4　关键代码定位技巧

一个完整的 Android 程序反编译后的代码量可能非常庞大，要想在这浩如烟海的代码中找到程序的关键代码，是需要很多经验与技巧的。以下是一些行之有效的常用方法。

1. 信息反馈法

所谓信息反馈法，是指先运行目标程序，然后将程序运行时给出的反馈信息作为突破口寻找关键代码。比如，当登录应用时，应用弹出的提示文案 "无效用户名或密码" 就是程序反馈的信息。通常情况下，程序中用到的字符串会存储在 String. xml 文件中，或者硬编码到程序代码中，如果是前者，字符串在程序中会以 id 的形式访问，只需在反汇编代码中搜索字符串的 id 即可找到调用代码处；如果是后者，在反汇编代码中直接搜索字符串即可。

2. 特征函数法

这种定位代码的方法与信息反馈法类似。在信息反馈法中，无论程序给出什么样的反馈信息，终究是需要调用 Android SDK 中提供的相关 API 函数来完成的。比如弹出注册码错误的提示信息就需要调用 Toast. MakeText( ). Show( )方法，在反汇编代码中直接搜索 Toast，很快就能定位到调用代码，如果 Toast 在程序中有多处，可能需要分析人员逐个甄别。

3. 顺序查看法

顺序查看法是指从软件的启动代码开始，逐行向下分析，掌握软件的执行流程，这种分析方法在进行病毒分析时经常用到。

4. 代码注入法

代码注入法属于动态调试方法，它的原理是手动修改 apk 文件的反汇编代码，加入 Log 输出，配合 LogCat 查看程序执行到特定点时的状态数据。这种方法在解密程序数据时经常使用。

5. 栈跟踪法

栈跟踪法属于动态调试方法，它的原理是输出运行时的栈跟踪信息，然后查看栈上的函数调用序列来理解方法的执行流程。

6. Method Profiling

Method Profiling（方法剖析）属于动态调试方法，它主要用于热点分析和性能优化。该功能除了可以记录每个函数占用的 CPU 时间外，还能够跟踪所有的函数调用关系，并提供比栈跟踪法更详细的函数调用序列报告，这种方法在实践中可帮助分析人员节省很多时间，也被广泛使用。

9.3.5　smali 文件简介

使用 Apktool 反编译 apk 文件后，会在反编译工程目录下生成一个 smali 文件夹，里面存放着所有反编译出的 smali 文件，这些文件会根据程序包的层次结构生成相应的目录，程序中所有的类都会在相应的目录下生成独立的 smali 文件。如上一节中程序的主 Activity 名为 com. demo. chat. MainActivity，就会在 smali 目录下依次生成 com\demo\chat 目录结构，然后在这个目录下生成 MainActivity. smali 文件。

smali 文件的代码通常比较长，而且指令繁多，在阅读时很难用肉眼捕捉到重点，如果有阅读工具能够将特殊指令（例如条件跳转指令）高亮显示，势必会让分析工作事半功倍，这里推荐使用的文本编辑器是 Notepad ++ 或 Sublime Text，可以搜索和安装相应的支持语法高亮和代码折叠等功能的插件。

无论是普通类、抽象类、接口类还是内部类，在反编译出的代码中，它们都以单独的 smali 文件来存放。每个 smali 文件都由若干条语句组成，所有的语句都遵循着一套语法规范。smali 文件的前 3 行描述了当前类的一些信息，格式如下。

```
.class <访问权限 >[修饰关键字] <类名 >
.super <父类名 >
.source <源文件名 >
```

打开 MainActivity. smali 文件，前 3 行代码如下。

```
.classpublicLcom/demo/chat/MainActivity;
.superLandroid/app/Activity;
.source"MainActivity. java"
```

第 1 行 ".class" 指令指定了当前类的类名。在本例中，类的访问权限为 public，类名为 "Lcom/demo/chat/MainActivity;"，类名开头的 L 是遵循 Dalvik 字节码的相关约定，表示后面跟随的字符串为一个类。

第 2 行的 ". super" 指令指定了当前类的父类。本例中的 "Lcom/demo/chat/MainActivity" 的父类为 "Landroid/app/Activity;"。

第 3 行的 ".source" 指令指定了当前类的源文件名。

注意，经过混淆的 dex 文件，反编译出来的 smali 代码可能没有源文件信息，因此，".source" 行的代码可能为空。

前 3 行代码过后就是类的主体部分了，一个类可以由多个字段或方法组成。限于篇幅等原因，这里无法将 smali 语法逐一介绍，了解上面知识背景，就具备基本的 Android 应用逆向分析知识了，下面让我们使用这些知识进行一次实战。

9.3.6　逆向分析实战

本节将以上一节编写的 Test 程序为例，讲解破解它的完整流程。我们的目标是，任意输入用户名和密码（但是用户名不能是 admin，密码不能是 123456）均可登录成功，返回登录成功的提示文案。

破解 Android 程序通常的方法是将 apk 文件利用 Apktool 反编译，生成 Smali 格式的反汇编代码，然后阅读 Smali 文件的代码来理解程序的运行机制，找到程序的突破口进行修改，使用 Apktool 重新编译生成 apk 文件并签名，最后运行测试。如此循环，直至程序被成功破解。在实际的分析过程中，还可以使用 dex2jar 与 jd–gui 配合来进行 Java 源码级的分析等。

9.3.6.1　反编译 apk 文件

假定我们不知道代码逻辑，也没有源代码工程，我们只有 app–debug.apk 文件，现对该文件进行反编译。

按照前面小节的介绍，使用 Apktool 工具，在命令行下输入命令 apktool d app–debug.apk，即可得到反编译后的文件。

9.3.6.2　分析 apk 文件

先用文本编辑器打开 AndroidManifest.xml 文件，找到 Activity 入口，如图 9–12 所示。

```
<application android:appComponentFactory="androidx.core.app.CoreComponentFactory"
android:debuggable="true" android:icon="@mipmap/ic_launcher" android:label="@string/
app_name" android:roundIcon="@mipmap/ic_launcher_round" android:supportsRtl="true"
android:testOnly="true" android:theme="@style/Theme.ChatDemo">
    <activity android:exported="true" android:name="com.demo.chat.MainActivity">
        <intent-filter>
            <action android:name="android.intent.action.MAIN"/>
            <category android:name="android.intent.category.LAUNCHER"/>
        </intent-filter>
    </activity>
</application>
```

图 9 – 12　反编译后的 AndroidManifest.xml 文件中 Activity 的声明

可以看出，入口 Activity 为 com.demo.chat.MainActivity，然后从反编译后的文件夹中，在以 smali 开头的文件夹（可能有多个）中，寻找 com/demo/chat 目录并找到 MainActivity.smali 文件，该文件即为入口 Activity 对应的反编译后的 smali 文件。

使用文本编辑器打开该文件，可以找到如图 9 – 13 所示的代码片段。

第 60 行定义了 "admin" 字符串，第 62 行调用了 String 的 equals 方法，对两个字符串

```
58      .line 33
59      .local v1, "pwd":Ljava/lang/String;
60      const-string v2, "admin"
61
62      invoke-virtual {v2, v0}, Ljava/lang/String;->equals(Ljava/lang/Object;)Z
63
64      move-result v2
65
66      const/4 v3, 0x0
67
68      if-eqz v2, :cond_0
69
70      const-string v2, "123456"
71
72      invoke-virtual {v2, v1}, Ljava/lang/String;->equals(Ljava/lang/Object;)Z
73
74      move-result v2
75
76      if-eqz v2, :cond_0
77
78      .line 34
79      const-string v2, "\u767b\u5f55\u6210\u529f"
80
81      invoke-static {p0, v2, v3}, Landroid/widget/Toast;->makeText(Landroid/content/Context;Ljava/lang/CharSequence;I)Landroid/
        widget/Toast;
82
83      move-result-object v2
84
85      invoke-virtual {v2}, Landroid/widget/Toast;->show()V
86
87      goto :goto_0
```

图 9 – 13　反编译后 MainActivity. smali 部分代码

进行了是否相等的判断，即判断某个值是否等于 admin。第 64 行是将比较结果保存到 v2 寄存器中。第 68 行对 v2 寄存器内存进行判断，如果条件为真，则跳转到 cond_0 标号处。第 70～76 行是类似的逻辑。

　　看到这里，我们可以大胆猜测，这里就是在比较账号、密码是否等于特定的字符串，如果是，就跳转到登录成功的逻辑。那么，只要将 if 判断逻辑进行反转，就可以实现破解登录的目的。反转的含义是：只要用户名和密码不是某个特定字符串，就跳转到登录成功的逻辑。

9.3.6.3　修改 smali 文件代码

　　经过上一小节的分析，if – eqz 处的逻辑代码就是程序的破解点。if – eqz 是 Dalvik 指令集中的一个条件跳转指令，类似的还有 if – nez、if – gez 等。Dalvik 指令集中的指令很多，如果想深入学习，可以阅读其他相关资料。这里需要知道的是，与 if – eqz 指令功能相反的指令为 if – nez，比较结果相反时进行跳转。

　　那么，只要在文本编辑器中编辑图 9 – 13 中第 68 和 76 行代码逻辑，将 if – eqz 改为 if – nez，保存后退出，代码就修改完成了。

9.3.6.4　重新编译 apk 并签名

　　修改完 smali 文件代码后，需要将修改后的文件重新编译打包成 apk 文件。如前所述，使用 Apktool 可以进行重新打包，在命令行下输入命令 apktool b app – debug　– o repackage – app – debug. apk，即可在当前目录下看到重新生成的 repackage – app – debug. apk 文件。如果此时直接将该文件在手机上安装，会遇到图 9 – 14 所示错误。

　　这是因为重新生成的 apk 没有签名，所以无法直接安装测试。这就需要使用签名介绍的 signapk. jar 对 apk 重新进行签名，签名后即可安装到手机上运行了。尝试输入任意用户名、

```
D:\lib>adb install repackage-app-debug.apk
Performing Streamed Install
adb: failed to install repackage-app-debug.apk: Failure [INSTALL_PARSE_FAILE
D_NO_CERTIFICATES: Failed collecting certificates for /data/app/vmdl15179409
29.tmp/base.apk: Failed to collect certificates from /data/app/vmdl151794092
9.tmp/base.apk: Attempt to get length of null array]
```

图 9 – 14　安装未签名的 apk 报错

密码，单击"登录"按钮，如图 9 – 15 所示，会弹出"登录成功"的提示文案。

图 9 – 15　破解成功后的登录效果

9.4　移动应用防护技术

随着移动互联网产业的快速发展，App 呈井喷式爆发，其中绝大多数使用的是 Android 系统。

由于 Android 系统的开源特性，Android App 正逐渐取代 PC 端的 Windows App，成为黑客攻击的主要对象。这些安全风险可能贯穿 App 的整个生命周期：从 App 的开发阶段到市场发布阶段，乃至用户终端设备上的安装运行阶段。

面对移动互联网黑灰产业的攻击风险，App 开发者需要具备足够的安全能力和攻防对抗经验，为 App 运营提供安全防护手段来抵御这些安全风险。但事实上，大量的开发者并没有做好 App 的安全防护措施，使开发的 App 处于"裸奔"状态。在现实中，可以看到很多真实的 App 攻击案例，例如以下几个。

（1）针对某款无人机，攻击者通过攻击操作者终端的 App，实现对无人机的远程劫持，重现 2014 年热门科幻电影《星际穿越》中的场景。

（2）针对特斯拉汽车，攻击者通过攻击车主终端的 App，实现对汽车远程开关门等恶意控制。

（3）针对日本最大的马桶公司 Laxil 生产的智能马桶，攻击者通过攻击 App，实现远程控制，比如让坐浴喷水超过 1 m 高，以及激活各种功能，使用户陷入窘境。

（4）针对某资产万亿银行的 App，攻击者通过破解 App 程序发现后台系统地址，发掘后台系统漏洞，可将任意账户的资金转走。

那么，在发现安全问题之后，怎么做好相应的 App 安全防护工作呢？本节将着重介绍 App 安全防护技术。

9.4.1　App 加固技术简介

Android App 的安全防护主要通过 App 加固、加壳等措施确保 App 不被反编译、破解、篡改、界面劫持等手段攻击，提高客户端安全水平。同时，健全完善的运维机制，实时检测已有的安全控制手段是否被攻破，加固是否被脱壳，App 是否正在被恶意渗透测试攻击。此外，通过应急手段处理安全威胁，回溯攻击场景，还原攻击现场，预测黑客的可能攻击手段，更新现有的静态安全防护手段，以此完成新一轮的预测、防护、检测、响应行为。

　　App 的安全防护体系建设需要重点关注 App 的安全防护技术，很多安全问题通过 App 安全加固技术就可以解决。接下来，本章将重点介绍 App 加固技术，说明它能解决的安全问题、存在的局限性，以及 App 加固技术的发展演进过程。

　　App 加固技术也称 App Wrapper 或者 App Packer，可以在不改变 App 客户端源代码的情况下，将代码混淆、代码校验、代码加密、文件加壳等针对 App 各种安全缺陷的保护手段集成到 App 的 apk 文件中，有效防御 App 反编译、二次打包、内存注入、动态调试、数据窃取、交易劫持、应用钓鱼等攻击行为。

　　一般情况下，App 加固技术是在不知道 App 源代码的情况下针对 apk 文件进行的加固防护，大多通过程序文件防护、内存资源防护和程序运行防护等方式来实现，是 App 的一种"外围"防护技术。如果套用软件生命周期理论，那么 App 加固技术可以说是一种"事后"防护技术，是在开发者开发完成 App 后对打包的 apk 程序文件进行的防护。

　　因此，App 加固技术在 App 防护上存在一定的局限性，无法解决所有的安全问题，无法替代 App 的源代码安全审计和安全漏洞修复等工作。下面举例说明 App 加固技术无法解决的安全问题，这些安全漏洞需要 App 开发者在开发过程中对照第 4～8 章的安全测试方法进行自查自纠。

1. 源代码漏洞

　　通过加固技术可以隐藏 App 程序代码中的某些安全漏洞，但并未从根本上消除安全风险，如程序中存在硬编码的密码、使用了标准的加密算法、运行过程中有敏感信息暴露等。

2. 数据库注入漏洞

　　如果 Content Provider 组件读写权限设置不当，并且未对 SQL 查询语句的字段参数做敏感词过滤判断，App 本地数据库可能被注入攻击。这种风险可能导致 App 存储的账户名、密码等敏感数据信息泄露。

3. 业务逻辑漏洞

　　App 开发者在开发过程中出现的业务逻辑漏洞，比如验证机制可被绕过、访问越权等问题，需要通过人工渗透测试模拟攻击者攻击来发现和修复，无法通过加固技术来解决。

4. 通信安全漏洞

　　App 通信层面的安全漏洞很难通过加固技术解决，需要使用额外的技术手段，如使用 HTTPS 进行通信、对通信数据进行加密处理等。

　　另外，加固技术也可分为静态加固技术和动态加固技术，二者分别用于解决不同的安全测试问题。

　　静态加固技术能够解决的安全测试问题如下：

　　（1）程序代码安全测试中的防反编译、防篡改、防调试的问题；

　　（2）本地数据安全测试中的数据存储问题；

　　（3）网络传输安全测试中的数据加密问题。

　　动态加固技术能够解决的安全测试问题如下：

　　（1）程序代码安全测试中的防调试、防注入问题；

　　（2）服务交互安全测试中的屏幕交互问题；

　　（3）本地数据安全测试中的数据存储、数据处理、数据创建问题；

（4）网络传输安全测试中的安全传输层问题。

可以看出，App加固技术能够帮助开发者解决安全测试过程中发现的部分安全问题，但是还有很多安全问题需要App开发者通过安全测试方法来查找和解决，不能完全依赖App加固技术。

至此，对App加固技术有了大概的了解。随着App开发者对App加固服务的重视程度不断提高，App加固技术得到了快速的发展，经过不断迭代，推陈出新，目前一共出现了4代加固技术，下面做简要介绍。

9.4.2　第一代加固技术

第一代加固技术主要是代码混淆技术，通过对源代码进行压缩、优化、混淆等操作，提高代码阅读的难度。它包括以下4个功能。

压缩：检测并移除代码中无用的类、字段、方法和特性。

优化：对字节码进行优化；移除无用的指令。

混淆：使用a、b、c、d这样简短而无意义的名称，对类、字段和方法进行重命名。

预检：在Java平台上对处理后的代码进行预检，确保加载的class文件是可执行的。

第一代加固技术的简单运行原理如图9-16所示。

图9-16　第一代加固技术的原理简图

9.4.3　第二代加固技术

第二代加固技术主要是对原始App中的dex文件进行加密，并外包一层壳，将App的核心代码进行隐藏，以达到保护App的目的。其简单运行原理如图9-17所示。

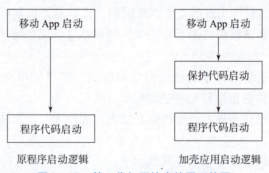

图9-17　第二代加固技术的原理简图

相较于第一代加固技术，第二代加固技术的特点：首先，对dex文件内容进行整体文件加密和隐藏，将抽取的内容保存到App的apk资源文件内，这样apk文件中的原classes.dex文件就只是一个空壳文件；其次，修改App配置文件AndroidManifbst.xml的程序入口，使其指向保护壳的代码，那么App在启动运行时，就会首先执行安全保护壳的代码，从而既保护被加密dex文件，又能跳转执行原始程序代码，保证程序正常运行的效果。

由此可见，第二代加固技术的优势是为 apk 文件中原始的 dex 文件整体加密并外加一层壳，防止各类静态反编译工具的逆向分析。dex 文件被加密后，隐藏了 dex 文件中的类和方法函数，攻击者只能看到安全伪装的入口类和方法函数，看不到被保护的原始 apk 文件里的类、方法函数以及方法内容。

但是，第二代加固技术也有其缺点：第一，影响程序启动时间，在 App 启动时，还需要执行原始程序中 dex 文件的读写和解密等操作，这就会影响程序启动时间，同时，随着加固后 dex 文件的增多，启动时间会进一步延长；第二，App 在运行时，会在内存中解密原始 dex 文件，存储在内存中一块连续完整的区域中，因此，攻击者通过内存转储的方式可以从内存中获得解密后的原始 dex 文件。所以，dex 文件整体加密技术主要对抗静态反编译逆向分析，而无法抵御攻击者通过内存转储的方式对 App 进行攻击。

9.4.4　第三代加固技术

第三代加固技术主要是基于类和方法的代码抽取技术，旨在解决第二代加固技术无法抵御攻击者通过动态分析方式进行攻击的问题，其简单运行原理如图 9 - 18 所示。

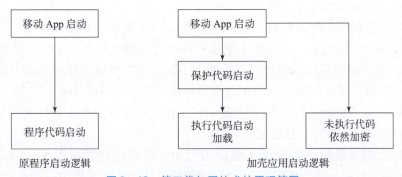

图 9 - 18　第三代加固技术的原理简图

第三代加固技术对 dex 文件中所有的类及方法函数内容进行抽取、加密和隐藏，单独加密后存放在特定文件内。攻击者进行静态逆向分析时，无法查看被保护的类内代码，当 Android 虚拟机要执行 App 的某个方法时，App 中的加固引擎才读取该方法对被保护的代码进行解密，并将解密后的方法代码以不连续的碎片化代码形式存放在内存中。

由此可见，第三代加固技术的优势是对 App 程序中的所有方法进行抽取，使通过静态分析无法看到内容，通过动态转储从内存中也无法还原全部代码，达到程序方法"随用随解，不用不解"的效果，即只有在使用某个具体的类时才解密这个类的代码。同时，可以添加大量伪类和伪方法，使内存转储后看到的代码碎片不是真实的程序代码，增加了攻击者的破解难度。

但是，第三代加固技术也有缺点：一是随用随解的加固技术实现路线会影响程序运行过程中的性能，虽然影响非常有限，但是会对程序所有功能带来影响；二是随用随解需要不断申请内存资源，势必增加内存占用，有可能降低系统整体运行性能。针对类级别的方法抽取和回填机制，同样存在无法抵御攻击的安全风险。

一种加强型的方法抽取保护思路是对 dex 文件全部类中的函数进行最细粒度的抽取、加密和隐藏，抽取的内容加密后存放到 apk 文件的 assets 资源目录下，当 App 运行需要加载某个类时，加固引擎并不是解密全部函数，而是只解密需要运行的函数到 Android 虚拟机中运行。这样做的优点是程序进行了"方法"级还原，攻击者从内存转储出的代码碎片为最小化碎片，从而增加了攻击者的攻击成本。

9.4.5　第四代加固技术

前面所述的三代加固保护技术均沿着代码混淆和程序加壳这两条技术路线不断演进。

代码混淆是指将 App 的程序代码转换为一种在程序功能上等价但是形式上难以阅读和理解的代码。代码混淆无法从根本上抵御逆向分析，只是增加了逆向代码的理解难度，延长了攻击时间。

程序加壳是另一种应用广泛的软件保护技术。"壳"即包裹在原始程序外的一层代码，这层代码在被保护程序的代码执行前先进行解压缩、解密、反调试、反注入等操作，再将程序的执行权转交给原始程序中的目标代码。程序加壳虽然能有效地阻止静态逆向分析，但很难阻止攻击者的动态分析行为，因为最终"壳"要将解密后的代码存放在内存中执行，只要攻击者在内存中定位到解密后的原始代码存放的地址，就可以通过内存转储的方式导出原始程序，实现 App 脱壳的攻击目的。

前三代加固保护技术涉及的 dex 文件整体加密、dex 类运行时保护和 dex 运行时方法保护等都属于程序加壳的范畴，从本质上来说，都是代码隐藏技术，最终还是需要通过 Android 虚拟机执行"解壳后"的原始代码。理论上，攻击者可以对原生 Android 虚拟机进行修改，构建一个以"脱壳"为目标的定制化虚拟机。当加固后的 App 在定制化虚拟机中运行时，虚拟机中的"脱壳"程序实时捕获 App 实际运行时在内存中释放的原始执行代码，还原出 App 的原始 dex 文件，达到脱壳的目的。

为了应对攻击者通过动态分析实施攻击行为，第四代加固技术——dex 虚拟机保护（dex virtual machine protect，DVMP）技术应运而生。DVMP 技术使用一种全新的指令"语言"来替代原有的 Android 虚拟机的指令集语言，在程序类级保护、方法级保护的基础上更进一步，实现指令集层面的保护。这种新的指令"语言"只有在自定义的虚拟机上才能够被"解释"和"执行"，对于攻击者来说，自定义的指令集是一个"盲区"，无公开资料可查，因此很难在短时间内完全逆向。

通过以上介绍，可以看到 DVMP 技术具有自定义虚拟机、指令集和解释器。当 App 运行时，在自定义的虚拟机中，通过自定义的指令解释器对被保护的代码进行解释执行，攻击者通过内存转储只能还原出自定义的指令集，无法还原被保护的原始指令。

由此可见，加固技术 DVMP 主要是基于定制化虚拟机保护技术，其简单运行原理如图 9 - 19 所示。

DVMP 技术的优势是构造了定制化的虚拟机，自定义了运行 App 的虚拟机指令集，攻击者从内存中转储出的运行指令不是标准的 Android Delvik 虚拟机指令，因此无法通过标准的指令集语法进行逆向分析，而且自定义的指令是随机映射动态产生的，进一步增加了攻击难度。

结合四代加固技术的特点，可以打一个通俗一点的比方：如果把 App 看作我们的家，把 App 的核心资产看作家中的财物，那么四代加固技术就相当于家的四道安全防护。第一道防护，即代码混淆技术，可以看作我们的小区大门，强度不够，只能够增加攻击者寻找地

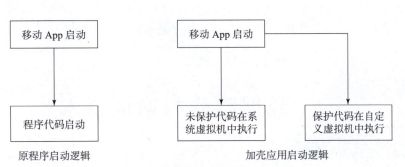

图 9 – 19　第四代加固技术的原理简图

址的难度；第二道防护，即文件整体加密技术，可以看作家所在大楼的楼门，起到保护整栋楼的作用，但是强度有限，攻击面是整栋楼，找到突破点并非难事；第三道防护，即代码抽取保护技术，可以看作家门，保护家里所有的财产，保护粒度更细，进一步增加了攻击者的成本；第四道防护，即虚拟机保护技术，可以看作家里的保险箱，保护家庭最核心的资产，强度最高。开发者需要综合考虑程序运行性能和安全防护强度，发挥四代加固技术的特点和优势，方可达到最佳保护效果。

第 10 章
数据隐藏与取证技术

10.1　数据隐藏技术概述

不管意图是好还是坏，数据隐藏已渗透到我们日常生活的方方面面。据大卫·卡恩（David Kahn）和很多历史学家所说，数据隐藏的前身就是几千年前的密写术，密写术起源于古埃及的象形文字，古埃及人通过象形文字以符号标记的方式记录法老们的历史大事记。与古埃及文明同时期的文化，比如古代中国，人们采用物理的方法传递政治或军事秘密消息，首先将消息写在丝绸或者纸上，然后卷成球，再用蜡封严。为保险起见，还会加上另外一道工序：传递消息的过程中把蜡球含在嘴巴里。随着人类文明的进步，隐蔽通信的方式越来越复杂，加密和解密的方法也在不断进步。

历史事实表明，密写术的出现源于隐蔽通信的需要。如今，我们的军队采用各种方法来防范恶意攻击，然而，道高一尺，魔高一丈，我们的对手也用同样的方式对我们进行攻击。随着技术的进步，数据隐藏的方法也在不断改进，每天都有恶意的数据隐藏事件发生在我们身边。

随着电子信息时代的到来，数据从通过物理媒介传输发展到通过数字媒介传输，电子数据隐藏技术也随之产生。本章将介绍多种操作系统下的数据隐藏技术和取证技术。

10.2　电子数据隐藏技术

在数字隐藏技术中，人们通常会使用某种程序将消息或文件嵌入一个载体文件中，然后把这个载体文件直接传给接收者或者发布到网站上供接收者下载。接收者获取载体文件后，再用同样的程序把隐藏的消息或文件恢复。有些隐藏程序会使用密码来保护隐藏消息，还有些程序除密码外，还会通过加密来保护隐藏数据。

数字信息的隐藏方法有很多，主要分为两大类：

插入：通过插入方法隐藏消息会插入一些额外内容，除了被隐藏的消息外，还有文件制作工具的标识，这个标识记录了隐藏程序处理隐藏载荷的地点。这种方法通常会利用文件格式中的空白部分。

替换：通过替换方法隐藏消息会改变消息中的字节或者交换字节顺序。它不会在载体文件中增加任何新的内容，而是通过修改字节或者调整字节位置让人们看不到或者听不到文件内容。例如，LSB（Least Significant Bit，最低有效位）替换方法就是使用隐藏程序修改文件中每个字节的最低有效位的（将 1 变成 0，0 变成 1）。

10.2.1　插入法

从某种意义上讲，插入可以认为是一种修改方法，但如果以隐写为目的，弄清楚二者的区别就显得非常重要。在隐写术中，很重要的一点就是从原始数据或者原始承载文件的角度考虑问题。使用插入方法不会改变原始数据，而是为文件增加了额外数据。使用修改方法则恰恰相反，未增加额外数据，却改变了原始数据。对于整个文件来说，这两个方法都修改了文件；对于数据而言，插入方法增加了数据，而修改方法改变了原始数据。

10.2.1.1　追加插入法

在文件末尾附加数据应该是数字隐写术里最常用、最简单的方法。可以在很多类型的文件后追加数据，却不会导致文件破坏。图 10 - 1 展示了一个通过 WinHex 打开的原始 JPEG 文件。WinHex 是一个十六进制的编辑软件，可以通过它查看文件的原始格式，但不同于文本编辑软件，它可以显示文件的所有数据，包括换行符和可执行代码。而且所有的数据都是以两位十六进制格式显示的，中间部分显示的是以十六进制表示的文件数据；左列显示的是计数器和偏移量，用于跟踪不同内容在文件中的位置；右列是以 ASCII 码格式表示的文件数据，由于 ASCII 码的局限性，并不是所有的十六进制数据都有与之对应的 ASCII 码。

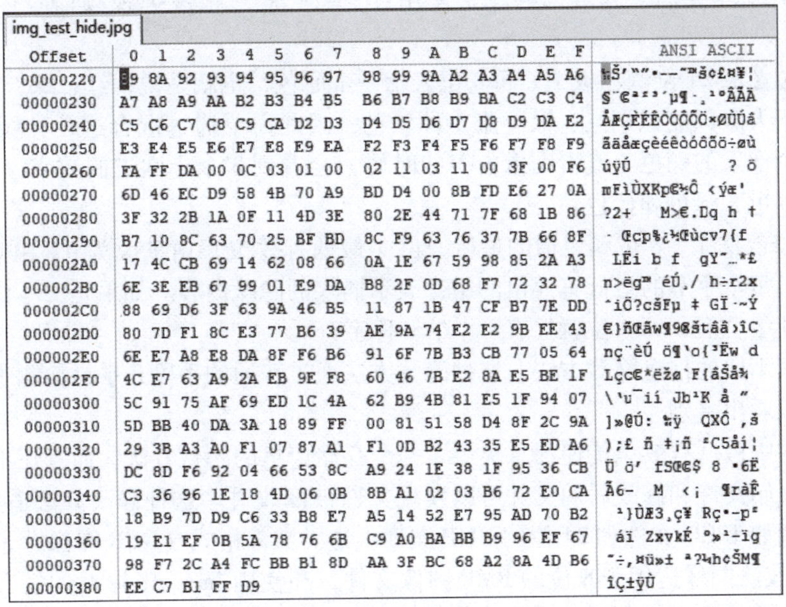

图 10 - 1　WinHex 打开 JPEG 文件

正常的 JPEG 文件末尾有一个标为 "0xFF 0xD9" 的文件结束符。在图 10 - 1 中显示的文件末尾就可以看到这个结束符。

可以使用图片隐写程序（如 JPEGX）来向图片中隐藏数据。其原理就是将数据附加在文件末尾，如果再次用 WinHex 软件打开，可以看到附加的数据是紧跟在文件结束符 0xFF 0xD9 后面的。

10.2.1.2　前置插入法

任何可以插入批注内容的文件都可能被插入数据，而丝毫不影响视觉效果。例如，HTML 文件和 JPEG 文件都很容易用来嵌入数据。以 JPEG 文件为例，我们最多可以在其中插入 65 533 字节的批注信息，而这些内容在浏览图像的时候都是看不到的。

JPEG 文件被文件标识符分成不同的区域，每个标识符都以 0xFF 开头。这些标识符标识着文件的布局、格式和其他详细信息。

在 JPEG 文件首部，有很多数据区域可以用来隐藏信息。你可以毫不费力地在 JPEG 文件的批注区域隐藏大量的数据，尽管在公共区域最多可以插入 65 533 字节的批注信息，但必须至少插入 2 字节。批注区是数据隐藏的绝好位置，因为在 APP0 标识符的作用下，解码器（图像浏览器）无法识别的原数据都被忽略掉了，浏览图像时自然就看不到了。

10.2.2　修改法

最常用的隐写修改方法就是修改文件中一个或者多个字节的最低有效位（LSB），基本上就是把 0 改成 1，或者把 1 改成 0，这样修改后生成的图像就有了渲染效果，把这些比特位重组还原后，才可以看到原始的隐藏消息，而人们仅靠视觉或听觉是不可能发现这些改动的。

LSB 修改法利用的是 24 位调色板。调色板中有红、绿、蓝三原色，这一点和电视机分量视频的显示原理类似，分量视频就是使用红、绿、蓝三根线把视频信号传输到电视机上的。

在一个图像的 24 位调色板中，每 8 位表示一个原色，也就是说，红、绿、蓝分别有 256 个色调。由于人眼只能识别红、绿、蓝 3 种颜色，因此需要通过混合这 3 种颜色来指定 24 位图像的每个像素的颜色。查看图像内容的时候，会看到 3 个十六进制数字（3 元组），它们分别代表红色、绿色和蓝色。

在 LSB 修改法中，8 位颜色值的最后一位（最低有效位）由 1 改为 0，由 0 改为 1，或者保持不变。每个字节的最低有效位的组合表示插入的隐藏内容。如果是文本信息，这些最低有效位重新组合后，每 8 位就代表一个 ASCII 字符。

这是个很不错的信息隐藏方法，这种隐藏方法通过普通的手段几乎是检测不到的。通常肉眼更是难以看出差别。

通过文件中最低有效位传递消息提供了一个存储信息的隐藏方法，而且还不会改变文件大小。对比原始文件和修改后的文件可以发现文件被修改过。这种修改方法适用于 24 位的图像文件，例如 JPEG 文件和 24 位的 BMP 文件。这类文件格式（RGB 图像）也叫作"真彩色"。LSB 修改法同样适用于 8 位的 BMP 图像文件，和使用 ImageHide 时的情况一样。利用这种隐写修改法的常用程序还有 S－Tools、ImageHide 和 Steganos 等。

10.2.3　在 PDF 文件中隐藏信息

wbStego4open 是一个隐写开源工具，它支持 Windows 和 Linux 平台。使用 wbStego4open

可以把文件隐藏到 BMP、TXT、HTM 和 PDF 文件中，并且不会被看出破绽。还可以用它来创建版权标识文件并嵌入文件中将其隐藏。能够允许用户把数据隐藏到 PDF 文件中的隐写程序非常少。wbStego4open 这个隐写程序如图 10 - 2 所示。

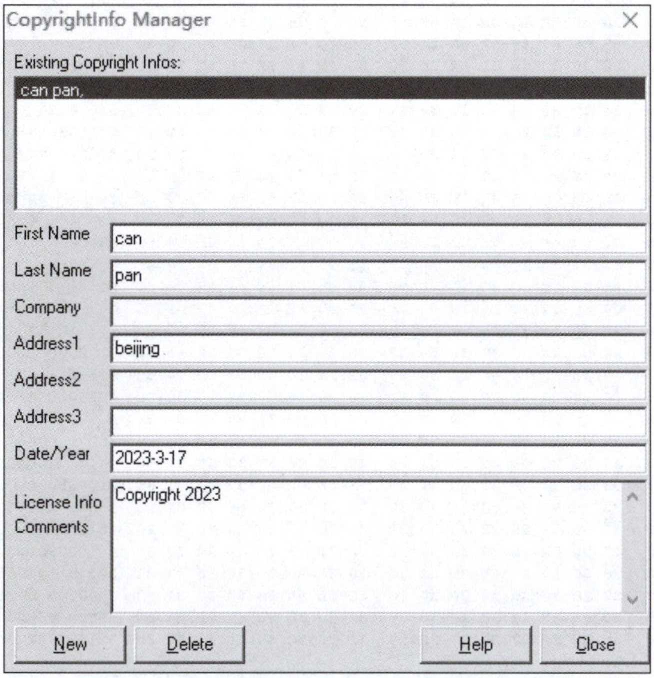

图 10 - 2　用 **wbStego4open** 插入版权信息

这个程序利用 PDF 文件头添加额外信息，这个区域的信息会被 PDF 阅读器（如 Adobe Acrobat Reader）忽略。此外，wbStego 在插入数据时（此处以非加密的版权信息为例），充分利用了插入法和 LSB 修改法两种技术。

首先，wbStego4open 会把插入数据中的每一个 ASCII 码转换为二进制形式，然后把每一个二进制数字替换为十六进制的 20 或者 09，20 代表 0，09 代表 1。例如，在 wbStego4open 的版权管理器（Copyright Manager）中，输入一个包含"Oblivion"的地址，wbStego4open 就会将其由 ASCII 码转换成相应的二进制码，然后用 0x20 和 0x09 替换每个二进制数。最后，这些转换后的十六进制数据被嵌入 PDF 文件中。查看用 wbStego4open 修改后的文件内容，会发现文件中已混入了很多由 20 和 09 组成的 8 位字节，如图 10 - 3 所示。

把这些 8 位字节取出来后，再提取其最低有效位，组合后即可获得其所代表的 ASCII 码的二进制形式，然后把二进制码转换成 ASCII 码就能得到原始消息了。

wbStego4open 确实支持很多其他隐写程序不支持的文件类型，比如本例中的 PDF 文件。实际上，前面例子中的 Adobe PDF 文件是有密码保护的。注意，虽然该文件是有密码保护的，我们还是成功地修改了这个文件。这算不上是一种脆弱性，但确实说明 PDF 的安全保护能力有待提高，比如，为 PDF 文件进行数字签名，就可以让接收者知道文件已经被修改过了。密码保护主要用来防止打印或者复制 Adobe PDF 文件的内容，而数字证书则可以防止文件内容被篡改。拥有数字证书的 PDF 文件内容其实是可以修改的，但会提示接收者文件已经被修改过了，不要相信其中的内容。

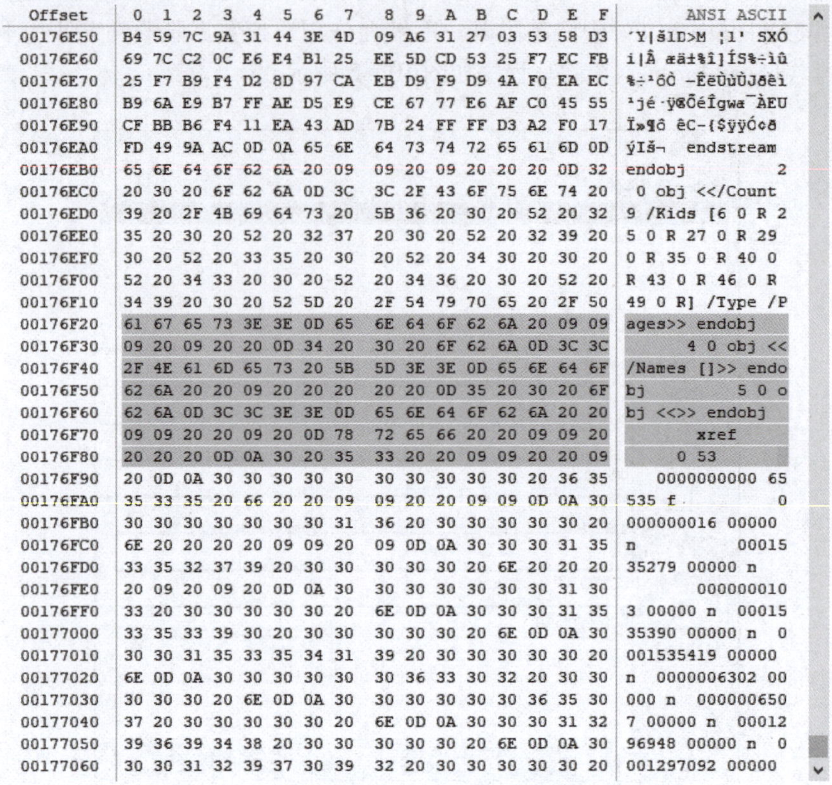

```
Offset    0  1  2  3  4  5  6  7   8  9  A  B  C  D  E  F    ANSI ASCII
00176E50  B4 59 7C 9A 31 44 3E 4D  09 A6 31 27 03 53 58 D3  'Y|š1D>M ¦1' SXÓ
00176E60  69 7C C2 0C E6 E4 B1 25  EE 5D CD 53 25 F7 EC FB  i|Â æä±%}ÍS%÷ìû
00176E70  25 F7 B9 F4 D2 8D 97 CA  EB D9 F9 D9 4A F0 EA EC  %÷¹ôÒ –ËëÙùÙJðêì
00176E80  B9 6A E9 B7 FF AE D5 E9  CE 67 77 E6 AF C0 45 55  ¹jé·ÿ®Õéîgwa¯ÀEU
00176E90  CF BB B6 F4 11 EA 43 AD  7B 24 FF FF D3 A2 F0 17  Ï»¶ô êC{$ÿÿÓ¢ð
00176EA0  FD 49 9A AC 0D 0A 65 6E  64 73 74 72 65 61 6D 0D  ýIš¬  endstream
00176EB0  65 6E 64 6F 62 6A 20 09  09 20 09 20 20 20 0D 32  endobj          2
00176EC0  20 30 20 6F 62 6A 0D 3C  3C 2F 43 6F 75 6E 74 20   0 obj <</Count
00176ED0  39 20 2F 4B 69 64 73 20  5B 36 20 30 20 52 20 32  9 /Kids [6 0 R 2
00176EE0  35 20 30 20 52 20 32 37  20 30 20 52 20 32 39 20  5 0 R 27 0 R 29
00176EF0  20 30 20 52 20 33 35 20  30 20 52 20 34 30 20 30   0 R 35 0 R 40 0
00176F00  52 20 34 33 20 30 20 52  20 34 36 20 30 20 52 20  R 43 0 R 46 0 R
00176F10  34 39 20 30 20 52 5D 20  2F 54 79 70 65 20 2F 50  49 0 R] /Type /P
00176F20  61 67 65 73 3E 3E 0D 65  6E 64 6F 62 6A 20 09 09  ages>> endobj
00176F30  09 20 09 20 20 0D 34 20  30 20 6F 62 6A 0D 3C 3C      4 0 obj <<
00176F40  2F 4E 61 6D 65 73 20 5B  5D 3E 3E 0D 65 6E 64 6F  /Names []>> endo
00176F50  62 6A 20 20 09 20 20 20  20 0D 35 20 30 20 6F  bj        5 0 o
00176F60  62 6A 0D 3C 3C 3E 3E 0D  65 6E 64 6F 62 6A 20 20  bj <<>> endobj
00176F70  09 09 20 20 20 0D 78 72  65 66 20 20 20 09 20 20    xref
00176F80  20 20 20 0D 0A 30 20 35  33 20 20 09 20 09 20 09     0 53
00176F90  20 0D 0A 30 30 30 30 30  30 30 30 30 30 20 36 35   0000000000 65
00176FA0  35 33 35 20 66 20 20 09  09 20 20 09 09 0D 0A 30  535 f        0
00176FB0  30 30 30 30 30 30 30 31  36 20 30 30 30 30 30 20  000000016 00000
00176FC0  6E 20 20 20 20 09 20 09  20 09 0D 0A 30 30 31 35  n        00015
00176FD0  33 35 32 37 39 20 30 30  30 30 30 20 6E 20 20 20  35279 00000 n
00176FE0  20 09 20 09 20 09 0D 0A  30 30 30 30 30 30 30 31   000000010
00176FF0  33 20 30 30 30 30 30 20  6E 0D 0A 30 30 30 31 35  3 00000 n  00015
00177000  33 35 33 39 30 20 30 30  30 30 30 20 6E 0D 0A 30  35390 00000 n  0
00177010  30 30 31 35 33 35 34 31  39 20 30 30 30 30 30 20  001535419 00000
00177020  6E 0D 0A 30 30 30 30 30  30 36 33 30 32 20 30 30  n 0000006302 00
00177030  30 30 30 20 6E 0D 0A 30  30 30 30 30 36 35 30  000 n  000000650
00177040  37 20 30 30 30 30 30 20  6E 0D 0A 30 30 30 31 32  7 00000 n  00012
00177050  39 36 39 34 38 20 30 30  30 30 30 20 6E 0D 0A 30  96948 00000 n  0
00177060  30 30 31 33 39 37 30 39  32 20 30 30 30 30 30  001297092 00000
```

图 10 – 3　WinHex 打开具有隐藏信息的 PDF 文件

10.2.4　在可执行文件中隐藏信息

　　使用 Hydan 这个工具可以在可执行文件中隐藏数据。Hydan 利用二进制代码的反向工程技术来判断在可执行文件中隐藏数据段的最佳位置。这个过程中还使用了一个 x86 反编译库 Mammon's Libdisasm。二进制文件（可执行文件）中可以用来隐藏数据的空间很小，一个 PEG 图像文件中，每 17 字节中可以隐藏 1 字节数据，而二进制文件（可执行文件）中每 150 字节的代码才可以隐藏 1 字节。可见，在确保修改后的宿主二进制文件仍然可以完好运行的前提下去修改它是一个非常需要小心谨慎的过程。

　　如果用 Hydan 修改一个 tar 文件，然后查看修改前后的文件信息，会发现新文件的运行结果和原来的 tar 文件是一模一样的。该工具不仅展示了它在可执行文件中隐藏数据的有效性，还展示了它的简单易用性。此外，Hydan 还能用来附加数字签名、嵌入水印和修改恶意软件，以逃避防病毒软件的检测。

　　Hydan 有时候会引入运行时错误，因此它并不是一个完全允许误操作的傻瓜软件，但它的数据隐藏能力确实不错。Hydan 隐藏数据的效率并没有那些用来在图像和音频文件中隐藏数据的技术高。由于二进制文件中插入隐藏内容的机会和空间很小，因此二进制文件中可用于隐藏的字节比率比图像文件低很多。然而，这是可以逃脱一般和受过专业训练的检查人员"法眼"隐藏数据的唯一方法。值得注意的是，很多隐写分析软件（开源的和商用的）都没有检测出用 Hydan 在可执行文件中隐藏的数据。

10.2.5　隐藏信息分析方法

数字隐写分析就是通过隐写技术或软件对隐藏的数据进行检测和取证的过程，可能的话，还会提取出被隐藏的载荷。如果被隐藏的载荷是加密过的，那么隐写分析就要对其进行破解。

这是隐写分析和密码分析的一个重要的分界线，并且通常让人感到困惑。典型情况下，在处理隐写问题时，必须首先执行隐写分析才能进行密码分析。理想情况下，检查人员都想获取被隐藏的载荷，但他必须认识到这个过程有两步（图 10-4），而每一步都有很高的技术含量。检查人员如果事先不知道文件中包含了隐藏载荷，就无法破解载荷的内容。

隐写分析的使用方法取决于隐藏数据时采用的技术。例如，隐藏数据有可能散落在整个载体文件中，但是除了隐藏数据外，隐写程序还会留下其他痕迹，不知道这是程序员有意还是无意为之。留下痕迹通常是为了让接收者在提取隐藏数据时还使用同一个程序，程序本身就可以判断文件中是否包含隐藏数据。这个小瑕疵无疑是检查人员可以充分利用的突破点。

例如，Hiderman 这个隐写程序在载体文件的末尾追加了 "CDN" 三个 ASCII 码。

这些痕迹通常被认为是一种签名，渗透攻击和蠕虫一般都会有一个和攻击技术含义相同的字符串。这些字符串常用来创建入侵检测系统的签名。当恶意代码或病毒通过网线传播时，能够检测到并通知管理员。同理，隐写签名也是如此。隐写分析扫描工具维护着一个签名库，每个签名对应一个已知的隐写程序。这使在可疑设备上扫描文件来检测隐藏数据的过程变得快速而高效。

还有些扫描工具可以通过扫描一台设备，检测其中是否安装或者曾经安装过隐写程序，具体的扫描内容可以是可执行的隐写程序本身、安装文件或者注册表信息。值得注意的是，这是另一种检测形式，但并不是一种隐写分析形式（图 10-5）。隐写分析是识别隐藏信息的过程，而不是检测设备中是否安装隐写程序的过程。

图 10-4　隐写分析过程　　　　　　图 10-5　隐写检测形式

面对有文献记载的超过 200 个隐写程序，要达到提取隐藏信息的目的是很困难的。因为每个隐写程序都有自己的隐藏、加密和密码保护技术。虽然有很多基本的数据隐藏方法，但是当应用到各种具体的程序时，实施的方法可能大相径庭。例如，很多基本的数据隐藏方法在进行隐写分析和隐藏内容检测时，都需要进行逆向操作。

10.2.5.1　异常分析

异常分析会用到检测相似文件的对比技术，如果没有文件可以用于对照，还会采用一些分析技术来发现文件的其他异常特征。

如果同时具有原始载体文件和修改后的文件，那么文件属性差异的识别很容易。仅凭肉眼，要发现图10-6中两幅图像的差异是不可能的，但是通过简单的校验和和目录列表，可以很快发现二者的不同。

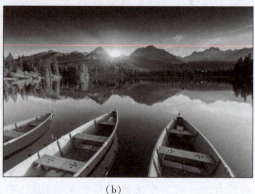

(a) (b)

图10-6　原始文件和包含隐藏数据的文件

通过目录列表，可以发现两个文件的具体差异。

```
D:\lib\dir
2023-03-16  12:20       56,211 scenery.jpg
2023-03-16  15:36       93,486 scenery.jpg
```

其中，文件大小和创建时间是不同的。

通过简单的MD5值，也可以发现两个文件的内容是不同的。

```
D:\lib>certutil -hashfile scenery.jpg MD5
    c6cbc5536d2293e3f77219ddfae5c6a4
    5fe56378bb062bd865966b8a2243445f
```

除了MD5值，还可以用SHA1值和SHA256值作为分析依据。

10.2.5.2　隐藏分析工具

现在，有各种各样的免费软件和商用软件可供调查人员在执行隐写分析时使用。很多免费工具只能检测出种类有限的隐写程序。商用工具则更全面，可以检测出大批隐写程序。

但是，除了检测范围的全面性外，这些工具具有相同的工作原理：首先检测文件的某些信息，据此判断其中包含隐藏内容的，就标记为可疑文件。然后，将可疑文件寄存起来以便后续进行深度分析。分析环节可以是半自动半手工的，大多数先进的工具都允许人工查看数据进而分析发现异常特征。

不同的隐写程序使用不同的数据隐藏技术，而且同一程序的不同版本应用的数据隐藏技术也会有所改变。这就增加了隐写分析过程的复杂度。为了增加隐写分析的难度，一些隐写程序在隐藏数据时还使用了不同的加密技术，并且支持多种文件格式。调查人员进行隐写分析时，必须能够区分所有差异，才能准确识别数据隐藏使用的具体程序和版本。在获得隐写程序名称和版本后，调查人员就可以进入下一步了，将隐藏技术进行逆向工程并最终得到隐藏信息。

在每个工具使用过程中，还要分析各个隐写分析工具的优缺点。调查人员在进行隐写分析时，常常使用多个工具，因为误报和漏报经常同时发生，所以使用多个工具可以使分析更加准确。所以，将分析工具组合起来就相当于一个完备的隐写分析工具箱。

1. StegSpy

StegSpy 是一个用于检测隐藏信息的签名分析软件。很多隐写程序都有共同的趋势，就是除了隐藏信息外，这些程序还会在文件中嵌入某种形式的指纹或者唯一标识隐写程序本身的字符串。使用这个签名技术，StegSpy 作者创建了一个签名库，并最终编写了一个实现签名分析自动化的程序。

用 StegSpy 分析可疑文件的过程是这样的：首先将可疑文件与预定义的签名列表对比来发现隐藏内容，如果发现了隐藏的内容，则上报隐藏数据使用的隐写工具和隐藏数据在文件中的起始位置。用于标识起始位置的标识符和其他十六进制编辑器（比如 WinHex）是一样的。

接下来，用十六进制编辑器打开可疑文件，进一步分析其中的内容。StegSpy 上报的文件标识符和其他十六进制编辑器的文件标识符是一样的，这样就能轻松地定位到隐藏内容的位置，并集中精力提取这些隐藏数据了。在了解了这些知识之后，就可以在十六进制编辑器中分析并查看隐藏内容。

2. Stegdetect

Stegdetect 的作者是 Neils Provos，他是隐写分析研究领域备受尊重的先驱者之一，开发过早期的开源隐写工具。"9·11"袭击之后，他进行了大量的隐写技术研究，并发表了很多文章来介绍自己的研究成果，这些文章同时也发布到了他的个人网站上。

Neils Provos 的隐写研究是基于统计分析技术的，他开发的 Stegdetect 程序主要用于分析 JPEG 文件。因此，用 Stegdetect 可以检测到通过 JSteg、JPHide、OutGuess、InvisibleSecrets、F5、appendX 和 Camouflage 等隐写工具隐藏的信息。

JPEG 和 MPEG 格式使用离散余弦变换（Discrete Cosine Transform，DCT）函数来压缩图像。这个图像压缩方法的核心是：通过识别每个 8 像素 × 8 像素块中相邻像素中的重复像素（如果是 MPEG 文件，就是识别一系列图像中相邻帧中的重复帧）来减少显示图像所需的位数，并使用近似估算法来降低其冗余度。因此，可以把 DCT 看作一个用于执行压缩的近似计算方法。因为丢失了部分数据，所以 DCT 是一种有损压缩技术，但一般不会影响图像或视频的视觉效果。

Stegdetect 的目的是评估 JPEG 文件的 DCT 频率系数，把检测到的可疑 JPEG 文件的频率与正常 JPEG 文件的频率进行对比。当然，这需要一些建模和先验知识。因此，Neils 的很多分析方法都内置于他的统计算法中，这种类型的分析方法也叫卡方分析。频率对比结果的偏差很大，则说明被检查文件存在异常，这种异常意味着文件中存在隐藏信息的可能性很大。

Stegdetect 通过统计测试来分析图像文件中是否包含隐藏内容。它运行静态测试，以判断隐藏的内容是否存在。此外，它还会尝试识别隐藏内容是通过哪个隐写工具嵌入的。

如果检测结果显示该文件可能包含隐藏信息，那么 Stegdetect 会在检测结果后面使用 1~3 颗星来标识隐藏信息存在的可能性大小，3 颗星表示隐藏信息存在的可能性最大。持续的研究分析表明，Stegdetect 对高质量的数字图像的检测效果更佳，比如用数码相机拍摄的照片。

10.3　电子数据取证技术

10.3.1　电子数据取证的概念

　　电子数据取证技术亦称为计算机取证技术，是信息安全领域的一个全新分支，它不仅是法学在计算机科学中的有效应用，也是对现有网络安全体系的有力补充。电子数据取证技术涉及从计算机和网络设备中获取、保存、分析、出示相关电子数据证据的法律、程序、技术等问题。电子数据取证为打击计算机犯罪提供了科学的方法和手段，并提供了法庭所需的合适证据。为了更好地打击计算机犯罪，需深入研究电子数据取证的相关概念、电子数据取证的原则以及电子数据取证面临的问题等。

　　电子数据取证的定义多种多样，目前还没有一个权威的部门给出统一的定义，但可以肯定的是，电子数据取证的定义是从计算机取证逐步发展而来的。计算机取证一词由计算机调查专家国际联盟（简称IACIS）在1991年举行的会议上首次提出，并在2001年举行的第十三届国际事件响应与安全组论坛上成为当时的主要议题。2001年召开的数字取证研讨会（DFRW）定义了数字取证学（也称计算机取证）的概念。这次会议的总结报告指出：数字取证学包括计算机取证的框架、模型、技术环境抽象以及有关证据和过程等重要概念，这次研讨会为计算机取证的理论研究奠定了基础。Lee Garber在发表的文章中认为："计算机取证就是分析硬盘、光盘、软盘、内存缓冲以及其他存储形式的存储介质，以发现犯罪证据的过程。"作为计算机取证方面的资深专家，Judd Robbins给出定义："计算机取证是将计算机调查和分析技术应用于对潜在的、有法律效力的证据的确定与获取。证据可以在计算机犯罪中收集，包括窃取商业机密、窃取或破坏知识产权和欺诈行为等。"美国计算机紧急事件响应组（简称CERT）和取证咨询公司NTI（New Technologies Incorporated）进一步扩展了该定义："计算机取证包括了对以磁介质编码信息方式存储的计算机证据的保护、确认、提取和归档。"世界著名的计算机取证机构SANS认为："计算机取证是使用软件和工具，按照一些预定的程序，全面地检查计算机系统，以提取和保护有关计算机犯罪的证据。"计算机取证机构Sensei信息技术咨询公司则将计算机取证简单概括为对电子证据的收集、保存、分析和陈述。Enterasys公司的CTO、办公网络安全设计师Dick Bussiere认为："计算机取证是指把计算机看作犯罪现场，运用先进的辨析技术，对计算机犯罪行为进行法医式的解剖，搜索确认犯罪及其犯罪证据，并据此提起诉讼的过程和技术。"

　　我国重庆邮电大学的陈龙教授等人提出，计算机取证是运用计算机及其相关科学和技术的原理及方法获取与计算机相关的证据，以证明某个客观事实的过程。它包括计算机证据的确定、收集、保护、分析、归档以及法庭出示。我国网安部门的刘浩阳提出，电子数据取证涉及法律和技术两个层面，其实质为采用技术手段获取、分析、固定电子数据作为认定事实的科学。这是能够使法庭接受的、足够可靠和有说服性的、存在于计算机和相关外设中的电子数据的确认、保护、提取和归档的过程，是对存储介质中保存的数据所进行的一种科学的检查和分析方法。对于电子数据取证来说，取和证是一个闭环的过程，最终的目标是形成证据链。

10.3.2　电子数据取证的原则

由于各国在法律、道德和意识形态上存在差异，故取证与司法鉴定原则在具体使用上可能有所不同。在国内，学者对有关电子数据取证原则有不同的论述，但在法律上还缺乏相应的规定。鉴于网络技术和计算机技术的无国界性，各国电子数据取证原则的目的都是保证获取证据的合法性、客观性和关联性，综合起来，电子数据取证原则应该包括以下几个方面。

1. 依法取证原则

任何证据的有效性和可采用性都取决于证据的客观性、与案件事实的关联性和取证活动的合法性。第一，调查取证的人员要合法，应经过相关培训，具备法定资质；第二，作为电子数据取证的对象范围，应明确确定，不能对与案件事实无关的数据随意取证；第三，取证所使用的方法必须符合相关技术标准，工具必须通过国家有关主管部门的评测；第四，取证必须按照法律的规定公开进行。采取非法手段获取的证据不具备可采用性，所以也就丧失了其证明力。《关于办理刑事案件收集提取和审查判断电子数据若干问题的规定》第二条规定："侦查机关应当遵守法定程序，遵循有关技术标准，全面、客观、及时地收集、提取电子数据；人民检察院、人民法院应当围绕真实性、合法性、关联性审查判断电子数据。"

2. 保护证据完整性原则

《关于办理刑事案件收集提取和审查判断电子数据若干问题的规定》第五条规定："对作为证据使用的电子数据，应当采取以下一种或者几种方法保护电子数据的完整性：（一）扣押、封存电子数据原始存储介质；（二）计算电子数据完整性校验值；（三）制作、封存电子数据备份；（四）冻结电子数据；（五）对收集、提取电子数据的相关活动进行录像；（六）其他保护电子数据完整性的方法。"第十六条规定："电子数据检查，应当对电子数据存储介质拆封过程进行录像，并将电子数据存储介质通过写保护设备接入检查设备进行检查；有条件的，应当制作电子数据备份，对备份进行检查；无法使用写保护设备且无法制作备份的，应当注明原因，并对相关活动进行录像。"一般情况下，为了避免电子数据在分析处理过程中遭受意外损坏，对电子数据证据做多个备份是必要的。不应在原始介质上进行分析，而应对原始介质做备份，然后将原始介质作为证据保存起来，在备份上进行检验。因为有时使用写保护设备长时间对原始证据盘进行分析，有可能会损害原始硬盘。比如，原始证据盘已经存在一定的坏扇区或弱扇区，如果长时间对硬盘进行分析，可能损害原始硬盘。因此，推荐的做法是先用硬盘复制机将原始硬盘复制一个或多个副本，再将原始证据盘封存，后续都通过只读锁对证据副本硬盘进行分析。在特殊情况下，如需访问在原始计算机或存储介质中的数据，访问人员必须有能力胜任此操作，且必须对操作的全过程进行录像，并能给出相关解析说明要访问原始证据的理由。

3. 及时取证原则

电子数据证据的获取具有实效性，一旦确定对象，应尽快提取证据，防止证据变更或丢失。因为电子数据证据最重要的特点之一就是易破坏性，必须尽早收集证据，并保证其没有受到任何破坏。这一原则要求计算机证据的获取有一定的时效性。电子数据证据从形成到获取的时间间隔越长，被删除、毁坏和修改的可能性就越大。因此，确定取证对象后，应该尽可能早地获取电子数据证据，保证其没有受到任何破坏和损失。

4. 证据连续性原则

为了在法庭采用时能证明整个调查取证过程的合法性、真实性和完整性，在电子数据证据从最初的获取状态到法庭提交状态（包含证据的移交、保管、开封、拆卸等）的整个过程中，若存在任何变化，都能明确说明此过程中没有人对证据进行恶意的篡改，则该证据是连续性的。这也就是取证过程中一直强调的证据连续性原则。《关于办理刑事案件收集提取和审查判断电子数据若干问题的规定》第十四条规定："收集、提取电子数据，应当制作笔录，记录案件、对象、内容，收集、提取电子数据的时间、地点、方法、过程，并附电子数据清单，注明类别、文件格式、完整性校验值等，侦查人员、电子数据持有人（提供人）签名或者盖章；电子数据持有人（提供人）无法签名或者拒绝签名的，应当在笔录中注明，由见证人签名或者盖章。有条件的，应当对相关活动进行录像。在取证过程中，应该记录相关的重要操作步骤及其细节，如所有可能接触证据的人、接触时间以及对电子数据证据进行的相关操作。任何取证分析的结果或结论可以在另外一名取证人员的操作下重现。"

10.3.3　电子数据取证工具

"工欲善其事，必先利其器。"在网络虚拟空间中搜查、提取、固定、恢复、分析电子数据证据时，均离不开一定的软件和硬件工具。电子数据取证工具是在计算机相关系统及应用原理的基础上，根据系统或应用技术特征，结合取证方法和流程，针对不同取证目标开发设计的软硬件设备。

在司法实践中，一般采用专门的商用取证工具。专用取证工具对于快速、准确、全面定位和发现证据有着十分重要的作用，但是很多案件中仅仅使用常见的专用取证工具很难达到取证的目的。有些案件同时需要使用一些非专用的工具，甚至需要取证人员自行开发相关取证工具。

10.3.3.1　根据工具的可靠性进行分类

在对电子数据证据进行取证时，采用专用取证工具获取的电子数据证据具有较高的可靠性，但并非任何情况均需要采用专用取证工具。首先，在司法实践中，采用非专用取证工具的情况大量存在。有些案件只需通过简单的复制操作便可将存储设备中的电子数据证据进行固定；有些案件只需通过简单的打印操作便可将这些电子数据证据进行固定。其次，在采用专用取证工具取证时，也常结合操作系统提供的命令进行操作，操作系统提供的命令本质上也是一种非专用取证工具。

由于取证工具本身的真实可靠会直接影响所获取证据的真实可靠性，因此需要将取证工具按照可靠性不同进行分类。但是取证工具种类繁多，如果对每一种取证工具的可靠性进行评估，则成本会很高。可以根据取证工具的可验证性不同来评估取证工具的可靠性，将其划分为以下几种类型。

1. 经验证合格的取证工具

经验证合格的取证工具指的是用于收集证据和分析证据的计算机硬件和软件产品，其性能、质量、稳定性经过国家有关权威部门认证，符合质量标准。在程序上能够保证电子数据的完整性，在功能上能够保证电子数据的稳定性、可靠性。

2. 未经验证但事后能验证的取证工具

未经验证但事后能验证（合格）的取证工具是指用于收集证据和分析证据的计算机硬

件和软件产品，未经过国家有关权威部门的认证，但产品的性能可通过事后认证，能确认产品质量可靠。

未经验证但事后能验证（合格）的取证工具常见的有自行设计的软件工具、有明确来源的取证工具等。

3. 通用软件和程序

有一些计算机软件和程序使用了特定操作系统常用的程序和软件，或者广泛使用了通用程序和软件。这些程序和软件的功能及其可靠性很难通过事后取得源代码的方法进行验证，而且这些程序和软件与操作系统的版本密切相关。不同操作系统使用的程序和软件可能是不同的，但是这些软件的功能已经过计算机用户长期使用且并未发现异常，因此，可推定其具有较好的可靠性和稳定性。

4. 不合格或者未知取证工具

不合格取证工具是指不符合产品基本要求，难以获取真实、可靠的电子数据证据的取证工具。未知取证工具是指软件、程序的功能无法确定或来源无法确定的取证工具。常见的情形有使用了来源不确定的工具，使用了被冒用和破坏的工具。

10.3.3.2　根据工具的功能进行分类

按照取证工具所具有的基本功能，可将取证工具划分为以下几种类型。

1. 介质镜像与证据固定工具

介质镜像与证据固定工具是指对存储介质进行数据备份或对涉案证据进行固定的有关工具，如硬盘镜像工具、内存镜像工具、手机镜像或备份工具、网站或网页固定工具等。实务中常用的介质镜像与证据固定工具见表 10 - 1。

表 10 - 1　常用的介质镜像与证据固定工具

工具	功能
Access Data FTK Imager	挂载镜像，创建镜像文件
EnCase	获取证据，分析、生成报告
Logicube Forensic Talon E 硬盘复制机	1 对 2 硬盘拷贝机，断点续拷
DC - 8700 Kit 电子证据只读设备套件	存储介质写保护
X - Ways Forensics	综合取证软件，可用于电子数据的搜索、恢复、分析等
Media Clone SI - 12 超级硬盘复制机	对计算机硬盘、USB、手机、网络浏览记录等数据进行证据固定并复制数据
SIFT - SANS 调查取证工具包	检查原始磁盘、多种文件系统及证据格式

2. 分析和检验工具

分析和检验工具是指对获取的电子数据进一步进行搜索、提取、检验和分析的取证工具，如综合取证分析工具、数据包分析工具、搜索工具、文件解析工具等。实务中常用的分析与检验工具见表 10 - 2。

表 10 - 2　常用的分析与检验工具

工具	功能
EnCase	获取证据，分析、生成报告
X - Ways Forensics	综合取证软件，可用于电子数据的搜索、恢复、分析等
取证大师	自动取证、实时搜索
火眼证据分析软件	数据恢复、过滤、分析、查找、报告
Triage 司法取证大师	即时查看证据、高级搜索、图片分析
Recon for Mac 麦客苹果计算机取证分析平台	针对苹果计算机 macOS 系统进行综合取证分析的平台，可以对开机状态下的苹果计算机进行在线取证，也可以对苹果计算机硬盘或磁盘镜像直接进行全面分析
Volatility Framework	分析受害系统中的易变内存

3. 数据恢复工具

数据恢复工具是指对损坏的存储设备、被破坏或被删除的电子数据进行恢复的软硬件设备，如硬盘修复工具、数据恢复工具。实务中常用的数据恢复工具见表 10 - 3。

表 10 - 3　常用的数据恢复工具

工具	功能
恢复大师	对计算机、手机的实体文件及应用程序、视频等进行恢复，对恢复的视频文件进行快速检索与分析
Easy recovery	支持恢复不同存储介质数据、恢复各种数据文件类型
R - Studio	反删除和数据恢复
Flash Extractor	从闪存和 SSD 驱动器的内存转储中恢复数据

4. 可视化分析工具

可视化分析工具是指通过可视化工具直观呈现证据之间的关系，从而使调查人员较容易理解案件情况的工具。常见的有时间线分析工具、关联分析工具等。实务中常用的可视化分析工具见表 10 - 4。

表 10 - 4　常用的可视化分析工具

工具	功能
FS - 6600 分析大师可视化	智能分析数据规律，可视化呈现数据信息，多维度挖掘数据关系
Registry Decoder	浏览和搜索已加载注册表文件，可以进行注册表文件间的 diff 操作，生成报告
Flash Extractor	从闪存和 SSD 驱动器的内存转储中恢复数据

10.3.3.3　根据应用场景分类

根据应用场景不同，电子数据取证工具还可分为手机取证工具、计算机取证工具、网络取证工具、内存取证（Memory Forensics）工具和其他取证工具。

手机取证工具是指专门针对手机或移动设备进行数据提取、分析、证据固定、报告出具等的取证工具，包括 iOS、Android 等平台。

计算机取证工具是指专门针对个人计算机、工作站、服务器等设备进行数据提取、分析、证据固定、报告出具等的取证工具，包括 Windows、Linux、UNIX、macOS 等平台。

网络取证工具是指专门针对网络日志、网络数据包进行数据提取、分析、证据固定、报告出具等的取证工具。

内存取证工具是指专门针对计算机及相关设备运行时的内存进行数据提取、分析、证据固定、报告出具等的取证工具。

10.3.4　电子数据取证方法

10.3.4.1　取证方法概述

电子数据的本质是电子信息技术或设备产生的数据信息，其用来证明案件的真实情况，与传统的证据存在相异的特征。电子数据取证活动是专业的取证技术人员在法律规定的指引下，严格按照一定的取证规范和流程，利用合理合法的取证工具，对不同的取证客体进行分析检验的过程。面对不同的取证客体，为了保证取证行为的合法性和客观性，需要灵活采用适合的取证方法和技巧，最大程度上获取目标数据和证据，最高效率实现检验分析活动。

电子数据取证方法繁多，针对不同的应用场景，可以采取不同的取证方法。根据取证介质的不同，可以分为移动设备取证、计算机设备取证、网络取证等，虽然取证方法有所不同，但各种方法之间存在一定的联系和共性。因此，较难对各种取证方法合理进行归类，也难以穷举实践中采用的所有方法。下面仅从取证的不同阶段阐述常见的取证方法，各种具体的不同取证方法将在后续章节详述。

10.3.4.2　取证方法分类

1. 数据获取的方法和思路

在获取数据时，需要考虑电子数据的来源，根据来源不同，数据获取常分为数据包获取、内存数据获取、存储介质获取。数据包获取是一种实时获取通信流量的方法，以供后续的分析；内存数据获取是指获取案件发生时计算机及相关设备的状态，从而可对这些易失性数据进行进一步分析；存储介质获取是指获取除易失性数据外的静态数据，包括硬盘数据、Flash 存储介质中的数据等。

针对存储介质获取，可根据是否需要数据备份，是否对备份数据进行分析，将其分为物理镜像、逻辑镜像、数据拷贝、数据冻结等措施。物理镜像备份了包括被删除数据在内的所有数据，逻辑镜像仅备份操作系统认为有效的逻辑数据，数据拷贝仅复制了存储设备中的部分数据，数据冻结则仅冻结数据状态。

2. 数据恢复的方法和思路

当硬盘、U 盘或者手机等设备因物理故障、文件被删除、系统被格式化或被破坏时，若需要对无法正常读取的或系统认为无效的数据进行还原或重现，则采用数据恢复技术。在采用数据恢复技术时，要根据数据无法呈现的可能原因采取相适应的方法，常见的有物理修复方法、物理信号恢复方法、软件层面数据恢复方法等。物理修复方法是对物理故障引起的存储介质进行修复的方法。物理信号恢复则是对物理故障无法排除时采用读取原始物理信号的方法重现数据。实践中，因为非物理原因引起的数据不可读或不能呈现的情形较多，常利用专门的数据恢复软件进行恢复，即为软件层面数据恢复。软件层面数据恢复主要利用文件系统的逻辑结构、文件的头部特征、文件内部的逻辑结构等特点对数据进行恢复。

3. 数据搜索的方法和思路

数据搜索是指从大量电子数据中搜索特定数据的方法。根据搜索采用方法不同，数据搜索技术常分为基于数据内容的搜索技术、基于数字指纹的搜索技术和基于痕迹信息的搜索技术。

1）基于数据内容的搜索技术

在电子数据取证中，如果能够确定被搜索的数据（或数字证据）中包含的部分内容信息，则可以将该信息作为关键字，按照特定的搜索条件从现场中搜索符合该条件的所有数据（或数字证据）。关键字可以是文件名、文件创建时间、文件修改时间、文件内容中所包含的字符串信息等。搜索条件将根据案件具体情况进行设计，如搜索内容包含关键字的所有数据，搜索数据内容与关键字内容完全一致的所有数据，搜索同时包含几个关键字的数据等。根据搜索的虚拟环境不同，可进一步将其划分为存储介质中的搜索、文件系统中的搜索、应用系统中的搜索等。基于数据内容的搜索需要考虑全面性、准确性和效率。

2）基于数字指纹的搜索技术

基于数字指纹的搜索技术不直接比较文件的内容，而是通过比较能够代表文件内容的指纹来判断搜索出的文件是否为需要获取的电子数据。表示文件指纹的方法非常多，但大多使用二进制字符串表示，大体分为两种不同的形式：数字指纹和模糊指纹（一种特殊的数字指纹）。

数字指纹指采用 Hash 函数处理后的字符串。常见的单向 Hash 函数有 MD2、MD4、MD5、SHA–1、SHA256 等。数字指纹呈现的字符串序列与对应的数据内容不具有直接的相关性，数据内容发生细微变化，其数字指纹会发生较大的变化，从数字指纹变化看不出数据内容的具体变化情况。而模糊指纹使数据内容与模糊指纹具有相关性，当数据内容部分变化时，模糊指纹也发生相应的变化，这样有利于数据的快速搜索。

3）基于痕迹信息的搜索技术

基于痕迹信息的搜索技术与上述搜索技术不同，它通过发现目标数据对应的位置或者属性，间接搜索出电子数据证据，如通过注册表中相关自启动选项去搜索木马程序等。

4. 检验分析的方法和思路

对于不同来源的电子数据、不同案件中的电子数据，其检验分析的方法千差万别，通常有两种方法：静态分析方法和仿真分析方法。静态分析方法是指通过专用取证计算机或者专用取证软件直接分析涉案电子数据镜像或者备份设备的方法。仿真分析方法是指通过仿真软件还原用户使用设备时的状态，或者搭建运行环境动态分析涉案电子数据的方法。

5. 证据关联的方法和思路

关联信息分析是指以某个重要的信息为联结点，将所有相关证据聚合在一起分析的方法。

很多网络犯罪案件涉及的人员数量多、计算机设备多、时间跨度大，此时需要将不同设备中的电子数据进行相互关联和印证，这对于厘清整个案件事实，发现其中不可靠电子数据有很大的作用。要达到这一点，必须找到若干关键信息，以此为联结点进行分析。从关键信息的类型看，主要包括以人员信息为联结点、以资金信息为联结点、以文件内容为联结点、以其他信息为联结点等方法。

6. 其他

除此之外，在取证过程中还涉及与具体案件有关的各种取证分析方法，难以穷尽，如事件过程的分析等。

10.4　Windows 系统数据隐藏与取证

10.4.1　Windows 中的数据隐藏

1. 交换数据流回顾

多年来，Windows NTFS 文件系统的交换数据流（ADS）一直为众人所熟知，它的历史可以追溯到 Windows NT3.1。交换数据流的诞生源于 Windows 系统与苹果的 HFS 系统的交互需求。NTFS 使用交换数据流来存储文件的相关元数据，包括安全信息、原作者及其他元数据。

Windows NTFS 中的交换数据流是个简单有效的隐藏载体文件渠道。对于普通检查人员来说，查看当前目录内容时，除了一些正常文件外，看不到任何特殊信息。除非使用非常规方法检查，否则无法发现交换数据流中隐藏的文件。下面将通过实例演示在一个使用 NTFS 文件系统的 Windows 计算机上如何用交换数据流隐藏文件，这是一个简单且足够隐蔽的隐藏文件的方法。

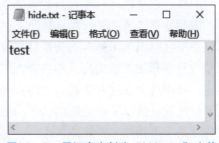

图 10 - 7　用记事本创建 "hide.txt" 文件

首先，创建一个文本文件 "hide.txt"，如图 10 - 7 所示。

```
D:\lib > notepad hide.txt
```

然后，执行打印目录清单的命令，查看在当前目录新创建的文件：

```
D:\lib > dir
```

运行结果如图 10 - 8 所示。

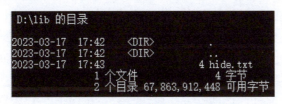

图 10 - 8　创建交换数据流前目录清单

接下来，执行如下命令，用原始文本文件创建第一个交换数据流，如图 10 - 9 所示。

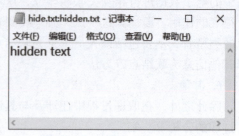

D:\lib > notepad hide. txt:hidden. txt

常用的浏览技术似乎对交换数据流都是免疫的。执行完上述命令后，用命令行或窗口浏览器都看不到新文件，文件大小和磁盘的可用空间也没有变化。虽然我们刚才的确创建了一个交换数据流 "hidden. txt"，但却没有明显的证据。

图 10 - 9　创建一个交换数据流

D:\mike > dir

如图 10 - 10 所示。

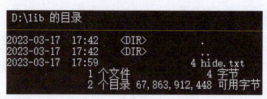

图 10 - 10　创建交换数据流后目录清单

同一文件可创建的交换数据流不止一个，可以为 hide. txt 附加多个交换数据流。

D:\lib > notepad hide. txt:hidden2. txt

同样，如果执行打印目录清单命令，依然看不到任何交换数据流。

需要特别注意的是，默认情况下，大多数防病毒软件在检查病毒、木马和其他恶意代码时，并不会扫描 Windows 的交换数据流。如果执行取证调查任务，请确保供应商提供的防病毒装备具备扫描数据交换流的功能。如果防病毒软件有这个功能，需要的时候可以启动它。但是，启用这个功能有个缺点，即扫描速度会比平时降低 90%，所以很多供应商提供的防病毒软件默认情况下都是禁用这个功能的。总之，交换数据流通常会被检查人员忽略，因此它应该是个不错的文件隐藏渠道。

2. 卷影技术

新版本的 Windows 系统，如 Windows 7 和 Windows 10，都有卷影副本服务（Volume Shadow Copy Service）。卷影副本服务可以备份磁盘卷，以便在安装新的软件、设备驱动器或其他应用程序导致系统崩溃时，可以还原系统。在安装软件前，或其他情景下，系统每隔一段时间保存一份快照，时间间隔因系统空闲时间不同而不同。需要注意的是，这个时间间隔还会受软件安装和系统空闲时间的影响。

卷影副本服务并不会存储文件的每个版本，比如 VAX/VMS 系统。换句话说，编辑一份文档时，并不是保存每个版本，系统只保存最近一个快照周期内保存的版本。此外，系统也不会备份每一份文件，它只备份修改过的。卷影副本服务会分配一部分磁盘空间或硬盘来保存这些变更数据。可以通过 "计算机" → "属性" → "系统保护" → "配置" 来查看卷影副本的配置信息。如图 10 - 11 所示，在此处可以查看或修改存储空间大小。注意，只有在快照周期内修改过的内容才会记录在卷影副本中，所以系统并不会归档所有变更，而只是归档自上次快照后的差异内容。因此，卷影副本服务进行的是增量备份，类似于服务器和数据库的备份策略。卷影副本中可能存在同一个文件的多个快照，此外，当空间不足时，卷影副本依据先进先出（First In First Out，FIFO）原则删除最老的备份数据，以存入新的备份。还需要特别注意的是，卷影副本是只读的。

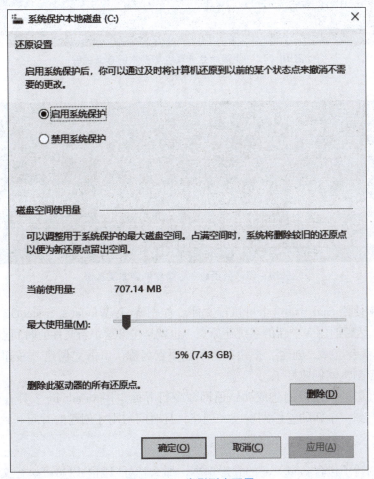

图 10 –11　卷影副本配置

既然已经充分了解卷影副本的工作原理，那么就开始研究它是如何用于数据隐藏的。由于很多防病毒工具都不会扫描卷影副本，所以这里是藏匿数据和恶意软件的好地方。

在 Windows 7 和 Windows 10 中，管理员用户（administrator）可以在命令行中用 vssad-min 来管理卷影副本。通过 "list shadowstorage" 命令可以查看卷影副本的存储关联，结果如图 10 – 12 所示。

```
C:\Windows\system32 >vssadmin list shadowstorage
```

通过 "listshadows" 命令可以查看卷影副本，或者不同系统还原点的差异备份。如图 10 – 13 所示，最后一条为最近的备份文件。

```
C:\Windows\system32 >vssadmin listshadows
```

接下来就可以在卷影副本中创建并隐藏文件了，然后还会演示如何脱离文件系统访问这

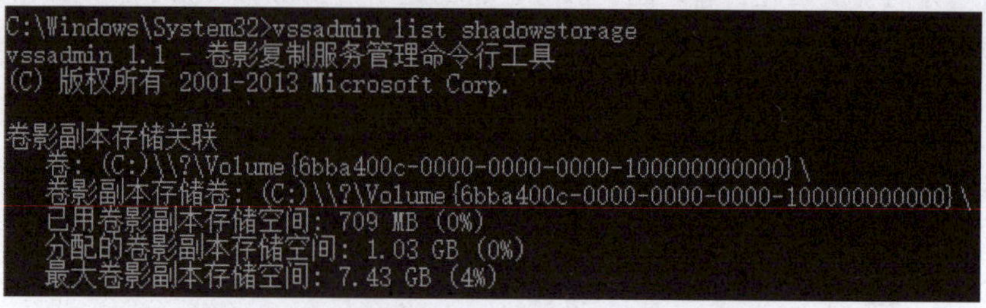

图 10-12　使用命令查看卷影副本的存储关联

图 10-13　使用命令查看卷影副本及备份

个文件。本例中使用 cmd. exe 这个可执行文件。首先将 C:\Windows\System32\cmd. exe 复制 C:\lib 目录下。然后创建一个新的系统还原点，也就是包含这个新文件的时间点备份：返回到 "系统保护" 页签，选择 "创建" 按钮，输入还原点名称，单击 "创建" 按钮，如图 10-14 所示，这样卷影副本就创建好了。

　　确认新的卷影副本是否创建成功：返回命令行界面，用 vssadmin 工具查看所有卷影副本清单，可以看到一个新的卷影副本已经创建，且时间与刚才创建的时间一致。

```
C:\Windows\System32 >vssadmin list shadows
```

　　既然已经创建了包含 cmd. exe 的卷影副本，那么就可以删除原始可执行文件了，即删除 C:\lib 目录下的 cmd. exe 文件。

　　现在，cmd. exe 文件就仅存在于卷影副本中了，如果进行低级的取证分析，也可以说在硬盘驱动中，而且文件没有被覆写。这样就可以通过创建它的符号链接来查看卷影副本的内容了。首先执行 "vssadmin list shadows"，在命令执行结果中找到并记录新卷影副本的名称，本例中为 "\\?\GLOBALROOT\Device\HarddiskVolumeShadowCopy4"，如图 10-15 所示。然后执行带有/D 选项的 mklink 命令，为符号链接创建目录。注意，卷影副本名称后面有一个 "\" 符号，这是创建符号链接必需的。

```
C:\lib >mklink/D hiddendir \\?\GLOBALROOT\Device\HarddiskVolumeShadowCopy4\
```

　　符号链接创建好后，验证结果：执行打印目录内容命令，可以看到 "hiddendir" 符号链接，如图 10-16 所示。

```
C:\lib >dir
```

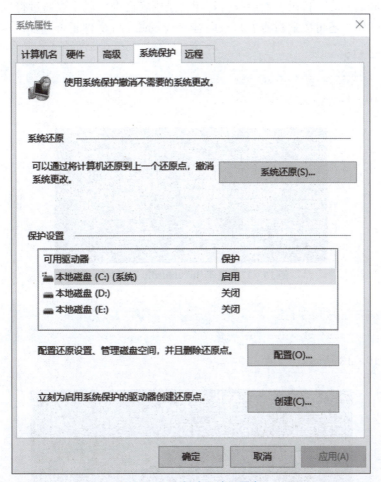

图 10 – 14　创建系统还原点

```
卷影副本集 ID: {3e6c3a4f-420a-4af0-bdb2-17b68d5e3b0e} 的内容
    在创建时间: 2023-03-17 18:50:03 含有 1 个卷影副本
      卷影副本 ID: {14482fab-f56e-405d-8750-186b8d0334be}
        原始卷: (C:)\\?\Volume{6bba400c-0000-0000-0000-100000000000}\
        卷影副本卷: \\?\GLOBALROOT\Device\HarddiskVolumeShadowCopy4
        源起机器: DESKTOP-S3QU721
        服务机器: DESKTOP-S3QU721
        提供程序: 'Microsoft Software Shadow Copy provider 1.0'
        类型: ClientAccessibleWriters
        属性: 持续, 客户端可访问, 无自动释放, 差异, 自动还原
```

图 10 – 15　查看所有卷影副本清单

```
C:\lib 的目录

2023-03-17  19:02    <DIR>          .
2023-03-17  19:02    <DIR>          ..
2023-03-17  19:02    <SYMLINKD>     hiddendir [\\?\GLOBALROOT\Device\HarddiskVolumeShadowCopy4\]
              0 个文件              0 字节
              3 个目录 77,666,115,584 可用字节
```

图 10 – 16　打印 lib 目录内容

切换到“hiddendir”目录，然后执行打印目录内容命令，就可以通过符号链接查看卷影副本的内容。此外，还可以通过查看目录内容确认 cmd. exe 文件是否包含在卷影副本中。

```
C:\lib>cd hiddendir
C:\lib\hiddendir>dir
```

结果如图 10－17 所示。

```
C:\lib\hiddendir 的目录

2023-03-17  15:36    <DIR>          Intel
2023-03-17  18:49    <DIR>          lib
2019-12-07  17:14    <DIR>          PerfLogs
2023-02-28  15:25    <DIR>          Program Files
2022-12-02  17:36    <DIR>          Program Files (x86)
2023-03-16  15:47    <DIR>          temp
2023-03-16  15:48    <DIR>          ufgovApp
2022-11-26  11:42    <DIR>          Users
2023-03-16  09:19    <DIR>          Windows
               0 个文件              0 字节
               9 个目录 77,470,449,664 可用字节
```

图 10－17　打印 lib\hiddedir 目录内容

```
C:\lib\hiddendir>cd lib
C:\lib\hiddendir\lib>dir
```

结果如图 10－18 所示。

```
C:\lib\hiddendir\lib 的目录

2023-03-17  18:49    <DIR>          .
2023-03-17  18:49    <DIR>          ..
2022-09-08  11:09           289,792 cmd.exe
               1 个文件        289,792 字节
               2 个目录 77,470,449,664 可用字节
```

图 10－18　打印 lib\hiddedir\lib 目录内容

可以看到，cmd. exe 文件确实存在于卷影副本中。确认完后，就可以通过删除“hiddendir”目录来删除符号链接了。

```
C:\lib>rmdir hiddendir
```

10. 4. 2　Windows 中的数据取证

Windows 操作系统在运行过程中会产生大量的日志信息，如 Windows 事件日志（Event Log）、NTFS 日志、Windows 服务器系统的 IIS（Intemet Information Server，互连信息服务）日志、FTP（File Transfer Protocol，文件传输协议）日志、Exchange Server 邮件服务器日志、MSSQLServer 的数据库日志等。不管是在 PC 还是服务器中，Windows 事件日志都存在，它是电子数据取证中的重要分析项目。此外，还有其他相关的日志，如新设备接入产生的日志等。除此之外，还有系统内置软件及第三方软件（如杀毒软件）等均可能在磁盘中保存相关的日志文件。

1. Windows 事件日志

事件日志为操作系统及关联的应用程序提供了一种标准化、集中式地记录重要软件及硬

件信息的方法。微软将事件定义为：系统或程序中需要向用户通知的任何重要的事项。事件是统一由 Windows 事件日志服务来收集和存储的。它存储了来自各种数据源的事件，常称为事件日志。事件日志提供了丰富的历史事件信息，可帮助发现系统或安全问题，也可以追踪用户行为或系统资源的使用情况。然而，事件日志记录的内容与涉及的应用程序及操作系统设置息息相关，如刚安装的 Windows 操作系统，其安全事件日志记录通常默认没有启用。

事件日志可以为取证人员提供丰富的信息，还可将系统发生的各种事件关联起来。事件日志通常可以为取证人员提供以下信息：

（1）发生什么：Windows 内部的事件日志记录了丰富的历史事件信息。通常事件编号和事件类别可为取证人员快速找到相关事件提供帮助，而事件描述可提供事件本身更详细的信息。

（2）发生时间：事件日志中记录了丰富的时间信息，也常称为时间戳，它记录了各种事件发生的具体时间。通过时间戳信息，取证人员可以快速聚焦于案发时间相关的信息。

（3）涉及的用户：在 Windows 操作系统中，几乎每一个事件都与相关的系统账号或用户账号有关。取证人员可以自行分辨事件与系统某些账户或具体用户账号的关系。

（4）涉及的系统：在联网环境中，单纯记录主机名对于取证人员来说比较难以进一步追踪回溯访问请求的来源信息。从 Windows 2000 以上版本操作系统开始，事件日志尽可能地记录 IP 信息，这对于取证人员来说有较大的帮助。

（5）资源访问：事件日志服务可以记录细致的事件信息。在 Windows 操作系统中，几乎每一个资源都可以被当作一个对象，因此可以容易地识别未经授权访问的安全事件。

①事件日志文件内容查看方法。

通常采用商业化计算机取证软件直接分析事件日志文件，如 EnCase、FTK、取证大师、取证神探等，操作简便快捷。多数取证软件支持 .evt 和 .evtx 两种文件格式，可直接加载进行分析。

此外，也可以采用 Windows 操作系统自带的事件日志查看器或第三方免费的取证辅助工具（如 Event Log Explorer）进行数据的查看与分析。Windows 操作系统自带的事件日志查看器也能直接打开 .evtx 文件，并可以通过过滤器提高分析效率。

通过在 Windows 操作系统中运行 eventvwr.exe，可调用系统自带的事件日志查看器。其具体操作方式如下：在命令行中输入 eventvwr.exe，也可以同时按 Win + R 组合键，然后在运行输入框中输入 eventvwr.exe 或 eventvwr（扩展名可省略），即可运行系统事件日志查看器。将待分析的 .evtx 日志文件通过取证软件导出或用其他方式复制到取证分析机中，即可使用取证分析机系统自带的事件日志查看器来查看与分析内容。取证分析机的操作系统建议使用最新的 Windows 10，以便能最佳兼容 .evtx 文件格式。

Event Log Explorer 的亮点在于它支持 .evt 及 .evtx 两种格式，提供了丰富的过滤条件，此外，可正确解析出日志中的计算机名、系统账户或用户的 SID 等信息。

另外，在取证前还要了解事件日志文件结构，事件日志是一种二进制格式的文件，文件头部签名为十六进制格式。在默认情况下，全新的事件日志文件的事件日志记录均按顺序进行存储，每条记录均有自己的记录结构特征。然而，当日志文件超出最大大小限制时，系统将会删除较早的日志记录，因此日志记录也将出现不连续存储，同一个记录分散在不同的扇区。

当重新安装操作系统（如格式化后进行系统安装）后，通常可以先根据文件系统元数据信息进行数据恢复。若文件系统元数据信息已被覆盖，那么还可以基于事件日志记录的特征进行数据恢复。

②Windows 事件日志取证分析注意要点。

Windows 操作系统默认没有提供删除特定日志记录的功能，仅提供了删除所有日志的操作功能。在电子数据取证过程中，仍存在有人有意伪造事件日志记录的可能性。如遇到此类情况，建议对日志文件中的日志记录 ID 进行完整性检查。通过事件日志记录的连续性可以发现操作系统记录的日志的先后顺序。取证人员在使用 Windows 自带的事件查看器对日志文件进行分析时，需掌握查看事件日志记录详细数据内容的方法，默认使用"常规"标签页。然而有些特定的情况下，也需要使用"详细信息"标签页中的 XML（eXtensible Markup Language，可扩展标记语言）视图或友好视图来查看更多详细信息。通过该视图可以看到一些在事件日志记录列表中无法看到的信息，如事件日志记录编号。

Windows 事件日志记录列表视图在用户没有对任何列进行排序操作前，默认是按其事件日志记录编号进行排序的。默认情况下，事件日志记录编号自动连续增加，不会出现个别记录编号缺失情况。值得注意的是，当 Windows 操作系统用户对操作系统进行大版本升级时，操作系统可能会重新初始化事件日志记录编号。

通过对 Windows 事件日志的取证分析，取证人员可以对操作系统、应用程序、服务设备等操作行为记录及时间进行回溯，重现使用者在整个系统使用过程中的行为，对虚拟的电子数据现场进行重构，了解和掌握涉案的关键信息。

2. Windows 注册表取证

1）注册表简介

注册表是 Windows 9x、Windows CE、Windows NT 及 Windows 2000 等操作系统用于存储系统配置、用户配置、应用程序及硬件设备所需的信息，是一种集中式分层的数据库。

注册表包含 Windows 操作系统操作过程中持续需要的信息，如每个用户的配置文件夹、安装到计算机中的应用程序、文件夹及应用程序图标的属性配置、系统中的硬件及正在使用的端口等。它代替了早期 DOS、Windows 3. x 时代的 INI 配置文件。

注册表文件可分为系统注册表和用户注册表两种。系统注册表通常记录与操作系统相关的硬件、网络、服务及软件等配置信息；用户注册表通常记录与用户配置相关的信息。

注册表的顶级目录一般称为键（Key）、主键或项，子目录称为子键或子项，存键的数据项一般称为值（Value）。

2）注册表取证分析

要对 Windows 操作系统的注册表文件进行分析，最简单的查看工具就是 Windows 自带的注册表编辑器。要对涉案的计算机磁盘或镜像文件进行注册表分析，首先将要分析的注册表文件复制到指定目录，然后通过注册表编辑器进行加载，即可查看注册表文件的内容。该方式无法提取和分析已删除的注册表信息。

（1）Registry Explorer 分析注册表。

Registiy Explorerv 是一个十分优秀的注册表分析工具，它与大多数商业取证软件一样，支持恢复已删除的注册表信息。其搜索能力甚至超越了大多数取证分析软件，内置了取证常用的书签功能，选择要查看的注册表信息即可直接跳转到具体位置。

Registry Explorer 支持批量添加多个注册表配置单元文件。在电子数据取证过程中使用该分析工具非常方便，特别是不清楚键值存在于哪个注册表文件时，取证人员可以直接加载所有系统注册表文件及多个用户的注册表文件，然后对所有注册表文件进行搜索。

　　Registry Explorer 支持根据键、值名称、值数据及值残留数据等属性进行常规关键词及正则表达式搜索。此外，还可以根据注册表键或值的最后写入时间戳属性进行过滤。搜索结果可直接预览，双击命中结果，切换至主窗口后可直接跳转到对应的位置。

　　取证人员通常还可以使用商业取证分析软件进行注册表的取证分析。

　　（2）X – Ways Forensics 分析注册表文件。

　　利用 X – Ways Forensics 取证软件分析注册表文件时，可以通过过滤器找到注册表文件，直接双击注册表文件，X – Ways Forensics 将自动打开一个独立的注册表查看窗口。

　　（3）取证神探分析注册表文件。

　　取证神探分析软件内置注册表分析功能，除了可以自动提取系统注册表、用户注册表中的操作系统信息、设备信息、软件安装信息、USB 设备使用痕迹等外，还可以对注册表文件进行高级手工分析，甚至是数据解码。

　　在 Windows 注册表中，不少数据经过了编码或加密。取证神探内置的注册表分析工具提供了查看注册表原始数据及高级手工解码的能力，有经验的取证人员可以对注册表值的数据进行解码。